温州两江一湾红树林生态调查与研究

水柏年　胡成业　许明海　田　阔　著

同济大学出版社
TONGJI UNIVERSITY PRESS
·上海·

内容提要

本书为近 10 年来浙江海洋大学红树林生态团队基于温州瓯江、鳌江及沿浦湾"两江一湾"红树林生态监测与研究的成果,揭示了人工引种的北缘秋茄林生态特征和变化趋势,以及秋茄林引种建设的生态效益,研发了秋茄林引种、保护与管理的综合技术,系统展示了红树林引种对改善海洋滩涂生态和提升物种多样性的显著成效。

本书提供了一个践行"绿水青山就是金山银山"理念的典范案例,可供从事海洋生物领域的专家学者研究和参考,以及沿海政府管理部门参阅借鉴,亦可作为海洋与水产专业人才培养的案例教材使用。

图书在版编目(CIP)数据

温州两江一湾红树林生态调查与研究 / 水柏年等著.
上海:同济大学出版社,2025.8. -- ISBN 978-7-5765-1590-9

Ⅰ. S718.54

中国国家版本馆 CIP 数据核字第 2025UX2229 号

温州两江一湾红树林生态调查与研究

水柏年　胡成业　许明海　田阔　著
责任编辑　姚烨铭　　**责任校对**　徐逢乔　　**封面设计**　张　微

出版发行	同济大学出版社　www.tongjipress.com.cn
	(地址:上海市四平路 1239 号　邮编:200092　电话:021-65985622)
经　销	全国各地新华书店
排　版	南京文脉图文设计制作有限公司
印　刷	上海叶大印务发展有限公司
开　本	710mm×1000mm　1/16
印　张	15.5
字　数	279 000
版　次	2025 年 8 月第 1 版
印　次	2025 年 8 月第 1 次印刷
书　号	ISBN 978-7-5765-1590-9
定　价	86.00 元

本书若有印装质量问题,请向本社发行部调换　　版权所有　侵权必究

序言

我之所以欣然为水柏年教授的专著作序,是因为我欣赏水教授,他有一种教书育人的恒久情怀,是全国优秀教师、浙江省师德楷模。我坚信,倘若一个教授能够以这样一种态度,久久为功地专注于自己的科学研究,那么,他所带来的学术成果一定是真实且富有温度的。事实也是这样,我浏览他所赠阅的关于红树林研究的专著书稿,调查资料翔实,读来有一种亲历般的科学旅行感。

红树林是热带、亚热带淤泥质海岸线潮间带的主要植物,这一带海岸线由红树植物为主体的常绿灌木或乔木组成,是鸟类、鱼类、甲壳类、贝类、爬行动物和哺乳动物的重要繁育地,能为渔业、沉积物调节和抵御风暴/海啸灾害等方面提供重要生态系统服务。红树林正受到越来越多的关注,自1971年来有18个国家的代表在伊朗拉姆萨尔共同签署了《关于特别是作为水禽栖息地的国际重要湿地公约》(以下简称《国际湿地公约》),红树林作为滨海湿地的典范类型受到学术界的高度重视。随着1992年联合国环境和发展大会提出《生物多样性公约》之后,热带雨林、珊瑚礁、红树林被学术界公认为全球生物最为丰富、生产力最高的生态系统之一。其后,联合国于2009年发布《蓝碳:健康海洋固碳作用的评估报告》,首次提出蓝碳概念,并确认了红树林、盐沼植物、海草床为重要滨海生态系统,在全球碳循环和应对气候变化中具有重要作用。这样就形成了红树林的研究意义:一是形成了湿地—生物多样性—蓝碳的交集;二是汇集了生境—生物—生态效应的研究层次;三是蕴含着因地制宜发展生态经济新质生产力的巨大潜力。

我国从"十三五"以来积极实施"蓝色海湾""南红北柳""生态岛礁"等重点工程,积极推进海洋生态建设和整治修复,并加快"美丽海洋"建设。其中,"南红北柳"生态工程就是指南方以种植红树林为代表,北方以种植柽柳、碱蓬为代表,因地制宜地开展滨海湿地、河口湿地生态修复工程。水柏年教授团队就是在这样的大背景下,自2014年以来持续地开展红树林生境—生物—生态效应的系统研究与评估,尤其是充分利用浙江省苍南县沿浦湾的中亚热带气候特征，在沿浦湾引种栽培红树林，经过十年努力，红树林种植面积已达1 500余亩（1亩约为666.67 m^2），约占全省面积的1/4，荣获自然资源部2023年海洋生态保护修复十大典型案例，成为著名的红树林"北进桥头堡"，体现了扎根海岛、艰苦创业、勇担使命、勇争一流的精神。

十年树木，百年树人，今年正是水教授从事红树林生态学研究十周年。这十年来，他紧紧依托当地政府与企业，将科研成果写在了温州"两江一湾"（瓯江、鳌江、沿浦湾）的滨海湿地上。他从红树林的栽培技术入手，使引种栽培的秋茄能够在浙南沿海区域扎下根、活下去，为红树林栽培面积的持续扩大打下了坚实基础；他观测了红树林对于水质环境的改良作用，特别是对于重金属的富集净化效果，有力缓解了紫菜"烂菜病"的产业问题；他调查了红树林对于生境活力的提升作用，促进了渔民"赶海"与生物多样性保护的协调发展；他研发了红树林用于经济型底栖动物生态养殖的方法，催生了渔民共同富裕的"未来产业"。这次水柏年教授团队出版的《温州两江一湾红树林生态调查与研究》正是这些科学研究推动红树林滨海生境物种认知与生态环境科学评价的代表性成果。

本书的出版为红树林的保护与发展提供了一个生动的科学研究与实践的典范案例，可供从事海洋生物领域的专家学者科研参考和沿海政府管理部门参阅借鉴，也可作为海洋与水产类专业人才培养的案例教材。

以此为序。

严小军

2024年12月

目录

序言

第一篇　龙湾省级海洋特别保护区红树林生态调查与研究

第一章　龙湾省级海洋特别保护区大型底栖动物调查与研究　002
　　一、调查研究内容及方法　002
　　二、大型底栖动物群落调查与研究　006
　　三、2020—2021 年与 2014—2015 年 4 季调查结果比较　019
　　四、结论　029

第二章　龙湾省级海洋特别保护区沉积物环境调查与研究　032
　　一、调查研究内容及方法　032
　　二、潮间带沉积物环境质量评价　037
　　三、沉积物环境质量调查与研究结论　038
　　四、大型底栖动物与沉积物相关关系　040

第二篇　鳌江南岸与北岸红树林生态调查与研究

第三章　鳌江北岸红树林大型底栖动物调查与研究　044
　　一、调查研究内容及方法　044
　　二、大型底栖动物群落调查与研究　048
　　三、结论　070

第四章　鳌江北岸滩涂红树林沉积物调查与研究　072
　　一、调查研究内容及方法　072
　　二、平阳鳌江潮间带沉积物环境质量评价　075
　　三、结论　080

第五章　鳌江北岸红树林调查与研究　083
　　一、调查研究内容及方法　083
　　二、秋茄林样地监测与研究　086

三、7个季度各样地滩面冲淤和秋茄生长分析　091
　　四、沉积物对秋茄生长影响　094
　　五、结论　094

第六章　鳌江南岸红树林大型底栖动物调查与研究　096
　　一、调查研究内容及方法　096
　　二、大型底栖动物群落调查与研究　100
　　三、结论　119

第七章　鳌江南岸滩涂红树林沉积物调查与研究　121
　　一、调查研究内容及方法　121
　　二、沉积物及其间隙水环境质量评价　127
　　三、结论　144

第三篇　沿浦湾红树林生态调查与研究

第八章　沿浦湾红树林大型底栖动物调查与研究　148
　　一、调查研究内容及方法　148
　　二、大型底栖动物群落调查与研究　150
　　三、结论　180

第九章　沿浦湾秋茄生长调查与研究　182
　　一、秋茄监测　182
　　二、秋茄生长监测与研究　184
　　三、结论　191

第十章　沿浦湾滩涂沉积物调查与研究　192
　　一、调查研究内容及方法　192
　　二、沉积物环境质量评价　195
　　三、结论　220

附录
温州两江一湾大型底栖动物名录　222

参考文献　235

致谢　239

第一篇

龙湾省级海洋特别保护区红树林生态调查与研究

瓯江是中国东海独流入海的河流,是浙江的第二大江,位于浙江南部,历史上曾名"永宁江""永嘉江""温江""慎江"。其发源于龙泉市与庆元县交界的百山祖西北麓锅帽尖,自西向东流,贯穿整个浙南山区,流经丽水、温州等市。该江干流全长 388 km,流域面积 18 028 km²,年均径流量 202.7 亿 m³,从温州市流入东海温州湾。瓯江红树林位于瓯江南汊树排沙沙洲,树排沙是瓯江携带入海的泥沙淤积而逐渐形成的露出水面的沙洲,属于典型的河口沙洲湿地。

2012 年开始,温州市龙湾区在树排沙浅滩持续种植秋茄,并开展湿地保护与生态修复。2014 年 12 月,温州龙湾海洋特别保护区得到温州市人民政府批准并设立。2019 年温州龙湾省级海洋特别保护区得到浙江省人民政府批准并设立,划定保护区总面积 2 294.826 4 hm²,其中,重点保护区面积 733.548 5 hm²,保护区核心区包括秋茄林引种区。如今,温州龙湾省级海洋特别保护区秋茄林面积达到近 1 000 亩,大部分植株高达 2~3 m。

浙江海洋大学红树林生态团队在 2014 年秋季至 2015 年夏季和 2020 年秋季至 2021 年夏季共进行了 8 季次生态调查,并通过对 6 年前后对应季节调查与研究结果进行比较分析,揭示了秋茄种植和生长的 6 年间大型底栖动物群落、沉积物环境等重要生态要素的特征及其变化态势,探索了存在的问题与成因机制,以及人力、物力与财力投入的生态效益、资源效益及社会效益,同时,也为今后科研机构及管理部门开展红树林建设、保护、管理的研究工作提供科技依据。

第一章
龙湾省级海洋特别保护区大型底栖动物调查与研究

> 浙江海洋大学红树林生态团队于2014年秋季和冬季、2015年春季和夏季开展了保护区的潮间带大型底栖动物群落的调查与研究,于2020年秋季和冬季、2021年春季和夏季再次开展了潮间带大型底栖动物群落的调查与研究,通过对6年前后对应季节的调查与研究结果的比较分析,揭示了6年间大型底栖动物群落的特征及其变化态势,本章探讨其存在的问题及其成因机制。

一、调查研究内容及方法

(一)调查内容

基于对龙湾省级海洋特别保护区潮间带中大型底栖动物群落的调查,红树林生态团队开展了大型底栖动物群落物种组成、丰度、生物量、物种多样性、物种生态位、群落稳定性等研究,并揭示秋茄林建设对大型底栖动物群落状况及其变化态势和机制的影响。

(二)调查方法

1. 调查时间与频次

根据《海洋调查规范 第6部分:海洋生物调查》(GB/T 12763.6—2007)、《海洋监测规范》(GB 17378—2007)和《红树林生态监测技术规程》(HY/T 081—2005)的要求,在2014年秋季和冬季、2015年春季和夏季开展了对保护区的潮间带大型底栖动物群落的调查,然后于2020年秋季和冬季、2021年春季和夏季再次开展了对潮间带大型底栖动物群落的调查,前后共进行了8季次调查。

2. 调查断面布设

根据《海洋调查规范》《海洋监测规范》《红树林生态监测技术规程》的要

求,参照瓦扬和斯蒂芬森原则及生物自然分布,结合实际情况,调查断面和站位布设如下:如图1-1所示和表1-1所列,在滩涂区自西向东共布设6条调查断面,每条断面依次在高潮区布设2个站位、中潮区布设3个站位和低潮区布设1个站位,共36个站位,进行大型底栖动物调查与研究,每个站位样方数取3个,样方大小为0.25 m×0.25 m,用0.5 mm网筛淘洗收集大型底栖动物。

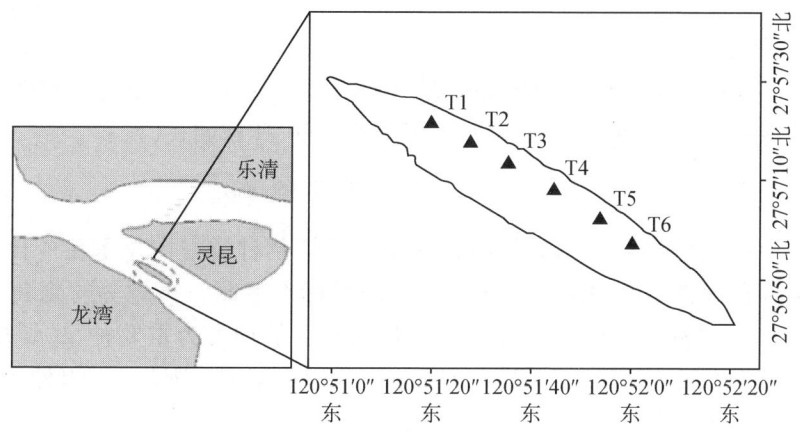

注:T1、T2在2014年秋、冬季与2015年春、夏季调查时原为光滩区,2020年秋、冬季与2021年春、夏季为秋茄林区;T3、T4在2014年秋、冬季与2015年春、夏季调查时为秋茄区(刚种植),2020年秋、冬季与2021年春、夏季调查时为秋茄林区;T5、T6在2014年秋、冬季与2015年春、夏季调查时为互花米草区,2020年秋、冬季与2021年春、夏季调查时则为秋茄林区。

图1-1 树排沙潮间带大型底栖动物调查断面布设

表1-1 树排沙潮间带调查各断面经度与纬度

断面编号	近岸端经度(E)	近岸端纬度(N)	离岸端经度(E)	离岸端纬度(N)
T1	120°51′20.33″	27°57′19.30″	120°51′21.75″	27°57′22.50″
T2	120°51′26.64″	27°57′15.19″	120°51′27.70″	27°57′16.68″
T3	120°51′40.89″	27°57′05.40″	120°51′43.23″	27°57′08.41″
T4	120°51′49.03″	27°57′00.96″	120°51′51.16″	27°57′02.77″
T5	120°51′53.83″	27°56′57.48″	120°52′01.02″	27°56′57.69″
T6	120°51′58.62″	27°56′54.55″	120°52′01.76″	27°56′57.07″

（三）样品采集与处理分析

针对大型底栖动物进行采样，每个站位重复取样方3次，样品用75%的酒精固定后带回实验室，用1 mm的筛子和0.5 mm的筛子进行筛洗后用体视显微镜进行鉴定。

（四）数据处理方法

1. 优势种分析

大型底栖动物优势种的优势度评价采用Pinkas的相对重要性指数IRI，该指数综合个体数、体重组成和出现频率等信息，计算如式(1-1)：

$$IRI = (N + W) \times F \times 10\,000 \tag{1-1}$$

式中，N为某物种尾数占总尾数的比值；W为该物种重量占总重量的比值；F为该物种在调查站位中出现的频率。判断的标准参照王雪辉等的判断标准，$IRI \geqslant 1\,000$的种类为优势种，$100 \leqslant IRI < 1\,000$的种类为重要种，$10 \leqslant IRI < 100$的种类为常见种，$1 \leqslant IRI < 10$的种类为一般种，$IRI < 1$的种类为稀有种。

2. 物种多样性分析

大型底栖动物物种多样性除受取样大小、数量、分布影响外，主要取决于群落中种类数多少及种间个体分布是否均匀。因此，本书以Shannon-Wiener物种多样性指数（H'）、均匀度指数（J'）和丰富度指数（D）评价潮间带大型底栖动物资源状况，计算如式(1-2)~式(1-4)。

1) Shannon-Wiener 物种多样性指数

$$H' = -\sum_{i}^{S} P_i \log_2 P_i \tag{1-2}$$

式中，H'为Shannon-Wiener物种多样性指数；S为样品中大型底栖动物的种类数；P_i为第i种大型底栖动物的个体数与总个体数的比值。H'数值越大，说明群落的多样性越高，受干扰程度越低；反之，则多样性越低，受干扰程度越高。即，当$H' < 1$时，大型底栖动物群落受到了重度干扰；当$1 \leqslant H' < 2$时，大型底栖动物群落受到了中度干扰；当$2 \leqslant H' < 3$时，大型底栖动物群落受到了轻度干扰；当$H' \geqslant 3$时，大型底栖动物群落未受到干扰。

2) Pielou 均匀度指数

$$J' = H'/\log_2 S \tag{1-3}$$

式(1-3)中，J' 为均匀度指数；H' 为 Shannon-Wiener 多样性指数；S 为样品中大型底栖动物的种类数。均匀度指数反映了群落中个体分布的均匀程度，其范围在 0~1 之间，数值越大则表明分布越均匀，当各物种的尾数相等时，$J'=1$。当 $0 \leqslant J' < 0.3$ 时，群落受到严重干扰；当 $0.3 \leqslant J' < 0.5$ 时，群落受到中度干扰；当 $0.5 \leqslant J' < 0.8$ 时，群落受到轻度干扰；当 $0.8 \leqslant J' < 1$ 时，群落未受到干扰。

3) Margalef 丰富度指数

$$D = (S-1)/\log_2 N \tag{1-4}$$

式中，D 为丰富度指数；S 为样品中大型底栖动物的种类数；N 为样品中大型底栖动物的总个体数。丰富度指数的数值越大，说明大型底栖动物群落的物种越丰富。

3. ABC 曲线

丰度—生物量比较曲线法（以下简称"ABC 曲线法"）由 Warwick 提出，该方法根据丰度优势度曲线与生物量优势度曲线的变化情况及相对位置情况来判断群落的变化状况，两条曲线与坐标轴围成的面积为 W 值。ABC 曲线法是进行生物群落受干扰程度研究的常用方法，也常用于反映群落的稳定性情况。当生物量优势度曲线整条位于丰度优势度曲线的上方时，群落中以 K 对策者为主，其特征为个体较大、生长缓慢，此时生物群落处于稳定、未受扰动的状态，W 值为正值；当丰度优势度曲线整条在生物量优势度曲线的上方时，群落中以 r 对策者为主，其特征为个体较小、生长较快，此时生物群落处于不稳定、受到严重干扰的状态，W 值为负值；当生物量优势度曲线与丰度优势度曲线出现相交或重合时，此时生物群落处于中度干扰状态，W 值为负值。W 值计算如式(1-5)：

$$W = \sum_{i=1}^{S} \frac{B_i - A_i}{50(S-1)} \tag{1-5}$$

式中，A_i 与 B_i 分别为第 i 种物种对应的丰度、生物量累积百分比；S 为大型底栖动物物种数。

4. 生态位

1) 生态位宽度

生态位宽度是指一个群落中所利用的各种资源的总和。根据 Shannon-Wiener 指数来计算生态位宽度值，计算如式(1-6)：

$$B_i = -\sum_{j=1}^{R} P_{ij} \ln P_{ij} \tag{1-6}$$

式中，B_i 为生态位宽度值，取值范围为 $[0, R]$；P_{ij} 为种 i 在 j 个样方中的个体数占总个体数的比值；R 为资源位数量。若 B_i 数值越大，则物种的生态位宽度越宽。

2）生态位重叠

生态位重叠是指两个或多个物种对同一资源因素（食物、营养等）的共同利用程度。根据 Pianka 指数来计算生态位重叠值，计算如式（1-7）：

$$O_{ik} = \sum_{j=1}^{R} P_{ij} \cdot P_{kj} / \sqrt{\sum_{j=1}^{R} P_{ij}^2 \sum_{j=1}^{R} P_{kj}^2} \tag{1-7}$$

式中，O_{ik} 为生态位重叠值，取值范围为 $[0, 1]$；P_{ij} 和 P_{kj} 分别为种 i 和种 k 在 j 个样方中的个体数占总个体数的比值；R 为资源位数量。若 O_{ik} 数值越大，则物种间的生态位重叠程度越高。当 $O_{ik}=1$ 时，说明两个物种在所有资源状态中的分布完全相同。

二、大型底栖动物群落调查与研究

（一）种类组成

2014 年秋季至 2015 年夏季共 4 个季节，在红树林生境、互花米草生境和光滩生境中，共鉴定出大型底栖动物 48 种，隶属于 5 纲 15 目 31 科 40 属，其中以甲壳类、腹足类和多毛类为主，各类群物种数依次占总物种数的 36.73%、28.57% 和 18.37%。在三种不同生境中，大型底栖动物的物种分布存在差异，首先在红树林生境区物种数最多，达 38 种，隶属于 5 纲 12 目 26 科 33 属；其次是在光滩区，为 28 种，隶属于 5 纲 8 目 15 科 24 属；最后在互花米草生境区最少，仅 25 种，隶属于 4 纲 7 目 15 科 21 属。

2020 年秋季，共鉴定出大型底栖动物 13 种，隶属于 4 纲 10 目 10 科 11 属；2020 年冬季，共鉴定出大型底栖动物 14 种，隶属于 5 纲 8 目 10 科 12 属；2021 年春季，共鉴定出大型底栖动物 18 种，隶属于 5 纲 8 目 11 科 15 属；2021 年夏季，共鉴定出大型底栖动物 23 种，隶属于 7 纲 14 目 16 科 20 属。

（二）优势种组成

在 2014 年秋季至 2015 年夏季的 4 个季节里，红树林生境、互花米草生境和光滩生境中大型底栖动物的优势种组成差异较大。红树林生境优势种包括尖锥拟蟹守螺、珠带拟蟹守螺、弧边招潮、红螯螳臂相手蟹、天津厚蟹、长足长方蟹、绯拟沼螺、短拟沼螺和弹涂鱼等共 9 种,互花米草生境优势种包括尖锥拟蟹守螺、短拟沼螺、绯拟沼螺、红螯螳臂相手蟹和长足长方蟹等 5 种。光滩生境优势种包括尖锥拟蟹守螺、短拟沼螺、绯拟沼螺、长足长方蟹和弹涂鱼等 5 种。

2020 年秋季至 2021 年夏季共 4 个季节,大型底栖动物的优势种共有 10 种。其中,尖锥拟蟹守螺为 4 季共同优势种,微黄镰玉螺为秋季、冬季和春季共同优势种,彩拟蟹守螺为夏季和冬季共同优势种;弹涂鱼为秋季和冬季共同重要种,红螯螳臂相手蟹为秋季和夏季共同重要种;彩拟蟹守螺为秋季优势种和春季共同重要种,半褶织纹螺、黑边舌尾海牛、红树拟蟹守螺和长足长方蟹为秋季共同重要种,泥蚶为冬季重要种,丝异须虫为春季重要种。

(三) 生物量和丰度

1. 生物量变化

1) 原有光滩区

2014 年秋季,高潮带、中潮带和低潮带的大型底栖动物生物量依次为 29 g/m^2、28 g/m^2 和 18 g/m^2,生物量平均为 25 g/m^2;2014 年冬季,高潮带、中潮带和低潮带的大型底栖动物生物量依次为 239 g/m^2、79 g/m^2 和 12 g/m^2,生物量平均为 110 g/m^2。

2015 年春季,高潮带、中潮带和低潮带的大型底栖动物生物量依次为 357 g/m^2、230 g/m^2 和 108 g/m^2,生物量平均约为 232 g/m^2;2015 年夏季,高潮带、中潮带和低潮带的大型底栖动物生物量依次为 428 g/m^2、585 g/m^2 和 761 g/m^2,生物量平均约为 591 g/m^2。

2020 年秋季,高潮带、中潮带和低潮带的大型底栖动物生物量依次为 40 g/m^2、153 g/m^2 和 45 g/m^2,生物量平均约为 79 g/m^2;2020 年冬季,高潮带、中潮带和低潮带的大型底栖动物生物量依次为 27 g/m^2、215 g/m^2 和 8 g/m^2,生物量平均约为 83 g/m^2。

2021 年春季,高潮带、中潮带和低潮带的大型底栖动物生物量依次为 94 g/m^2、76 g/m^2 和 87 g/m^2,生物量平均约为 86 g/m^2;2021 年夏季,高潮带、中潮带和低潮带的大型底栖动物生物量依次为 89 g/m^2、64 g/m^2 和 27 g/m^2,平均生物量为 60 g/m^2。

2) 原有红树林区

2014 年秋季,高潮带、中潮带和低潮带的大型底栖动物生物量依次为 301 g/m^2、124 g/m^2 和 126 g/m^2,生物量平均约为 184 g/m^2;2014 年冬季,高潮带、中潮带和低潮带的大型底栖动物生物量依次为 94 g/m^2、113 g/m^2 和

12 g/m^2,生物量平均为 73 g/m^2。

2015年春季,高潮带、中潮带和低潮带的大型底栖动物生物量依次为 188 g/m^2、173 g/m^2 和 10 g/m^2,生物量平均约为 124 g/m^2;2015年夏季,高潮带、中潮带和低潮带的大型底栖动物生物量依次为 148 g/m^2、327 g/m^2 和 338 g/m^2,生物量平均为 271 g/m^2。

2020年秋季,高潮带、中潮带和低潮带的大型底栖动物生物量依次为 179 g/m^2、136 g/m^2 和 85 g/m^2,生物量平均约为 133 g/m^2;2020年冬季,高潮带、中潮带和低潮带的大型底栖动物生物量依次为 38 g/m^2、318 g/m^2 和 12 g/m^2,生物量平均约为 123 g/m^2。

2021年春季,高潮带、中潮带和低潮带的大型底栖动物生物量依次为 242 g/m^2、103 g/m^2 和 51 g/m^2,生物量平均为 132 g/m^2;2021年夏季,高潮带、中潮带和低潮带的大型底栖动物生物量依次为 87 g/m^2、94 g/m^2 和 20 g/m^2,生物量平均为 67 g/m^2。

3)原有互花米草消除区

2014年秋季,高潮带、中潮带和低潮带的大型底栖动物生物量依次为 242 g/m^2、173 g/m^2 和 21 g/m^2,生物量平均约为 145 g/m^2;2014年冬季,高潮带、中潮带和低潮带的大型底栖动物生物量依次为 153 g/m^2、40 g/m^2 和 5 g/m^2,生物量平均为 66 g/m^2。

2015年春季,高潮带、中潮带和低潮带的大型底栖动物生物量依次 78 g/m^2、106 g/m^2 和 11 g/m^2,生物量平均为 65 g/m^2;2015年夏季,高潮带、中潮带和低潮带的大型底栖动物生物量依次为 101 g/m^2、106 g/m^2 和 179 g/m^2,生物量平均约为 129 g/m^2。

2020年秋季,高潮带、中潮带和低潮带的大型底栖动物生物量依次为 73 g/m^2、161 g/m^2 和 23 g/m^2,生物量平均约为 86 g/m^2;2020年冬季,高潮带、中潮带和低潮带的大型底栖动物生物量依次为 51 g/m^2、316 g/m^2 和 22 g/m^2,生物量平均约为 130 g/m^2。

2021年春季,高潮带、中潮带和低潮带的大型底栖动物生物量依次为 185 g/m^2、60 g/m^2 和 89 g/m^2,生物量平均约为 111 g/m^2;2021年夏季,高潮带、中潮带和低潮带的大型底栖动物生物量依次为 15 g/m^2、103 g/m^2 和 35 g/m^2,生物量平均为 51 g/m^2。

综上所述,2014年秋季至2015年夏季共4个季节,在红树林生境、互花米草生境和光滩生境3种生境中,大型底栖动物的年平均栖息丰度为 64.24 ind./m^2。其中,红树林生境大型底栖动物的年平均栖息丰度最高(84.60 ind./m^2),互花米草生境次之(54.43 ind./m^2),而光滩生境略低于互花米草生境(53.70 ind./m²)。从不同季节来看,秋季红树林生境大型底栖动物的平均栖息丰度最高(123.07 ind./m²),秋季互花米草生境次之(107.87 ind./m²),而夏季互花米草生境最低(20.67 ind./m²)。4个季节均为红树林生境栖息丰度高于互花米草生境和光滩生境,其中秋季红树林生境的栖息丰度最高,夏季互花米草生境最低。光滩生境栖息丰度季节间的变化幅度最小,而互花米草生境的变化幅度最大。2020年秋季至2021年夏季4个季节,在原有红树林生境、原有互花米草生境和原有光滩生境3种生境中,生物量最高区第一集中在中潮带,第二为高潮带。2020年秋季中潮带大型底栖动物生物量最高(149.80 g/m²),2020年冬季中潮带大型底栖动物生物量最高(282.77 g/m²),2021年春季高潮带大型底栖动物生物量最高(173.87 g/m²),2021年夏季中潮带大型底栖动物生物量最高(87.07 g/m²)。

2. 丰度变化

1) 原有光滩区

2014年秋季,高潮带、中潮带和低潮带的大型底栖动物丰度值依次为66 ind./m²、28 ind./m²和35 ind./m²,丰度平均值为43 ind./m²;2014年冬季,高潮带、中潮带和低潮带的大型底栖动物丰度值依次为812 ind./m²、421 ind./m²和48 ind./m²,丰度平均值为427 ind./m²。

2015年春季,高潮带、中潮带和低潮带的大型底栖动物丰度值依次为924 ind./m²、547 ind./m²和384 ind./m²,丰度平均值约为618 ind./m²;2015年夏季,高潮带、中潮带和低潮带的大型底栖动物丰度值依次为496 ind./m²、363 ind./m²和264 ind./m²,丰度平均值约为374 ind./m²。

2020年秋季,高潮带、中潮带和低潮带的大型底栖动物丰度值依次为80 ind./m²、352 ind./m²和600 ind./m²,丰度平均值为344 ind./m²;2020年冬季,高潮带、中潮带和低潮带的大型底栖动物丰度值依次为91 ind./m²、66 ind./m²和27 ind./m²,丰度平均值约为61 ind./m²。

2021年春季,高潮带、中潮带和低潮带大型底栖动物丰度值依次为195 ind./m²、537 ind./m²和437 ind./m²,丰度平均值约为390 ind./m²;2021年夏季,高潮带、中潮带和低潮带的大型底栖动物丰度值依次为53 ind./m²、173 ind./m²和56 ind./m²,丰度平均值为94 ind./m²。

2) 原有红树林区

2014年秋季,高潮带、中潮带和低潮带大型底栖动物丰度值依次为583 ind./m²、220 ind./m²和244 ind./m²,丰度值平均为349 ind./m²;2014年冬季,高潮带、中潮带和低潮带的大型底栖动物丰度值依次为237 ind./m²、329 ind./m²和21 ind./m²,丰度值平均约为196 ind./m²。

2015 年春季,高潮带、中潮带和低潮带的大型底栖动物丰度依次为 505 ind./m²、484 ind./m² 和 21 ind./m²,丰度值平均约为 337 ind./m²;2015 年夏季,高潮带、中潮带和低潮带的大型底栖动物丰度依次为 229 ind./m²、279 ind./m² 和 77 ind./m²,丰度值平均为 195 ind./m²。

2020 年秋季,高潮带、中潮带和低潮带的大型底栖动物丰度值依次为 261 ind./m²、370 ind./m² 和 875 ind./m²,丰度值平均为 502 ind./m²;2020 年冬季,高潮带、中潮带和低潮带的大型底栖动物丰度值依次为 19 ind./m²、285 ind./m² 和 35 ind./m²,丰度值平均为 113 ind./m²。

2021 年春季,高潮带、中潮带和低潮带的大型底栖动物丰度值依次为 877 ind./m²、899 ind./m² 和 203 ind./m²,丰度值平均约为 660 ind./m²;2021 年夏季,高潮带、中潮带和低潮带的大型底栖动物丰度值依次为 40 ind./m²、179 ind./m² 和 56 ind./m²,丰度值平均约为 92 ind./m²。

综上,原有红树林区大型底栖动物丰度值为 92~660 ind./m²,丰度值平均为 305 ind./m²,其中最大丰度为 2021 年春季中潮带(899 ind./m²)。这表明随着秋茄的生长,大型底栖动物丰度总体上呈现波动且增加的趋势。

3)原有互花米草区

2014 年秋季,高潮带、中潮带和低潮带的大型底栖动物丰度值依次为 504 ind./m²、336 ind./m² 和 71 ind./m²,丰度值平均约为 304 ind./m²;2014 年冬季,高潮带、中潮带和低潮带的大型底栖动物丰度依次为 303 ind./m²、151 ind./m² 和 8 ind./m²,丰度值平均为 154 ind./m²。

2015 年春季,高潮带、中潮带和低潮带的大型底栖动物丰度依次为 96 ind./m²、161 ind./m² 和 23 ind./m²,丰度值平均为 93 ind./m²;2015 年夏季,高潮带、中潮带和低潮带的大型底栖动物丰度依次为 43 ind./m²、64 ind./m² 和 68 ind./m²,丰度值平均约为 58 ind./m²。

2020 年秋季,高潮带、中潮带和低潮带的大型底栖动物丰度值依次为 267 ind./m²、931 ind./m² 和 232 ind./m²,丰度值平均约为 477 ind./m²;2020 年冬季,高潮带、中潮带和低潮带的大型底栖动物丰度值依次为 165 ind./m²、795 ind./m² 和 43 ind./m²,丰度平均值约为 334 ind./m²。

2021 年春季,高潮带、中潮带和低潮带的大型底栖动物丰度值依次为 611 ind./m²、307 ind./m² 和 403 ind./m²,丰度值平均约为 440 ind./m²;2021 年夏季,高潮带、中潮带和低潮带的大型底栖动物丰度值依次为 45 ind./m²、283 ind./m² 和 83 ind./m²,丰度值平均为 137 ind./m²。

综上所述,2014 年秋季至 2015 年夏季共 4 个季节,在红树林生境、互花米草生境和光滩生境 3 种生境中,大型底栖动物的年平均生物量为 44.57 g/m²。

红树林生境中大型底栖动物的年平均生物量最高（63.98 g/m²），互花米草生境次之（35.12 g/m²），而光滩生境略低于互花米草生境（34.59 g/m²）。从不同季节来看，夏季红树林生境大型底栖动物的平均生物量最高（105.07 g/m²），夏季互花米草生境次之（68.88 g/m²），而冬季光滩生境最低（12.32 g/m²）。4个季度均为红树林生境的生物量高于互花米草生境和光滩生境，其中夏季红树林生境的生物量最高，冬季光滩生境生物量最低。互花米草生境生物量季节间的变化幅度最小，而红树林生境的变化幅度最大。2020年秋季，低潮带大型底栖动物丰度值最高为 568.89 ind./m²；2020年冬季，中潮带大型底栖动物丰度值最高为 570.67 ind./m²；2021年春季，中潮带大型底栖动物丰度值最高为 581.33 ind./m²；2021年，夏季中潮带大型底栖动物丰度值最高为 211.56 ind./m²。经分析可知，2020年秋季至 2021年夏季，大型底栖动物丰度值最高的区域集中在中潮带，其次为低潮带。

（四）物种多样性

2014年秋季至2015年夏季共4个季节，通过对红树林生境、互花米草生境和光滩生境间大型底栖动物 Shannon-Wiener 多样性指数（H'）、Pielou 均匀度指数（J'）和 Margalef 物种丰富度指数（D）的对比分析，结果表明：红树林生境均为最高。从不同季节来看，Shannon-Wiener 多样性指数（H'）最高值是春季红树林生境，而最低值是冬季光滩生境；Pielou 均匀度指数（J'）最高值是夏季红树林生境，而最低值是冬季光滩生境；Margalef 物种丰富度指数（D）最高值是秋季红树林生境，而最低值是夏季光滩生境。

2020年秋季至 2021年夏季共计4个季节，高潮带、中潮带和低潮带三个潮带的 Shannon-Wiener 多样性指数（H'）、均匀度指数（J'）及丰富度指数（D）总体上呈现低潮带均高于中、高潮带，这可能是随着红树生长逐步成林，滩涂加速淤积和板结导致大型底栖动物向邻近的中低潮带迁移扩散所致。

（五）ABC 曲线

如图 1-2 所示，2020 年秋季大型底栖动物群落 ABC 曲线，生物量曲线的起点高于丰度曲线，说明 2020 年秋季生物总体个体大、数量少，之后丰度曲线与生物量曲线逐渐重合并出现交叉现象，表明秋季群落受到了中度干扰（W 值为 -0.018）。

如图 1-3 所示，2020 年冬季大型底栖动物群落 ABC 曲线，生物量曲线和丰度曲线的起点相接近，之后丰度曲线高度超过生物量曲线，最后出现相交，说明冬季群落受到了重度干扰(W 值为 -0.051)。

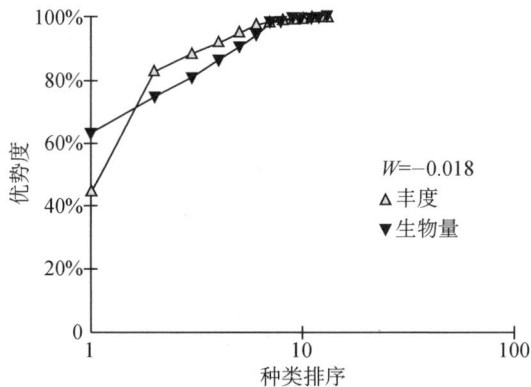

图 1-2　2020 年秋季大型底栖动物群落 ABC 曲线

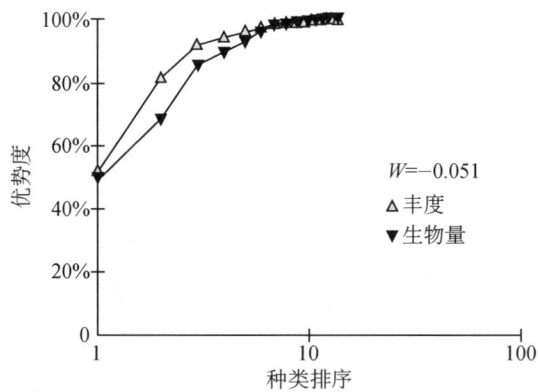

图 1-3　2020 年冬季大型底栖动物群落 ABC 曲线

如图 1-4 所示,2021 年春季大型底栖动物群落 ABC 曲线,生物量曲线的起点高于丰度曲线,说明春季的生物总体个体大、数量少,之后丰度曲线高于生物量曲线,并最终与生物量曲线逐渐重合并出现交叉现象,说明春季群落受到了轻度干扰(W 值为 -0.002)。

如图 1-5 所示,2021 年夏季大型底栖动物群落 ABC 曲线,生物量曲线的起点低于丰度曲线,说明 2021 年夏季生物总体个体小、数量多,之后生物量曲线与丰度曲线逐渐重合并且出现交叉现象,生物量曲线略高于丰度曲线,说明夏季群落受到了重度干扰(W 值为 -0.021)。

综上所述,2020 年秋季至 2021 年夏季 4 季大型底栖动物群落受干扰程度总体上有所减轻,尤其是 2021 年春季受干扰程度达到最低,总体呈现稳定向好态势。

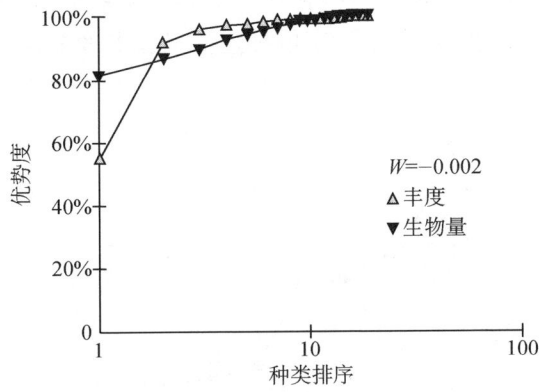

图 1-4　2021 年春季大型底栖动物群落 ABC 曲线

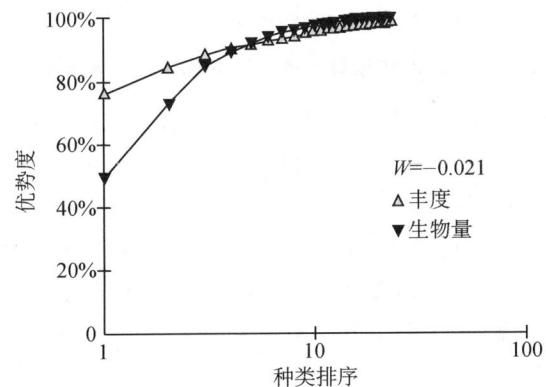

图 1-5　2021 年夏季大型底栖动物群落 ABC 曲线

(六) 生态位

1. 生态位宽度

2020 年秋季至 2021 年夏季 4 季节,由于大型底栖动物群落中优势种及重要种的数量和重量分别占各个季节总数量和总重量的百分比均在 70% 以上,在群落中占有较大优势。因此,特将大型底栖动物的优势种和重要种归划为主要种类,进行生态位宽度值计算,判断主要种类的生态位宽度。

如图 1-6 所示,2020 年秋季大型底栖动物的生态位宽度值变化范围为 0.13~2.47,总体呈现较为显著的分段现象。基于此,大型底栖动物群落主要种类分为 3 类,即广生态位种($B_i \geqslant 1.5$)、中生态位种($0.5 \leqslant B_i < 1.5$)和窄生态位种($0 < B_i \leqslant 0.5$)。其中,广生态位种包括尖锥拟蟹守螺、红螯螳臂相

手蟹、微黄镰玉螺和长足长方蟹 4 种,中生态位种包括弹涂鱼、黑边舌尾海牛和沙蚕科的 1 种共 3 种,以及窄生态位种包括多齿围沙蚕、红树拟蟹守螺和半褶织纹螺 3 种。

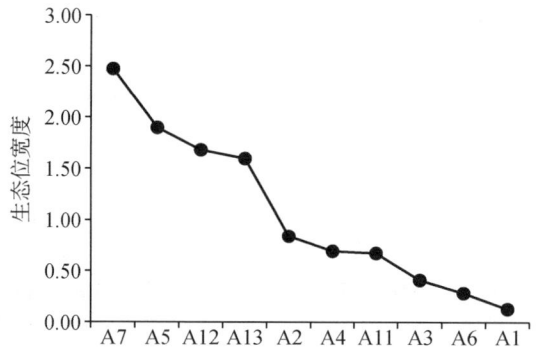

注:B1、B2、B3、B4、B5、B7、B8、B11 及 B13 为物种编号。

图 1-6　2020 年秋季大型底栖动物生态位宽度曲线

如图 1-7 所示,2020 年冬季大型底栖动物的生态位宽度值变化范围为 0.3~2.08,总体呈现较为显著的分段现象。基于此,大型底栖动物群落物种分为 3 类,即广生态位种($B_i \geq 1.5$)、中生态位种($0.7 \leq B_i < 1.5$)和窄生态位种($0 < B_i \leq 0.7$)。其中,广生态位种包括尖锥拟蟹守螺、微黄镰玉螺和弹涂鱼 3 种,中生态位种包括彩拟蟹守螺、半褶织纹螺和长足长方蟹 3 种,以及窄生态位种包括大弹涂鱼、斑肋滨螺和红螯螳臂相手蟹 3 种。

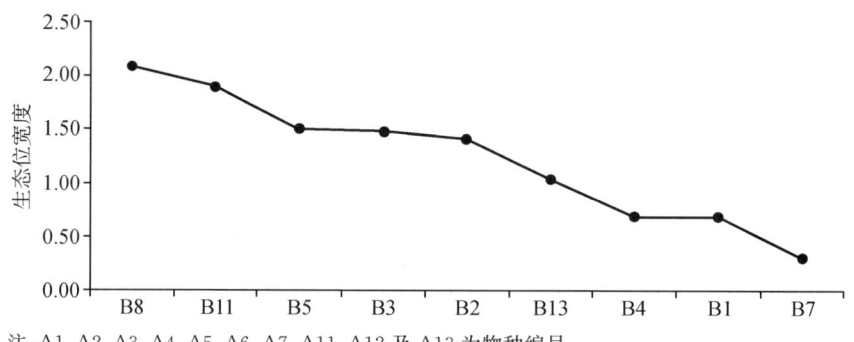

注:A1、A2、A3、A4、A5、A6、A7、A11、A12 及 A13 为物种编号。

图 1-7　2020 年冬季大型底栖动物生态位宽度曲线

如图 1-8 所示,2021 年春季大型底栖动物的生态位宽度值变化范围为 0.59~2.61,总体呈现较为显著的分段现象。基于此,大型底栖动物群落种类分为 3 类,即广生态位种($B_i \geq 1.5$)、中生态位种($0.65 \leq B_i < 1.5$)和窄生

态位种（$0<B_i\leqslant0.65$）。其中，广生态位种包括尖锥拟蟹守螺、微黄镰玉螺、丝异须虫和彩拟蟹守螺4种，中生态位种包括红螯螳臂相手蟹、日本刺沙蚕和瘤背石磺3种，以及窄生态位种包括背毛背蚓虫、弓形革囊星虫、长须沙蚕和绯拟沼螺4种。

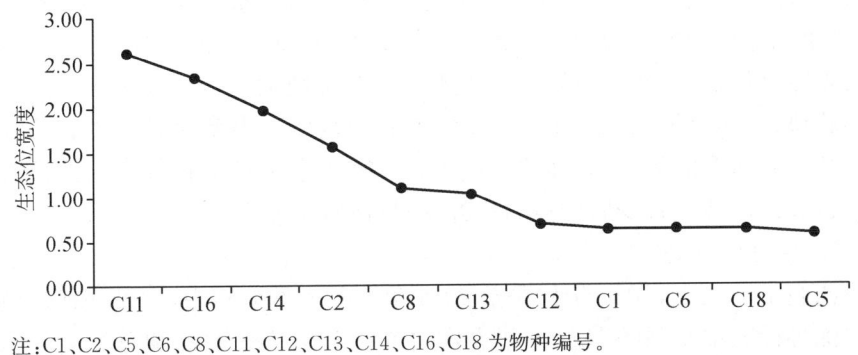

注：C1、C2、C5、C6、C8、C11、C12、C13、C14、C16、C18为物种编号。

图1-8　2021年春季大型底栖动物生态位宽度曲线

如图1-9所示，2021年夏季大型底栖动物的生态位宽度值变化范围为0.64～2.40，总体呈现较为显著的分段现象。基于此，大型底栖动物群落分为3类，即广生态位种（$B_i\geqslant1.5$）、中生态位种（$0.7\leqslant B_i<1.5$）和窄生态位种（$0<B_i<0.7$）。其中，广生态位种包括彩拟蟹守螺、红螯螳臂相手蟹和尖锥拟蟹守螺3种，中生态位种包括丝异须虫、背毛背蚓虫、长吻沙蚕和微黄镰玉螺4种，以及窄生态位种包括双齿围沙蚕、弓形革囊星虫、红树拟蟹守螺和弹涂鱼4种。

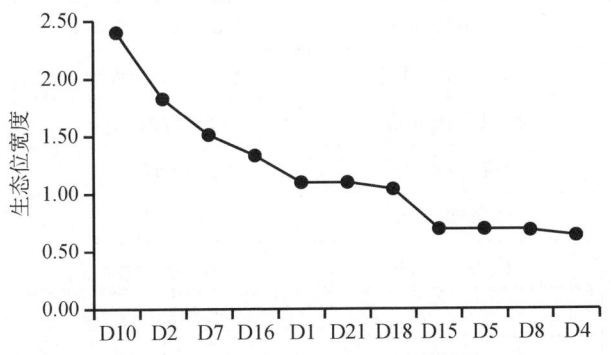

注：D1、D2、C4、D5、D7、D8、D10、D15、D16、D18及D21为物种编号。

图1-9　2021年夏季大型底栖动物生态位宽度曲线

总体而言,广生态位种、中生态位种和窄生态位种的种数呈现季节波动的现象。2020年秋季广生态位种共4种、中生态位种共3种、窄生态位种共3种,2020年冬季广生态位种共3种、中生态位种共3种、窄生态位种共3种,2021年春季广生态位种共4种、中生态位种共3种、窄生态位种共4种,2021年夏季广生态位种共3种、中生态位种共4种、窄生态位种共4种。另外,广生态位种的种类数总体上高于中生态位种和窄生态位种,随着红树的生长年数增长,广生态位种的总种数所占群落种数的百分比呈现先减少后增多的趋势,总体增加0.39%;中生态位种的种数所占群落总种数的百分比呈现先减少后增多的趋势,总体增加2.05%;窄生态位种的种数所占群落总种数的百分比呈现先减少后增多的趋势,但总体减少5.75%。

2. 生态位重叠

如表1-2所列,2020年秋季至2021年夏季4季调查中,大型底栖动物群落中优势种及重要种的数量和重量分别占各个季节总数量和总重量的百分比均在70%以上,在群落中占有较大优势。因此,特将大型底栖动物的优势种和重要种归为主要种类,从而对其进行生态位分析,并将每个季节大型底栖动物主要种类编号,以便对大型底栖动物群落中的主要种类进行生态位重叠程度分析。

表1-2 大型底栖动物主要种类的生态位宽度值

物种编号	2020年秋季		
	种类	拉丁文名	生态位宽度B_i
A1	半褶织纹螺	*N. semiplicatus*	0.129
A2	弹涂鱼	*P. modestus*	0.839
A3	黑边舌尾海牛	*G. atromarginata*	0.693
A4	红螯螳臂相手蟹	*S. haematocheir*	1.897
A5	红树拟蟹守螺	*C. rhizophorarum*	0.284
A6	尖锥拟蟹守螺	*C. largillierti*	2.474
A7	微黄镰玉螺	*L. gilva*	1.681
A8	长足长方蟹	*M. longipes*	1.596
物种编号	2020年冬季		
	种类	拉丁文名	生态位宽度B_i
B1	彩拟蟹守螺	*C. ornata*	1.484
B2	尖锥拟蟹守螺	*C. largillierti*	2.080

(续表)

物种编号	2020 年冬季		
	种类	拉丁文名	生态位宽度 B_i
B3	微黄镰玉螺	*L. gilva*	1.896
B4	弹涂鱼	*P. modestus*	1.498
B5	泥蚶	*T. granosa*	0.000

物种编号	2021 年春季		
	种类	拉丁文名	生态位宽度 B_i
C1	尖锥拟蟹守螺	*C. largillierti*	2.614
C2	微黄镰玉螺	*L. gilva*	2.340
C3	彩拟蟹守螺	*C. ornata*	1.557
C4	丝异须虫	*H. filiforms*	1.975

物种编号	2021 年夏季		
	种类	拉丁文名	生态位宽度 B_i
D1	彩拟蟹守螺	*C. ornata*	1.827
D2	尖锥拟蟹守螺	*C. largillierti*	2.400
D3	红螯螳臂相手蟹	*S. haematocheir*	1.512

注：A1、A2、A3、A4、A5、A6、A7、A8 均为 2020 年秋季大型底栖动物主要种类编号；B1、B2、B3、B4、B5 均为 2020 年冬季大型底栖动物主要种类编号；C1、C2、C3、C4 为 2021 年春季大型底栖动物主要种类编号；D1、D2、D3 为 2021 年夏季大型底栖动物主要种类编号。

以下对大型底栖动物主要种类的生态位重叠值进行分析。2020 年秋季大型底栖动物主要种类的种对共 28 对，其生态位重叠范围为 0.001～0.742，其中生态位重叠值最大的种对为 A1—A7(半褶织纹螺—微黄镰玉螺)，最小的种对为 A3—A7(黑边舌尾海牛—微黄镰玉螺)(表 1-3)。

表 1-3　大型底栖动物主要种类的生态位重叠值(2020 年秋季)

物种编号	A1	A2	A3	A4	A5	A6	A7
A1	—	—	—	—	—	—	—
A2	0.282	—	—	—	—	—	—
A3	0.162	0.478	—	—	—	—	—
A4	0.539	0.005	0.062	—	—	—	—
A5	0.123	0.113	0.041	0.116	—	—	—

(续表)

物种编号	A1	A2	A3	A4	A5	A6	A7
A6	0.243	0.183	0.003	0.000	0.699	—	—
A7	0.742	0.130	0.001	0.000	0.020	0.029	—
A8	0.091	0.461	0.274	0.000	0.000	0.041	0.007

注：A1、A2、A3、A4、A5、A6、A7、A8 均为大型底栖动物主要种类编号；A4—A6、A4—A7、A4—A8 和 A5—A8 种对生态位重叠值为 0，不计入重叠范围。

如表 1-4 所列，2020 年冬季大型底栖动物主要种类的种对共 10 对，其生态位重叠值范围为 0.010～0.846，其中生态位重叠值最大的种对为 B2—B3（尖锥拟蟹守螺—微黄镰玉螺），最小的种对为 B3—B5（微黄镰玉螺—泥蚶）。

表 1-4　大型底栖动物主要种类的生态位重叠值（2020 年冬季）

物种编号	B1	B2	B3	B4
B1	—			
B2	0.722	—		
B3	0.402	0.846	—	
B4	0.044	0.506	0.567	—
B5	0.424	0.176	0.010	0.000

注：B1、B2、B3、B4、B5 均为大型底栖动物主要种类编号，B4—B5 种对生态位重叠值为 0，不计入重叠范围。

如表 1-5 所列，2021 年春季大型底栖动物主要种类的种对共 6 对，其生态位重叠值范围为 0.285～0.793，其中生态位重叠值最大的种对为 C2—C4（微黄镰玉螺—丝异须虫），最小的种对为 C2—C3（微黄镰玉螺—彩拟蟹守螺）。

表 1-5　大型底栖动物主要种类的生态位重叠值（2021 年春季）

物种编号	C1	C2	C3
C1	—		
C2	0.490	—	
C3	0.311	0.285	—
C4	0.371	0.793	0.295

注：C1、C2、C3、C4 均为大型底栖动物主要种类编号。

如表 1-6 所列,2021 年夏季大型底栖动物主要种类的种对共 3 对,其生态位重叠值范围为 0.148～0.463,其中生态位重叠值最大的种对为 D1—D2(彩拟蟹守螺—尖锥拟蟹守螺),最小的种对为 D2—D3(尖锥拟蟹守螺—红螯螳臂相手蟹)。

表 1-6　大型底栖动物主要种类的生态位重叠值(2021 年夏季)

物种编号	D1	D2
D1	—	—
D2	0.463	—
D3	0.219	0.148

注:D1—D3 为大型底栖动物主要种类编号。

综上所述,龙湾省级海洋特别保护区大型底栖动物中广生态位种和中生态位种的种数总体上呈现增加的趋势,窄生态位种的种类数总体上呈现减少的趋势,主要物种间的生态位重叠值总体上呈现上升趋势。

三、2020—2021 年与 2014—2015 年 4 季调查结果比较

(一) 群落组成变化特征

1. 原有光滩区秋茄种植前后比较

2014 年秋季,共鉴定出大型底栖动物 13 种,隶属于 4 纲 5 目 10 科 13 属,各纲物种数占总种数的百分比由高到低排序:软甲纲(46%)＞腹足纲(23%)＞硬骨鱼纲(15%)＞多毛纲(8%)＝双壳纲(8%)。

2014 年冬季,共鉴定出大型底栖动物 17 种,隶属于 4 纲 5 目 10 科 13 属,各纲物种数占总种数的百分比由高到低排序:腹足纲(35%)＞软甲纲(23%)＞硬骨鱼纲(18%)＝多毛纲(18%)＞双壳纲(6%)。

2015 年春季,共鉴定出大型底栖动物 17 种,隶属于 5 纲 6 目 9 科 13 属,各纲物种数占总种数的百分比由高到低排序:腹足纲(35%)＞软甲纲(23%)＞硬骨鱼纲(18%)＝多毛纲(18%)＞双壳纲(6%)。

2015 年夏季,共鉴定出大型底栖动物 12 种,隶属于 5 纲 6 目 9 科 12 属,各纲物种数占总种数的百分比由高到低排序:腹足纲(35%)＞软甲纲(23%)＞硬骨鱼纲(18%)＝多毛纲(18%)＞双壳纲(6%)。

2020 年秋季,共鉴定出大型底栖动物 8 种,隶属于 3 纲 6 目 7 科 7 属,各纲物种数占总种数的百分比由高到低排序:腹足纲(63%)＞软甲纲(25%)＞

硬骨鱼纲(12%)。

2020年冬季,共鉴定出大型底栖动物8种,隶属于3纲6目6科6属,各纲物种数占总种数的百分比由高到低排序:腹足纲(63%)>硬骨鱼纲(25%)>软甲纲(12%)。

2021年春季,共鉴定出大型底栖动物10种,隶属于5纲8目8科9属,各纲物种数占总种数的百分比由高到低排序:软甲纲(46%)>腹足纲(23%)>硬骨鱼纲(15%)>多毛纲(8%)=双壳纲(8%)。

2021年夏季,共鉴定出大型底栖动物13种,隶属于5纲9目9科10属,各纲物种数占总种数的百分比由高到低排序:腹足纲(31%)>硬骨鱼纲(23%)=多毛纲(23%)>软甲纲(15%)>革囊星虫纲(8%)。

综上所述,在秋茄种植前,原有光滩区大型底栖动物群落纲的数量出现了先上升后下降的趋势,目的数量出现了总体上升的趋势,科的数量出现了先上升后下降的趋势,属的数量出现了先上升后下降的趋势,种的数量出现了先上升后下降的趋势。总体而言,纲、科、属和种的数量所占百分比总体依次下降了11.11%、21.05%、38.46%和33.90%,目的组成总体上升31.82%,在秋茄种植后,原有的光滩区物种数略低。

2. 原有红树林区秋茄种植前后比较

2014年秋季,共鉴定出大型底栖动物29种,隶属于4纲7目17科19属,各纲物种数占总种数的百分比由高到低排序:软甲纲(42%)>腹足纲(38%)>硬骨鱼纲(10%)=双壳纲(10%)。

2014年冬季,共鉴定出大型底栖动物19种,隶属于5纲7目12科14属,各纲物种数占总种数的百分比由高到低排序:腹足纲(32%)>双壳纲(21%)=软甲纲(21%)>硬骨鱼纲(16%)>多毛纲(10%)。

2015年春季,共鉴定出大型底栖动物17种,隶属于5纲6目9科13属,各纲物种数占总种数的百分比由高到低排序:腹足纲(35%)>软甲纲(23%)>硬骨鱼纲(18%)=多毛纲(18%)>双壳纲(6%)。

2015年夏季,共鉴定出大型底栖动物15种,隶属于4纲5目10科14属,各纲物种数占总种数的百分比由高到低排序:软甲纲(40%)>腹足纲(27%)>多毛纲(20%)>硬骨鱼纲(13%)。

2020年秋季,共鉴定出大型底栖动物9种,隶属于4纲5目6科7属,各纲物种数占总种数的百分比由高到低排序:腹足纲(45%)>软甲纲(22%)=硬骨鱼纲(22%)>多毛纲(11%)。

2020年冬季,共鉴定出大型底栖动物10种,隶属于4纲6目8科8属,各纲物种数占总种数的百分比由高到低排序:腹足纲(50%)>硬骨鱼纲

(20%)＝软甲纲(20%)＞双壳纲(10%)。

2021年春季,共鉴定出大型底栖动物12种,隶属于5纲6目8科9属,各纲物种数占总种数的百分比由高到低排序:腹足纲(35%)＞软甲纲(23%)＞硬骨鱼纲(18%)＝多毛纲(18%)＞双壳纲(6%)。

2021年夏季,共鉴定出大型底栖动物12种,隶属于5纲9目10科11属,各纲物种数占总种数的百分比由高到低排序:腹足纲(50%)＞多毛纲(25%)＞方格星虫纲(9%)＞硬骨鱼纲(8%)＝软甲纲(8%)。

综上所述,在秋茄种植前,原有红树林区大型底栖动物群落纲的数量出现了先上升后下降的趋势,目的数量出现了先上升后下降的趋势,科的数量出现了总体下降的趋势,属的数量出现了先下降后上升的趋势,种的数量出现了总体下降的趋势。总体而言,纲总体保持不变,目、科、属和种的数量所占百分比总体依次下降了7.14%、38.46%、43.55%和48.19%,在秋茄种植后,原有的红树林区物种数略低。

3. 原有互花米草消除区秋茄种植前后比较

2014年秋季,共鉴定出大型底栖动物20种,隶属于4纲5目9科12属,各纲物种数占总种数的百分比由高到低排序:软甲纲(40%)＞腹足纲(35%)＞硬骨鱼纲(20%)＞多毛纲(5%)。

2014年冬季,共鉴定出大型底栖动物15种,隶属于3纲4目8科11属,各纲物种数占总种数的百分比由高到低排序:腹足纲(40%)＝软甲纲(40%)＞硬骨鱼纲(20%)。

2015年春季,共鉴定出大型底栖动物25种,隶属于5纲6目13科17属,各纲物种数占总种数的百分比由高到低排序:软甲纲(43%)＞腹足纲(19%)＝多毛纲(19%)＞硬骨鱼纲(14%)＞双壳纲(5%)。

2015年夏季,共鉴定出大型底栖动物12种,隶属于3纲4目8科11属,各纲物种数占总种数的百分比由高到低排序:软甲纲(42%)＝腹足纲(42%)＞硬骨鱼纲(16%)。

2020年秋季,共鉴定出大型底栖动物10种,隶属于4纲8目9科9属,各纲物种数占总种数的百分比由高到低排序:腹足纲(60%)＞软甲纲(20%)＞硬骨鱼纲(10%)＝多毛纲(10%)。

2020年冬季,共鉴定出大型底栖动物9种,隶属于4纲6目7科8属,各纲物种数占总种数的百分比由高到低排序:腹足纲(45%)＞软甲纲(22%)＝多毛纲(22%)＞硬骨鱼纲(11%)。

2021年春季,共鉴定出大型底栖动物12种,隶属于4纲8目10科12属,各纲物种数占总种数的百分比由高到低排序:多毛纲(33%)＞腹足

（27%）＞硬骨鱼纲（20%）＝软甲纲（20%）。

2021年夏季，共鉴定出大型底栖动物12种，隶属于4纲7目7科10属，各纲物种数占总种数的百分比由高到低排序：多毛纲（50%）＞腹足纲（34%）＞双壳纲（8%）＝软甲纲（8%）。

综上所述，在秋茄种植前，原有互花米草区大型底栖动物群落纲的数量总体变化不大，目的数量出现了先下降后上升的趋势，科的数量出现了先上升后下降的趋势，属的数量出现了先上升后下降的趋势，种的数量出现了先上升后下降的趋势。总体而言，纲和目的数量所占百分比总体分别上升了6.67%和52.63%，科、属和种的数量所占百分比总体依次下降了13.16%、23.53%和40.28%，在秋茄种植后，原有的互花米草区物种数略低。

（二）优势种和重要种组成变化特征

1. 原有光滩区秋茄种植前后比较

如表1-7所列，尖锥拟蟹守螺为2014年秋、冬季和2020年秋、冬季优势种；短拟沼螺为2014年秋、冬2季优势种；天津厚蟹为2014年秋季优势种，为2014年冬季重要种；红螯螳臂相手蟹为2020年秋季优势种；微黄镰玉螺和彩拟蟹守螺均为2020年冬季优势种；长足长方蟹和弹涂鱼均为2014年秋、冬季和2020年秋季重要种；青弹涂鱼为2014年秋、冬2季重要种；红树拟蟹守螺、微黄镰玉螺和半褶织纹螺均为2020年秋季重要种；拟沼螺科的1种、中华拟蟹守螺和堇拟沼螺均为2014年冬季重要种。

表1-7　秋、冬2季优势种和重要种变化情况

物种名称	拉丁文名	优势种或重要种			
		2014年秋季	2020年秋季	2014年冬季	2020年冬季
尖锥拟蟹守螺	*C. largillierti*	优势种	优势种	优势种	优势种
短拟沼螺	*A. brevicula*	优势种	—	优势种	—
天津厚蟹	*H. tientsinensis*	优势种	—	重要种	—
红螯螳臂相手蟹	*S. haematocheir*	—	优势种	—	—
长足长方蟹	*M. longipes*	重要种	重要种	重要种	—
弹涂鱼	*P. modestus*	重要种	重要种	重要种	—
青弹涂鱼	*S. histophorus*	重要种	—	重要种	—
红树拟蟹守螺	*C. rhizophorarum*	—	重要种	—	—

（续表）

物种名称	拉丁文名	优势种或重要种			
		2014年秋季	2020年秋季	2014年冬季	2020年冬季
微黄镰玉螺	L. gilva	—	重要种	—	优势种
半褶织纹螺	N. semiplicatus	—	重要种	—	—
彩拟蟹守螺	C. ornata	—	—	—	优势种
拟沼螺	G. Assiminea	—	—	重要种	—
中华拟蟹守螺	C. sinensis	—	—	重要种	—
堇拟沼螺	A. violacea	—	—	重要种	—

如表1-8所列，尖锥拟蟹守螺为2015年春季和2021年春季优势种，且为2015年夏季重要种；短拟沼螺为2015年春季优势种；微黄镰玉螺为2015年春季优势种；长足长方蟹为2015年夏季和2021年夏季优势种，为2015年春季重要种；绯拟沼螺为2015年春季重要种；弹涂鱼为2015年春季重要种，且为2015年夏季优势种；丝异须虫和背蚓虫均为2015年春季重要种；红螯螳臂相手蟹为2015年夏季和2021年夏季优势种；珠带拟蟹守螺为2015年夏季优势种；彩拟蟹守螺为2021年夏季优势种；粗腿厚纹蟹为2015年夏季重要种；弧边招潮蟹为2015年夏季重要种；红树拟蟹守螺和石磺均为2021年夏季重要种。

表1-8 春、夏2季优势种和重要种变化情况

物种名称	拉丁文名	优势种或重要种			
		2015年春季	2021年春季	2015年夏季	2021年夏季
尖锥拟蟹守螺	C. largillierti	优势种	优势种	重要种	—
短拟沼螺	A. brevicula	优势种	—	重要种	—
微黄镰玉螺	L. gilva	优势种	—	—	—
长足长方蟹	M. longipes	重要种	—	优势种	优势种
绯拟沼螺	A. latericea	重要种	—	—	—
弹涂鱼	P. modestus	重要种	—	优势种	—
丝异须虫	H. filiforms	重要种	—	—	—
背蚓虫	N. latericeus	重要种	—	—	—

(续表)

物种名称	拉丁文名	优势种或重要种			
		2015年春季	2021年春季	2015年夏季	2021年夏季
红螯螳臂相手蟹	S. haematocheir	—	—	优势种	优势种
珠带拟蟹守螺	C. cingulata	—	—	优势种	—
彩拟蟹守螺	C. ornata	—	—	—	优势种
粗腿厚纹蟹	P. crassipes	—	—	重要种	—
弧边招潮蟹	U. arcuata	—	—	重要种	—
红树拟蟹守螺	C. rhizophorarum	—	—	—	重要种
石磺	O. verruculatum	—	—	—	重要种

综上所述，秋茄种植后，秋季大型底栖动物优势种种数减少，重要种种数增加；冬季优势种种数增加，重要种种数减少；春季优势种种数变化不大，重要种种数减少；夏季优势种种数减少，重要种种数减少。总体而言，在原有光滩生境条件中虽处在季节变动的状态下，秋茄种植后较种植前优势种数量减少，重要种数量减少。

2. 原有红树林区秋茄种植前后比较

如表1-9所列，尖锥拟蟹守螺为2014年秋、冬2季和2020年秋、冬2季共同优势种；天津厚蟹为2014年秋季优势种；泥螺为2014年重要种；微黄镰玉螺为2020年秋、冬2季的共同优势种；彩拟蟹守螺为2020年冬季优势种；短拟沼螺和弹涂鱼均为2014年秋季和冬季的共同重要种；绯拟沼螺和粗腿厚纹蟹均为2014年秋季重要种；红螯螳臂相手蟹为2020年秋、冬2季共同重要种；长足长方蟹为2020年秋季重要种；泥蚶、半褶织纹螺和大弹涂鱼均为2020年冬季重要种。

表1-9 秋、冬2季优势种和重要种变化情况

物种名称	拉丁文名	优势种或重要种			
		2014年秋季	2020年秋季	2014年冬季	2020年冬季
尖锥拟蟹守螺	C. largillierti	优势种	优势种	优势种	优势种
天津厚蟹	H. tientsinensis	优势种	—	—	—
微黄镰玉螺	L. gilva	—	优势种	—	优势种

(续表)

物种名称	拉丁文名	优势种或重要种			
		2014年秋季	2020年秋季	2014年冬季	2020年冬季
短拟沼螺	A. brevicula	重要种	—	重要种	—
泥螺	B. exarata	重要种	—	—	—
弹涂鱼	P. modestus	重要种	—	重要种	—
绯拟沼螺	A. latericea	重要种	—	—	—
粗腿厚纹蟹	P. crassipes	重要种	—	—	—
红螯螳臂相手蟹	S. haematocheir	—	重要种	—	重要种
长足长方蟹	M. longipes	—	重要种	—	—
彩拟蟹守螺	C. ornata	—	—	—	优势种
泥蚶	T. granosa	—	—	—	重要种
半褶织纹螺	N. semiplicatus	—	—	—	重要种
大弹涂鱼	B. pectinirostris	—	—	—	重要种

如表 1-10 所列,尖锥拟蟹守螺为 2015 年春季和 2021 年春、夏 2 季共同优势种,为 2015 年夏季重要种;微黄镰玉螺为 2021 年春季优势种,并为 2021 年夏季重要种;短拟沼螺为 2015 年春季重要种;弹涂鱼为 2015 年春、夏 2 季和 2021 年夏季共同重要种;绯拟沼螺为 2015 年春季重要种,2015 年夏季优势种;弧边招潮蟹为 2015 年春、夏 2 季重要种;彩拟蟹守螺为 2021 年春、夏 2 季共同重要种;丝异须虫为 2021 年春季重要种;长足长方蟹为 2015 年夏季和 2021 年夏季的共同优势种;红螯螳臂相手蟹为 2015 年夏季优势种;珠带拟蟹守螺为 2015 年夏季重要种。

表 1-10 春、夏 2 季优势种和重要种变化情况

物种名称	拉丁文名	优势种或重要种			
		2015年春季	2021年春季	2015年夏季	2021年夏季
尖锥拟蟹守螺	C. largillierti	优势种	优势种	重要种	优势种
微黄镰玉螺	L. gilva	—	优势种	—	重要种
短拟沼螺	A. brevicula	重要种	—	—	—

(续表)

物种名称	拉丁文名	优势种或重要种			
		2015年春季	2021年春季	2015年夏季	2021年夏季
弹涂鱼	P. modestus	重要种	—	重要种	重要种
绯拟沼螺	A. latericea	重要种	—	优势种	—
弧边招潮蟹	U. arcuata	重要种	—	重要种	—
彩拟蟹守螺	C. ornata	—	重要种	—	重要种
丝异须虫	H. filiforms	—	重要种	—	—
长足长方蟹	M. longipes	—	—	优势种	优势种
红螯螳臂相手蟹	S. haematocheir	—	—	优势种	—
珠带拟蟹守螺	C. cingulata	—	—	重要种	—

综上所述，秋茄种植后，秋季优势种种数变化不大，重要种种数减少；冬季优势种种数增加，重要种种数增加；春季优势种种数增加，重要种种数减少；夏季优势种种数减少，重要种种数减少。总体而言，原有红树林生境虽处在季节变动的状态下，秋茄种植后较种植前优势种数量增加，重要种数量减少。

3. 原有互花米草区秋茄种植前后比较

如表1-11所列，尖锥拟蟹守螺为2014年秋、冬2季和2020年秋、冬2季共同优势种；短拟沼螺为2014年秋、冬2季共同优势种；长足长方蟹为2014年秋季优势种，为2020年秋季重要种；天津厚蟹为2014年秋季优势种，2014年冬季重要种；微黄镰玉螺为2020年秋、冬2季共同优势种；弧边招潮蟹、拟沼螺科的1种和青弹涂鱼均为2014年秋季共同重要种；弹涂鱼为2014年秋季和2020年秋、冬2季的共同重要种；堇拟沼螺为2014年秋、冬2季的重要种；粗腿厚纹蟹为2014年秋季重要种；红螯螳臂相手蟹均为2020年秋季和2014年冬季重要种；大弹涂鱼为2014年冬季重要种；彩拟蟹守螺为2020年冬季重要种。

表1-11 秋、冬2季优势种和重要种变化情况

物种名称	拉丁文名	优势种或重要种			
		2014年秋季	2020年秋季	2014年冬季	2020年冬季
尖锥拟蟹守螺	C. largillierti	优势种	优势种	优势种	优势种

(续表)

物种名称	拉丁文名	优势种或重要种			
		2014年秋季	2020年秋季	2014年冬季	2020年冬季
短拟沼螺	A. brevicula	优势种	—	优势种	—
长足长方蟹	M. longipes	优势种	重要种	—	—
天津厚蟹	H. tientsinensis	优势种	—	重要种	—
微黄镰玉螺	L. gilva	—	优势种	—	优势种
弧边招潮蟹	U. arcuata	重要种	—	—	—
拟沼螺	G. Assiminea	重要种	—	—	—
青弹涂鱼	S. histophorus	重要种	—	—	—
弹涂鱼	P. modestus	重要种	重要种	—	重要种
堇拟沼螺	A. violacea	重要种	—	重要种	—
粗腿厚纹蟹	P. crassipes	重要种	—	—	—
红螯螳臂相手蟹	S. haematocheir	—	重要种	重要种	—
大弹涂鱼	B. pectinirostris	—	—	重要种	—
彩拟蟹守螺	C. ornata	—	—	—	重要种

如表1-12所列,尖锥拟蟹守螺为2015年春季优势种,2021年春、夏2季优势种;红螯螳臂相手蟹为2015年春、夏2季优势种;微黄镰玉螺为2021年春季优势种;绯拟沼螺均为2015年春、夏2季重要种;长足长方蟹为2015年春、夏2季重要种;侧足厚蟹为2015年春季重要种;丝异须虫为2015年春季和2021年春季重要种;天津厚蟹和背蚓虫均为2015年春季重要种;粗腿厚纹蟹为2015年春季重要种,2015年夏季为优势种;日本刺沙蚕为2021年春季重要种;弹涂鱼为2015年夏季优势种;珠带拟蟹守螺为2015年夏季重要种;彩拟蟹守螺为2021年夏季重要种。

表1-12 春、夏2季优势种和重要种变化情况

物种名称	拉丁文名	优势种或重要种			
		2015年春季	2021年春季	2015年夏季	2021年夏季
尖锥拟蟹守螺	C. largillierti	优势种	优势种	—	优势种

(续表)

物种名称	拉丁文名	优势种或重要种			
		2015年春季	2021年春季	2015年夏季	2021年夏季
红螯螳臂相手蟹	S. haematocheir	优势种	—	优势种	—
微黄镰玉螺	L. gilva	—	优势种	—	—
绯拟沼螺	A. latericea	重要种	—	重要种	—
长足长方蟹	M. longipes	重要种	—	重要种	—
侧足厚蟹	H. latimera	重要种	—	—	—
丝异须虫	H. filiforms	重要种	重要种	—	—
天津厚蟹	H. tientsinensis	重要种	—	—	—
背蚓虫	N. latericeus	重要种	—	—	—
粗腿厚纹蟹	P. crassipes	重要种	—	优势种	—
日本刺沙蚕	N. japonica	—	重要种	—	—
弹涂鱼	P. modestus	—	—	优势种	—
珠带拟蟹守螺	C. cingulata	—	—	重要种	—
彩拟蟹守螺	C. ornata	—	—	—	重要种

综上所述,秋茄种植后秋季优势种种数减少,重要种种数减少;冬季优势种种数变化不大,重要种种数减少;春季优势种种数变化不大,重要种种数减少;夏季优势种种数减少,重要种种数减少。总体而言,原有互花米草生境条件虽处在季节变动的状态下,秋茄种植后较种植前优势种数量减少,重要种数量减少。

(三)丰度和生物量变化特征

1. 原有光滩区秋茄种植前后比较

在秋茄种植前后,高潮带大型底栖动物丰度呈现先增加后减少的趋势,中潮带和低潮带丰度呈现先增加、后减少、又增加的趋势。总体而言,在秋茄种植后,高潮带大型底栖动物丰度减少,中潮带和低潮带大型底栖动物丰度增加。

在秋茄种植前后,高潮带、中潮带和低潮带大型底栖动物生物量呈现先增加后减少的趋势。总体而言,在秋茄种植后,高潮带、中潮带和低潮带大型底栖动物生物量减少。

综上所述,秋茄种植后较种植前原光滩区高潮带大型底栖动物丰度总体减少,中潮带和低潮带大型底栖动物丰度总体上增加;秋茄种植后较种植前高潮带、中潮带和低潮带大型底栖动物生物量总体呈现先增加后减少的趋势。

2. 原有红树林区秋茄种植前后比较

在秋茄种植前后,高潮带大型底栖动物丰度呈现先减少后增加的趋势,中潮带和低潮带丰度呈现先增加后减少的趋势。总体而言,在秋茄种植后,高潮带大型底栖动物丰度减少,中潮带和低潮带大型底栖动物丰度增加。

在秋茄种植前后,高潮带大型底栖动物生物量呈现先减少后增加的趋势,中潮带和低潮带呈现先增加后减少的趋势。总体而言,在秋茄种植后,高潮带、中潮带和低潮带大型底栖动物生物量减少。

综上所述,秋茄种植后较种植前原红树林区高潮带大型底栖动物丰度总体呈现先减少后增加的趋势,中潮带和低潮带丰度呈现先增加后减少的趋势;秋茄种植后较种植前高潮带大型底栖动物生物量总体呈现先减少后增加的趋势,中潮带和低潮带呈现先增加后减少的趋势。

3. 原有互花米草区秋茄种植前后比较

在秋茄种植前后,高潮带、中潮带和低潮带大型底栖动物丰度呈现先减少后增加的趋势。总体而言,在秋茄种植后,高潮带、中潮带和低潮带大型底栖动物丰度增加。

在秋茄种植前后,高潮带和中潮带大型底栖动物生物量呈现先减少后增加的趋势,低潮带呈现先增加后减少的趋势。总体而言,在秋茄种植后,高潮带和低潮带大型底栖动物生物量减少,中潮带大型底栖动物生物量增加。

综上所述,秋茄种植后较种植前原互花米草区高潮带、中潮带和低潮带大型底栖动物丰度总体呈现先减少后增加的趋势;秋茄种植后较种植前高潮带和中潮带大型底栖动物生物量总体呈现先减少后增加的趋势,低潮带总体呈现先增加后减少的趋势。

四、结论

(一)大型底栖动物种类组成

龙湾省级海洋特别保护区大型底栖动物种类数在秋茄种植前后6年间,总体呈现先上升后下降的变化趋势。在秋茄种植后,原有的光滩区物种纲、目、科、属和种的数量总体呈现先上升后下降的趋势,原有的红树林区纲和目的数量总体呈现先下降后上升的趋势,科、属和种的数量总体呈现下降趋势。

原有的互花米草区物种纲的数量总体变化不大,目的数量总体呈现先下降后上升的趋势,科、属和种的数量总体呈现先上升后下降的趋势。这与红树林生长生境变化尤其是高潮带生境淤积板结等变化有关系。

(二) 大型底栖动物优势种和重要种

龙湾省级海洋特别保护区大型底栖动物优势种和重要种的变化总体上呈现优势种和重要种种数减少态势。原有光滩区优势种数量减少,重要种数量也减少;原有红树林区呈现优势种数量增加,重要种数量减少;原有互花米草区优势种数量减少,重要种数量也减少。在秋茄种植后,第一优势种仍为尖锥拟蟹守螺,这表明6年里秋茄尚处于早期生长发育阶段,大型底栖动物群落的优势种和重要种种类与数量正处于不稳定状态,生境尚处于不稳定阶段。

(三) 大型底栖动物丰度和生物量

1. 秋茄种植前与种植后生物量比较

原有红树林、互花米草及光滩三种生境秋茄林经过6年生长后,其丰度变化特征呈现为:原有光滩区大型底栖动物最大值出现在2020年冬季低潮带(600 ind./m^2),原有红树林区大型底栖动物最大值出现在2021年春季中潮带(899 ind./m^2),原有互花米草区大型底栖动物最大值出现在2020年秋季中潮带(931 ind./m^2)。随着秋茄的生长,大型底栖动物在秋茄种植后丰度出现大幅度下降,这可能是秋茄植株根系变得更加发达,使得潮间带滩涂尤其是高潮带出现一定程度的淤积板结所致。

2. 秋茄种植前与种植后生物量比较

原有秋茄林、互花米草及光滩三种生境秋茄林经过6年生长后,原有光滩区大型底栖动物生物量最大值出现在2020年冬季中潮带(215 g/m^2),原有红树林区大型底栖动物生物量最大值出现在2021年春季高潮带(242 g/m^2),原有互花米草区大型底栖动物生物量最大值出现在2020年冬季中潮带(316 g/m^2)。

(四) 小结

随着秋茄林生长,潮间带淤泥出现不同程度淤积板结,大型底栖动物群落的多样性有所下降,但是大型底栖动物的生物量出现较大幅度的上升,这种恢复作用随着时间的增加而不断提高。这表明秋茄种植对大型底栖动物群落的生物量和丰度提高有一定的促进作用,秋茄林的栽种建设对滩涂生态修复与治理具有积极作用,秋茄的种植使原本脆弱的生态系统趋于稳定,秋茄的种植改善了潮间带的生态环境,增强了湿地的生态平衡能力。

秋茄种植后大型底栖动物的纲、目、科、属及种类数呈现不稳定或一定程度的下降；优势种变化不大，重要种数量略有减少；原有光滩区秋茄种植后，大型底栖动物丰度和生物量总体呈现先上升后下降的趋势；原有秋茄林区和互花米草区秋茄种植后，大型底栖动物丰度和生物量呈现先下降后上升再下降的趋势。这可能是秋茄尚处于幼林阶段，生态系统稳定性尚不高，大型底栖动物除了对逆境环境、人为干扰抗性较差外，亦易遭受病虫危害及杀虫药物危害，暂时性导致一些种类数量减少或消失，最终可能导致数量的下降。但是，随着秋茄林的生长，病虫害与药物危害消除，生态环境条件趋于稳定，外界干扰程度降低，大型底栖动物物种多样性不断提高，群落稳定性将不断提高，秋茄林的强大生态功能也同时向周边海域辐射。

第二章
龙湾省级海洋特别保护区沉积物环境调查与研究

> 浙江海洋大学红树林生态团队于2014年秋季和冬季及2015年春季和夏季开展了保护区的潮间带沉积物调查与研究,于2020年秋季和冬季及2021年春季和夏季也开展相同内容的调查与研究,通过对前后相应年份对应8季次调查与研究结果的对比分析,揭示了6年间沉积物环境质量特征变化及其存在的问题与成因机制。

一、调查研究内容及方法

(一) 调查内容

针对温州龙湾省级海洋特别保护区潮间带沉积物环境重金属元素和有机碳等含量进行了调查,基于调查结果开展了沉积物环境质量及其变化特征的研究,揭示了秋茄林建设对沉积物重金属元素和有机碳等含量变化的影响,并对存在的问题进行探讨。

(二) 调查方法

1. 调查时间与频次

根据《海洋调查规范》《海洋监测规范》和《海洋沉积物质量》(GB 18668—2002)、《红树林生态监测技术规程》的要求,于2014年秋季和冬季、2015年春季和夏季开展了潮间带沉积物的调查,2020年秋季和冬季、2021年春季和夏季再开展了潮间带沉积物的调查,共计进行了8季次的调查。

2. 调查断面布设

如图2-1所示和表2-1所列,根据《海洋调查规范》《海洋监测规范》《海洋沉积物质量》和《红树林生态监测技术规程》的要求,调查断面和站位布设如下:在滩涂区自西向东共布设了T1、T2、T3、T4、T5、T6调查断面6条,每条断面依次在高潮区、中潮区和低潮区采集沉积物样品。

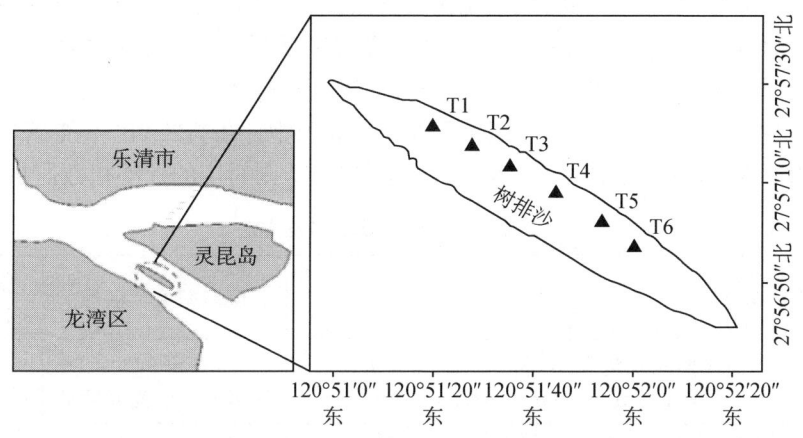

注：T1、T2 在 2014 年秋、冬季与 2015 年春、夏季调查时原为光滩区，2020 年秋、冬季与 2021 年春、夏季为秋茄林区；T3、T4 在 2014 年秋、冬季与 2015 年春、夏季调查时为秋茄区（刚种植），2020 年秋、冬季与 2021 年春、夏季调查时为秋茄林区；T5、T6 在 2014 年秋、冬季与 2015 年春、夏季调查时为互花米草区，2020 年秋、冬季与 2021 年春、夏季调查时则为秋茄林区。

图 2-1　树排沙潮间沉积物调查断面布设

表 2-1　树排沙潮间沉积物调查 6 条断面经度与纬度

断面编号	近岸端经度（E）	近岸端纬度（N）	离岸端经度（E）	离岸端纬度（N）
T1	120°51′20.33″	27°57′19.30″	120°51′21.75″	27°57′22.50″
T2	120°51′26.64″	27°57′15.19″	120°51′27.70″	27°57′16.68″
T3	120°51′40.89″	27°57′05.40″	120°51′43.23″	27°57′08.41″
T4	120°51′49.03″	27°57′00.96″	120°51′51.16″	27°57′02.77″
T5	120°51′53.83″	27°56′57.48″	120°52′01.02″	27°56′57.69″
T6	120°51′58.62″	27°56′54.55″	120°52′01.76″	27°56′57.07″

3．沉积物采样与检测

1）采样方法

沉积物采集及样品分析方法按《海洋调查规范》《海洋监测规范》和《红树林生态监测技术规程》的相关要求执行。由于沉积物相对稳定，受水文、气象条件变化的影响较小，重金属含量在短时间内随时间变化的差异不大，因此在秋茄种植前后进行 8 季的调查，采集沉积物的表层（0～10 cm）样品。

2）样品检测与数据分析

在实验室内进行沉积物重金属（汞、砷、铜、锌、铅、铬、镉）共7个参数的检测，检测标准见表2-2。表2-3按照《海洋沉积物质量》相关标准要求对沉积物进行质量评价，一般地，某因子符合沉积物评价标准并满足功能区使用要求时，沉积物参数标准指数≤1；某因子超过了沉积物评价标准，已不能满足功能区使用要求时，标准指数＞1。若污染程度越严重，则对应的标准指数值越大。

表2-2 沉积物检测项目及方法

检测项目	分析方法	仪器型号及名称	仪器自编号
汞	《海洋监测规范 第5部分：沉积物分析》（5.1原子荧光法）(GB 17378.5—2007)	AFS-9230 双道原子荧光光度计	100031
砷	《海洋监测规范 第5部分：沉积物分析》（11.1原子荧光法）(GB 17378.5—2007)	—	
粒度	《海洋调查规范 第8部分：海洋地质地球物理调查》(6.3.2.3激光法)(GB/T 12763.8—2007)	Microtrac S3500 激光粒度仪	201131
镉	《海洋监测规范 第5部分：沉积物分析》(8.1无火焰原子吸收分光光度法)(GB 17378.5—2007)	ZEEnit650P 原子吸收分光光度计	100039
铜、锌、铅、铬	《海洋沉积物重金属电感耦合等离子发射光谱法作业指导书》(ZMEEMSZD—JC50(7)—2014)(参考USEPA6010B—1996)	Agilent 720型电感耦合等离子发射光谱仪	100027
总有机碳	《海洋监测规范 第5部分：沉积物分析》(18.1重铬酸钾氧化-还原容量法)(GB 17378.5—2007)		

表2-3 海洋沉积物质量标准

序号	项目	指标		
		第一类	第二类	第三类
1	汞 Hg($\times 10^{-6}$)≤	0.20	0.50	1.00
2	镉 Cd($\times 10^{-6}$)≤	0.50	1.50	5.00
3	铅 Pb($\times 10^{-6}$)≤	60.0	130.0	250.0
4	锌 Zn($\times 10^{-6}$)≤	150.0	350.0	600.0

(续表)

序号	项目	指标		
		第一类	第二类	第三类
5	铜 Cu($\times 10^{-6}$)≤	35.0	100.0	200.0
6	铬 Cr($\times 10^{-6}$)≤	80.0	150.0	270.0
7	砷 As($\times 10^{-6}$)≤	20.0	65.0	93.0
8	有机碳 C($\times 10^{-2}$)≤	2.0	3.0	4.0

(三) 研究方法

1. 地累积指数法

地累积指数法是由 Muller 提出的一种常用于研究沉积物中重金属污染情况的指标,计算如式(2-1):

$$I_{geo}=\log_2[C_i/(1.5\times B_i)] \quad (2-1)$$

式中,I_{geo} 为地累积污染指数;C_i 为重金属 i 在沉积物样品中所测得的含量;B_i 为沉积物中的背景值,由于背景值的选定无统一参考标准,因此本文参照丁喜桂研究中所得出的浙江近岸海域重金属背景值,详见表2-4。

表 2-4 沉积物重金属元素背景值和毒性响应参数

元素(Element)	汞 Hg	镉 Cd	铅 Pb	锌 Zn	铜 Cu	铬 Cr	砷 As
东海区表层沉积物背景值(B_i)	0.041	0.104	29.04	83.61	21.51	66.15	8.66
重金属毒性响应参数(T_r^i)	40	30	5	1	5	2	10

沉积物的污染情况可根据 I_{geo} 值的大小进行划分:当 $I_{geo}<0$ 时,沉积物无污染(0级);当 I_{geo} 为 0～1 时,沉积物受到轻度污染(1级);当 I_{geo} 为 1～2 时,沉积物受到中度污染(2级);当 I_{geo} 为 2～3 时,沉积物受到较重污染(3级);当 I_{geo} 为 3～4 时,沉积物受到重度污染(4级);当 I_{geo} 为 4～5 时,沉积物受到超重污染(5级);当 $I_{geo}>5$ 时,沉积物受到极重污染(6级)。

2. 潜在生态危害指数法

潜在生态危害指数法是由 Hakanson 提出的一种评价沉积物环境质量的方法,该方法既能反映某特定环境中单个污染物的影响情况,还能反映多种污染物的综合影响。潜在生态危害指数法包括某一区域重金属 i 的潜在生态

危害系数 E_r^i 和潜在生态危害指数 RI，计算如式(2-2)、式(2-3)：

$$E_r^i = T_r^i / C_f^i \tag{2-2}$$

$$RI = \sum_{i=1}^{n} E_r^i \tag{2-3}$$

式中，C_f^i 为重金属 i 的污染系数，即沉积物中重金属 i 的实测值与该海域中背景值的比值；T_r^i 为重金属毒性响应参数，能反映重金属的毒性水平与生态对重金属污染的敏感程度。本书采用 Hakanson 所制定的标准化重金属毒性响应系数进行评价，潜在生态危害指数法的评价指标详见表 2-5。

表 2-5　污染和生态风险分级标准

E_r^i	单因子污染物生态危害程度	RI	总生态危害程度
<40	低	<150	低
40～80	中等	150～300	中等
80～160	较重	300～600	重
160～320	重	≥600	严重
≥320	严重	—	—

3. 相关性分析

相关性分析是指对 2 个或多个具备相关性的变量元素进行分析，从而衡量 2 个因素的相关密切程度，相关的元素之间需要存在一定的联系或者概率才可以进行相关性分析。

判断 2 个变量之间的相关关系是否显著，首选概率(P)值，它反映某一事件发生的可能性大小。统计学根据显著性检验方法所得到的 P 值，是判断相关系数(r)值是否具有统计学意义的依据，如果 $P<0.05$，就表明两者之间有相关性，那么 $|r|$ 值越大，相关性越好。在线性回归中，一般以 $P<0.05$ 表示 2 个变量显著相关，$P<0.01$ 表示 2 个变量极显著相关。

r 介于区间 $[-1, 1]$。当相关系数为 -1 时，表示完全负相关；当相关系数为 1 时，表示完全正相关；当相关系数为 0 时，表示不相关。r 值的绝对值介于 $0\sim1$，通常 r 越接近 1，表示 X 与 Y 这 2 个量之间的相关程度越强；反之，r 越接近于 0，X 与 Y 这 2 个量之间的相关程度越弱，见式(2-4)。

$$r(X, Y) = \frac{\mathrm{Cov}(X, Y)}{\sqrt{\mathrm{Var}[X]\mathrm{Var}[Y]}} \tag{2-4}$$

其中，$\mathrm{Cov}(X, Y)$ 为 X 与 Y 的协方差，$\mathrm{Var}[X]$ 为 X 的方差，$\mathrm{Var}[Y]$ 为 Y 的

方差。

4. 冗余分析

对大型底栖动物丰度数据进行趋势对应分析（DCA），根据计算出的DCA排序轴梯度长度（LGA）来选择适宜的排序方法。在理论上，当$LGA<3$时，则进行冗余分析（RDA）；当$LGA>3$时，则进行典范对应分析（CCA）；当$3<LGA<4$时，两者皆可，优先选择CCA。

二、潮间带沉积物环境质量评价

（一）各环境指标质量检测结果

根据《海洋沉积物质量》对秋茄各潮带沉积物中各理化因子含量进行比较分析，除铜、锌和铬含量检测结果符合二类标准，其余铅、镉、砷和汞参数含量检测结果均符合一类标准。2021年春季，7种元素的污染程度总体上按大小排序为铜＞锌＞汞＞铅＝铬＞砷＞镉，其中沉积物铜、锌和汞含量为轻度污染，其余含量无污染。2021年夏季7种元素的污染程度总体上按大小排序为铜＞锌＞铬＝汞＞砷＞铅＞镉，其中沉积物铅和镉为无污染，其余含量为轻度污染。除重金属铜和锌的地累积指数呈现上升状态且仍为轻度污染外，其余指标均处在正常范围内。

综上所述，地累积指数显示：沉积物中各理化指标含量变化，铜的含量呈现先下降后上升的趋势，锌和汞的含量呈现上升趋势，重金属铅、镉和砷的含量呈现下降趋势，其他元素含量变化趋势不大，沉积物污染状况总体上呈现减轻态势。

（二）潜在生态危害指数法评价

2020年秋季，沉积物中重金属元素的潜在生态风险系数排序为镉＞汞＞砷＞铅＞铜＞铬＞锌，潜在生态危害指数范围为75.88～80.83。由此可见，7种元素的单因子生态危害程度均属于低等危害，总生态危害程度属于低等程度。

2020年冬季，沉积物中重金属元素的潜在生态风险系数排序为镉＞汞＞砷＞铅＞铜＞铬＞锌，潜在生态危害指数范围为67.93～69.51。由此可见，7种元素的单因子生态危害程度均属于低等危害，总生态危害程度属于低等程度。

2021年春季，沉积物中重金属元素的潜在生态风险系数排序为镉＞汞＞砷＞铅＞铜＞铬＞锌，潜在生态危害指数范围为68.39～70.01。由此可见，

7种元素的单因子生态危害程度均属于低等危害,总生态危害程度属于低等程度。

2021年夏季,沉积物中重金属元素的潜在生态风险系数排序为汞＞镉＞砷＞铅＞铜＞铬＞锌,潜在生态危害指数范围为60.89～61.10。由此可见,7种元素的单因子生态危害程度均属于低等危害,总生态危害程度属于低等程度。

综上所述,沉积物质量状况的比较分析结果:铜、铅、锌、铬、砷和汞6个单因子生态危害程度呈现低等危害程度,重金属镉风险指数在秋茄种植后上升为中等危险,其余重金属元素均为低生态风险,整体RI值呈现逐渐减少趋势。总生态危害程度也均呈现低等程度,但总体上呈现略微下降趋势;重金属镉呈现由中低等降为低等危害程度,其生态危害程度呈现下降趋势;沉积物质量总体上呈现重金属污染轻微加重现象。

(三) 总有机碳含量检测结果

2020年秋季,高潮带总有机碳含量为0.65%,中潮带总有机碳含量为0.60%,低潮带总有机碳含量为0.52%。根据《海洋沉积物质量》对秋茄在各潮带沉积物中总有机碳含量进行比较分析,该参数含量检测结果均符合一类标准。

(四) 潮间带沉积物中各指标相关性分析

2020年秋季,经对沉积物指标进行相关性分析得出,砷和铜呈显著相关关系($r=1.000,p<0.05$);2020年冬季,经对沉积物指标进行相关性分析得出,锌和铜呈显著相关关系($r=0.999,p<0.05$),砷和铬呈显著相关关系($r=0.997,p<0.05$);2021年春季,经对沉积物指标进行相关性分析得出,锌和铜呈显著相关关系($r=1.000,p<0.05$),砷和铬呈显著相关关系($r=0.998,p<0.05$);2021年夏季,经对沉积物指标进行相关性分析得出,锌和铜呈显著相关关系($r=0.998,p<0.05$),汞和铅呈显著相关关系($r=0.997,p<0.05$)。

三、沉积物环境质量调查与研究结论

(一) 原有光滩区沉积物重金属含量变化特征

在秋茄种植前后,原有光滩区7个含量因子经过6年的时间发生了变化,其变化特征为:①重金属铅、锌、铬的含量总体上出现上升,大部分调查站位满足一类标准。②重金属铜和镉的含量总体出现下降,大部分满足一类标准。③砷和汞的含量虽微有上升,但均能满足沉积物质量一类标准。

(二)原有秋茄林区沉积物重金属含量变化特征

在秋茄种植前后,原有秋茄林区 7 个含量因子经过 6 年的时间发生了变化,其变化特征为:①重金属铅、锌、铬的含量总体上出现上升,但是满足一类标准。②重金属铜和镉的含量总体出现下降,满足一类标准。③砷和汞的含量虽微有上升,但均能满足沉积物质量一类标准。

(三)原有互花米草消除区沉积物重金属含量变化特征

在秋茄种植前后,原有互花米草消除区 7 个因子含量经过 6 年的时间发生了变化,其变化特征为:①重金属锌的含量总体上出现上升,但是满足一类标准。②重金属铜、镉、铬和砷的含量总体出现下降,满足一类标准。③铅和汞的含量虽略有上升,但均能满足沉积物质量一类标准。原有光滩区和秋茄林区的铅、锌和铬含量略有上升,铜和镉含量呈现下降,砷和汞含量略有上升;原有互花米草区的锌含量上升,铜、镉、铬和砷含量下降,铅和汞含量略有上升。

综上所述,沉积物中铅、铬、锌、砷和汞含量出现不同程度略微上升。究其原因,一方面,可能是随着秋茄植株逐渐生长成林,根系逐渐发达,富集重金属的能力逐渐增强;同时,由于瓯江流域的重金属源源不断地被输送至树排沙沉积,这也可能导致这些重金属含量有一定程度的上升。另一方面,秋茄的叶片凋落滞留于秋茄林区,成为沉积物的一部分,秋茄叶片中含有特殊的化学物质,对重金属离子也具有一定的富集作用及吸附能力。然而,龙湾省级海洋特别保护区秋茄林植株尚处于生长发育早期,对重金属的吸收能力有限,这也就导致对被富集的重金属的吸收有限,未能产生显著的吸收效果。沉积物中铜和镉含量出现不同程度下降,这可能是近年来浙江省"五水共治"政策实施,污染物排放得到有效的管控治理所致,同时可能是大规模秋茄林的强力有效吸收,也可能是大型底栖动物通过摄食活动进入食物链和食物网,导致部分重金属元素被吸收至生物体内等,诸多原因导致沉积物中铜和镉含量下降。

(四)沉积物总有机碳含量变化特征

沉积物中总有机碳含量出现不同程度下降。究其原因,是人工清除互花米草造成树排沙沙洲沉积物强力扰动,大量表层固碳被潮流带走,而新近沉积的表层沉积物多为海水中悬浮物的新近沉积物,故其碳含量较原互花米草分布时低,以及新种秋茄尚处于生长初期,碳汇沉积能力有限等所致。

四、大型底栖动物与沉积物相关关系

(一) 2020 年秋季

2020 年秋季,大型底栖动物丰度值与沉积物中各重金属含量之间的相互关系为:半褶织纹螺、多齿围沙蚕和泥螺与汞呈正相关关系,弹涂鱼与镉呈正相关关系;红螯螳臂相手蟹、红树拟蟹守螺、青弹涂鱼和石磺与砷呈正相关关系;长足长方蟹与铅呈正相关关系。米氏耳螺、沙蚕和微黄镰玉螺与砷呈现明显负相关关系;泥螺与铬、锌和铜呈明显负相关关系;长足长方蟹与汞呈明显负相关关系。这说明汞、镉、砷和铅对秋季大型底栖动物丰度值影响较大。

(二) 2020 年冬季

2020 年冬季,大型底栖动物丰度值与沉积物中各重金属含量之间的相关关系为:斑肋滨螺、彩拟蟹守螺、红螯螳臂相手蟹和尖锥拟蟹守螺与汞、砷和铅呈正相关关系;泥蚶和长吻沙蚕与镉和铜呈正相关关系。天津厚蟹与汞、砷和铅呈明显的负相关关系;斑肋滨螺、半褶织纹螺、红螯螳臂相手蟹和紫游螺与镉、铜、铬和锌呈明显的负相关关系。这说明汞、砷、铅、镉和铜对冬季大型底栖动物的丰度值影响较大。

(三) 2021 年春季

2021 年春季,大型底栖动物丰度值与沉积物中各重金属含量之间的相关关系为:黑口拟滨螺、日本刺沙蚕、玉螺科和中华拟蟹守螺与砷呈正相关关系;大鳍弹涂鱼、弹涂鱼、弓形革囊星虫、红纹小塔螺、石磺、天津厚蟹、长须沙蚕与铬呈正相关关系;弧边招潮蟹与锌呈正相关关系;彩拟蟹守螺与镉呈正相关关系;绯拟沼螺与铅和铜呈正相关关系。尖锥拟蟹守螺与汞呈明显负相关关系;黑口拟滨螺、日本刺沙蚕、玉螺科和中华拟蟹守螺与铜和铅呈明显的负相关关系。这说明砷、铬、锌、镉和铜对春季大型底栖动物的丰度值影响较大。

(四) 2021 年夏季

2021 年夏季,大型底栖动物丰度值与沉积物中各重金属含量之间的相关关系为：黑口拟滨螺和裸体方格星虫与砷呈正相关关系；弹涂鱼、红螯螳臂相手蟹和紫游螺与锌和铬呈正相关关系。红树拟蟹守螺和长足长方蟹与铅呈明显的负相关关系；尖锥拟蟹守螺与镉和铜呈明显的负相关关系；黑口拟滨螺和裸体方格星虫与锌和铬呈明显的负相关关系。这说明砷、锌和铬对夏季大型底栖动物丰度值影响较大。

第二篇

鳌江南岸与北岸红树林生态调查与研究

鳌江是浙江省八大水系之一，位于浙江东南部。其干流发源于文成县桂山乡吴地山麓，注入东海。鳌江之水丰沛充足，其滩涂属于典型的河口湿地。在浙江省进行"五水共治"前，鳌江沿岸曾经拥有电镀、皮革等发达工业，由于工业企业污染物、农业面源污染物、城镇生活污水等直接或间接地进入鳌江滩涂湿地和海域，重金属、无机氮及活性磷酸盐等化学物质含量超标，导致海洋环境破坏，大型底栖动物种类和数量减少，丰度和生物量降低，物种多样性降低，生态失去平衡，受到严重破坏且日益退化。温州市平阳县 2015 年开始在鳌江四桥东侧北岸滩涂引种秋茄红树 17 亩，随后继续引种秋茄，至今林面积达到 380 余亩，植株高达 2～3 m，长势良好。2002 年开始，苍南县在龙港鳌江南岸滩涂新美洲滩涂引种秋茄近 200 亩，现存留的 180 亩植株高达 3～4 m，长势良好。2019 年龙港撤镇改市，继续引种秋茄红树，龙港市鳌江河口至今面积达到 1 500 亩，新树林大部分植株也已高达 1 m 左右，长势良好。随着秋茄建设成林，鳌江南岸、北岸滩涂秋茄林区及其周围海域生态得到有效修复，鳌江两岸鸟群翱翔，秋茄林生长郁郁葱葱，岸线景观美不胜收。鳌江两岸秋茄林区大型底栖动物资源显著增加，生物多样性显著提高，沉积物环境质量有效改善，生态系统平衡得到了有效维护，生态系统结构稳定性得到了显著的提高。

第三章
鳌江北岸红树林大型底栖动物调查与研究

浙江海洋大学红树林生态团队于2017年夏季至2020年冬季在鳌江北岸秋茄林潮间带连续4年开展了大型底栖动物的调查。本章基于调查结果开展了大型底栖动物群落研究,揭示了秋茄在种植后3年间大型底栖动物群落状况及其变化特征,探索了存在的问题及成因机制。

一、调查研究内容及方法

(一)调查研究内容

1. 调查内容

针对鳌江潮间带秋茄种植区域,开展大型底栖动物的调查,基于4年间调查的结果进行比较分析,通过群落种类组成、生物量、丰度、物种多样性、生态位及群落稳定性研究,探索秋茄种植对大型底栖动物群落的生态效应及其动态变化趋势与机制。

2. 调查时间与频次

2017年夏季、2017年秋季、2017年冬季、2018年春季、2018年秋季、2019年春季、2019年秋季、2020年春季、2020年夏季、2020年秋季及2020年冬季依次对大型底栖动物群落进行11个季次的调查。调查范围为自瓯南大桥至江口的鳌江北岸滩涂潮间带。

(二)调查断面布设

根据《海洋调查规范》《海洋监测规范》《海洋沉积物质量》《红树林生态监测技术规程》的要求,以及参照瓦扬和斯蒂芬森原则及生物自然分布并结合实际情况,断面设置如下:如图3-1和表3-1所示,在滩涂区自西向东布设9条调查断面;如表3-2所列,在每条断面高潮带、中潮带与低潮带依次布设

2个、2个和1个站位，9条断面共45个站位。

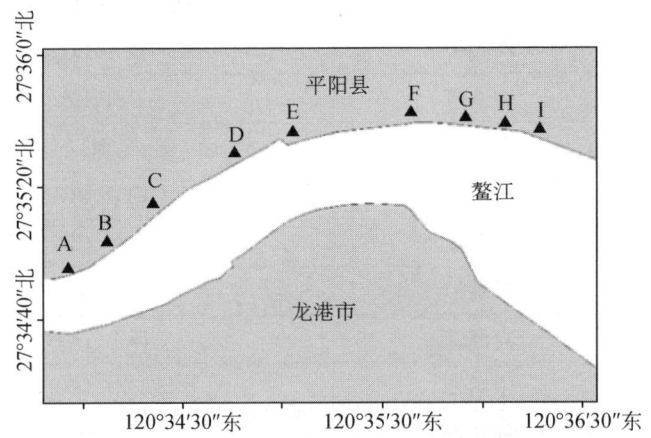

图 3-1　鳌江北岸潮间带大型底栖动物调查各断面布设

表 3-1　鳌江北岸秋茄林潮间带调查各断面经度与纬度

断面编号	近岸端经度(E)	近岸端纬度(N)	离岸端经度(E)	离岸端纬度(N)
A	120°34′16.46″	27°34′42.82″	120°34′18.14″	27°34′39.75″
B	120°34′30.38″	27°34′51.32″	120°34′33.67″	27°34′48.21″
C	120°34′47.25″	27°35′5.73″	120°34′49.43″	27°35′3.75″
D	120°35′6.58″	27°35′16.59″	120°35′7.14″	27°35′15.75″
E	120°35′22.05″	27°35′22.06″	120°35′22.24″	27°35′21.55″
F	120°35′54.30″	27°35′27.54″	120°35′54.34″	27°35′26.68″
G	120°36′6.41″	27°35′27.85″	120°36′6.39″	27°35′26.74″
H	120°36′23.66″	27°35′27.37″	120°36′21.55″	27°35′23.93″
I	120°36′34.12″	27°35′23.65″	120°36′31.63″	27°35′19.58″

表 3-2　鳌江北岸秋茄林潮间带大型底栖动物调查站位编号

断面编号	潮带	大型底栖动物站位编号
A	高潮带	AG1、AG2
	中潮带	AZ1、AZ2
	低潮带	AD

(续表)

断面编号	潮带	大型底栖动物站位编号
B	高潮带	BG1、BG2
	中潮带	BZ1、BZ2
	低潮带	BD
C	高潮带	CG1、CG2
	中潮带	CZ1、CZ2
	低潮带	CD
D	高潮带	DG1、DG2
	中潮带	DZ1、DZ2
	低潮带	DD
E	高潮带	EG1、EG2
	中潮带	EZ1、EZ2
	低潮带	ED
F	高潮带	FG1、FG2
	中潮带	FZ1、FZ2
	低潮带	FD
G	高潮带	GG1、GG2
	中潮带	GZ1、GZ2
	低潮带	GD
H	高潮带	HG1、HG2
	中潮带	HZ1、HZ2
	低潮带	HD
I	高潮带	IG1、IG2
	中潮带	IZ1、IZ2
	低潮带	ID

(三) 大型底栖动物样品采集及处理

上述站位，在每个断面的高潮带、中潮带、低潮带采用 25 cm×25 cm 的样品方框对大型底栖动物样品进行采集，所有生物样品经清洗后装入样品瓶，加入75%的酒精固定后带回实验室,再用0.5 mm的网筛进行筛洗,并进行物种鉴定、个体计数、称重等。

(四) 大型底栖动物数据分析

1. 优势种分析

大型底栖动物优势种的优势度评价采用Pinkas的相对重要性指数IRI,该指数综合了个体数、体重组成和出现频率等信息,计算如式(3-1):

$$IRI = (N + W) \times F \times 10\,000 \qquad (3\text{-}1)$$

式中,N为某物种尾数占总尾数的比值;W为该物种重量占总重量的比值;F为该物种在调查站位中出现的频率。判断的标准参照王雪辉等的研究结果,$IRI \geqslant 1\,000$的种类为优势种,$100 \leqslant IRI < 1\,000$的种类为重要种,$10 \leqslant IRI < 100$的种类为常见种,$1 \leqslant IRI < 10$的种类为一般种,$IRI < 1$的种类为稀有种。

2. 物种多样性分析

大型底栖动物物种多样性除受取样大小、数量、分布影响外,主要取决于群落中种类数的多少及种间个体分布是否均匀。因此,本书以Shannon-Wiener物种多样性指数(H')、丰富度指数(D)和均匀度指数(J')评价潮间带大型底栖动物资源状况。

1) Shannon-Wiener物种多样性指数

$$H' = -\sum_{i}^{S} P_i \log_2 P_i \qquad (3\text{-}2)$$

式中,H'为Shannon-Wiener物种多样性指数,S为样品中大型底栖动物的种类数,P_i为第i种大型底栖动物的个体数与总个体数的比值。H'数值越大,说明群落的物种多样性越高,反之则多样性越低。Shannon-Wiener多样性指数还可以反映群落受干扰程度,当$H' < 1$时,为大型底栖动物群落受到了重度干扰;$1 \leqslant H' < 2$时,为群落受到中度干扰;$2 \leqslant H' < 3$时,为群落受到轻度干扰;$H' \geqslant 3$时,为群落处于稳定状态。

2) Pielou均匀度指数

$$J' = H'/\log_2 S \qquad (3\text{-}3)$$

式中,J'为均匀度指数,H'为Shannon-Wiener物种多样性指数,S为样品中大型底栖动物的种类数。均匀度指数反映了群落中个体分布的均匀程度,其范围为0~1,数值越大则表明分布越均匀,当各物种的尾数相等时,$J' = 1$。当$0 < J' < 0.3$时,群落受到重度干扰状态;当$0.3 \leqslant J' < 0.5$时,群落受到中

度干扰状态;当 $0.5 \leqslant J' < 0.8$ 时,群落受到轻度干扰状态;当 $0.8 \leqslant J' < 1$ 时,群落未受到干扰。

3) Margalef 丰富度指数

$$D = (S-1)/\log_2 N \tag{3-4}$$

式中,D 为丰富度指数,S 为样品中大型底栖动物的种类数,N 为样品中大型底栖动物的总个体数。丰富度指数的数值越大,则说明大型底栖动物的物种越丰富。

3. ABC 曲线

采用 ABC 曲线法评估大型底栖动物群落稳定性及生境受干扰状况。

4. 生态位

1) 生态位宽度

生态位宽度是指一个群落中所利用的各种资源的总和。根据 Shannon-Wiener 指数计算生态位宽度值,计算如式(3-5):

$$B_i = -\sum_{j=1}^{R} P_{ij} \ln P_{ij} \tag{3-5}$$

式中,B_i 为生态位宽度值,取值范围为 $[0, R]$,P_{ij} 为种 i 在 j 个样方中的个体数占总个体数的比值,R 为资源位数量。若 B_i 数值越大,则物种的生态位宽度越宽。

2) 生态位重叠

生态位重叠是指 2 个或多个物种对同一资源因素(食物、营养成分、空间资源等)的共同利用程度。根据 Pianka 指数来计算生态位重叠值,计算如式(3-6):

$$O_{ik} = \sum_{j=1}^{R} P_{ij} \cdot P_{kj} / \sqrt{\sum_{j=1}^{R} P_{ij}^2 \sum_{j=1}^{R} P_{kj}^2} \tag{3-6}$$

式中,O_{ik} 为生态位重叠值,取值范围为 $[0, 1]$,P_{ij} 和 P_{kj} 分别为种 i 和种 k 在 j 个样地中的个体数占总个体数的比值,R 为资源位数量。若 O_{ik} 数值越大,则物种间的生态位重叠程度越高,当 $O_{ik}=1$ 时,说明两个物种在所有资源状态中的分布完全相同。

二、大型底栖动物群落调查与研究

(一)种类组成

1. 2017 年种类组成

2017 年夏季,共鉴定出大型底栖动物 15 种,隶属于 5 纲 8 目 11 科 13 属。

其中，软甲纲种类共 5 种，占总种类数的百分比最大（约 33.33%）；腹足纲种类共 4 种，占总种类数的百分比为 26.67%；硬骨鱼纲种类共 3 种，占总种类数的百分比为 20.00%；多毛纲种类共 2 种，占总种类数的百分比为 13.33%；双壳纲种类共 1 种，占总种类数的百分比为 6.67%。

2017 年秋季，共鉴定出大型底栖动物 12 种，隶属于 3 纲 6 目 9 科 12 属。其中，软甲纲种类共 5 种，占总种类数的百分比最大（41.67%）；腹足纲种类共 4 种，占总种类数的百分比为 33.33%；硬骨鱼纲种类共 3 种，占总种类数的百分比为 25.00%。

2017 年冬季，共鉴定出大型底栖动物 19 种，隶属于 4 纲 7 目 12 科 19 属。其中，软甲纲种类共 8 种，占总种类数的百分比为 42.11%；腹足纲种类共 7 种，占总种类数的百分比为 36.84%；硬骨鱼纲种类共 3 种，占总种类数的百分比为 15.79%；双壳纲种类共 1 种，占总种类数的百分比为 5.26%。

综上所述，2017 年冬季调查共获得大型底栖动物 19 种，物种数略高于夏和秋季，并且腹足纲的种类数占群落总种数的百分比略有提高，双壳纲、多毛纲和硬骨鱼纲的种类数占群落总种数的百分比略低，软甲纲的物种数于冬季占比最高，夏季和秋季均略低。

2. 2018 年种类组成

2018 年春季，共鉴定出大型底栖动物 15 种，隶属于 3 纲 4 目 8 科 14 属。其中，软甲纲种类共 8 种，占总种类数的百分比最大（53.33%）；腹足纲种类共 5 种，占总种类数的百分比为 33.33%；硬骨鱼纲种类共 2 种，占总种类数的百分比为 13.33%。

2018 年秋季，共鉴定出大型底栖动物 12 种，隶属于 4 纲 7 目 9 科 12 属。其中，软甲纲种类共 6 种，占总种类数的百分比最大（50.00%）；腹足纲种类共 4 种，占总种类数的百分比为 33.33%，多毛纲及硬骨鱼纲种类均为 1 种，占总种类数的百分比均为 8.33%。

综上所述，2018 年春、秋 2 季大型底栖动物群落的物种数相对稳定。其中，硬骨鱼纲物种数占群落总物种数的比值较低。软甲纲的物种数虽然也略有下降，但春、秋季占群落总物种数的百分比值均达 40.00% 及以上，总体百分比最高。

3. 2019 年种类组成

2019 年，春季共鉴定出大型底栖动物 14 种，隶属于 4 纲 9 目 11 科 13 属。其中，软甲纲和腹足纲种类均为 4 种，占总种类数的百分比均为 28.57%；多毛纲和硬骨鱼纲种类均为 3 种，占总种类数的百分比均为 21.43%。

2019 年秋季，共鉴定出大型底栖动物 13 种，隶属于 3 纲 6 目 9 科 12 属。

其中,软甲纲种类共 7 种,占总种类数的百分比最大(53.85%);腹足纲种类共 4 种,占总种类数的百分比为 30.77%;硬骨鱼纲种类共 2 种,占总种类数的百分比为 15.38%。

综上所述,2019 年春、秋 2 季大型底栖动物群落的物种数相对稳定。其中,硬骨鱼纲物种数占群落总物种数的百分比值略低;软甲纲和腹足纲的物种数略高。

4. 2020 年种类组成

2020 年春季,共鉴定出大型底栖动物 12 种,隶属于 4 纲 7 目 9 科 11 属。其中,软甲纲和腹足纲种类均为 4 种,占总种类数的百分比均为 33.33%;硬骨鱼纲种类共 3 种,占总种类数的百分比为 25.00%;多毛纲种类共 1 种,占总种类数的百分比为 8.33%。

2020 年夏季,共鉴定出大型底栖动物 9 种,隶属于 4 纲 6 目 8 科 9 属。其中,软甲纲种类共 4 种,占总种类数的百分比最大(44.44%);腹足纲种类共 3 种,占总种类数的百分比为 33.33%;硬骨鱼纲及多毛纲种类均为 1 种,占总种类数的百分比均为 11.11%。

2020 年秋季,共鉴定出大型底栖动物 13 种,隶属于 3 纲 5 目 7 科 9 属。其中,软甲纲种类共 6 种,占总种类数的百分比最大(46.15%);腹足纲种类共 4 种,占总种类数的百分比为 30.77%;硬骨鱼纲种类共 3 种,占总种类数的百分比为 23.08%。

2020 年冬季,共鉴定出大型底栖动物 11 种,隶属于 4 纲 7 目 9 科 11 属。其中,腹足纲种类共 4 种,占总种类数的百分比最大(约 36.36%);软甲纲及多毛纲种类均为 3 种,占总种类数的百分比均为 27.27%;硬骨鱼纲种类共 1 种,占总种类数的百分比为 9.09%。

综上所述,2020 年春、夏、秋、冬 4 季群落物种数低于 2017—2019 年对应季节的物种数,群落中除腹足纲的物种数所占总物种数的百分比变化不大外,其余各纲变化较大。

(二) 大型底栖动物相对重要性指数(IRI)

2017 年夏季,查得大型底栖动物优势种 6 种,包括微黄镰玉螺、红螯螳臂相手蟹、天津厚蟹、弧边招潮蟹、尖锥拟蟹守螺、长足长方蟹;重要种为弹涂鱼;常见种 3 种,包括日本大眼蟹、横山镰玉螺、大弹涂鱼;一般种 3 种,青弹涂鱼、中国不等蛤、疣吻沙蚕;稀有种 2 种,包括背蚓虫、紫游螺。

2017 年秋季,查得大型底栖动物优势种为弧边招潮蟹;重要种 2 种,包括尖锥拟蟹守螺、微黄镰玉螺;常见种 4 种,包括弹涂鱼、长足长方蟹、天津厚蟹、四齿大额蟹;一般种3种,包括大弹涂鱼、短拟沼螺、龙头鱼;稀有种2种,包括口虾蛄、紫游螺。

2017年冬季,查得大型底栖动物优势种3种,包括微黄镰玉螺、弧边招潮蟹、尖锥拟蟹守螺;重要种2种,包括天津厚蟹、弹涂鱼;常见种4种,包括隆背张口蟹、宁波泥蟹、红螯螳臂相手蟹、大弹涂鱼;一般种9种,包括平分大额蟹、拉氏狼牙虾虎鱼、长足长方蟹、近江牡蛎、齿纹蜑螺、粗糙拟滨螺、豆形拳蟹、瓷圆孔螺、紫游螺;稀有种为纵肋织纹螺。

2018年春季,查得大型底栖动物优势种4种,包括微黄镰玉螺、长足长方蟹、弧边招潮蟹、天津厚蟹;重要种2种,包括米埔近相手蟹、弹涂鱼;一般种6种,包括日本大眼蟹、四齿大额蟹、尖锥拟蟹守螺、宽身闭口蟹、拉氏狼牙虾虎鱼、短拟沼螺;稀有种3种,包括伍氏拟厚蟹、粗糙拟滨螺、拟沼螺属的1种。

2018年秋季,查得大型底栖动物优势种3种,包括弹涂鱼、微黄镰玉螺、尖锥拟蟹守螺;重要种4种,包括红螯螳臂相手蟹、弧边招潮蟹、伍氏拟厚蟹、长足长方蟹;一般种3种,包括日本大眼蟹、紫游螺、双齿围沙蚕;稀有种2种,包括天津厚蟹、中国耳螺。

2019年春季,查得大型底栖动物优势种3种,包括尖锥拟蟹守螺、微黄镰玉螺、红螯螳臂相手蟹;重要种3种,包括天津厚蟹、弧边招潮蟹、中国耳螺;常见种2种,包括大鳍弹涂鱼、弹涂鱼;一般种4种,包括紫游螺、丝异须虫、日本角吻沙蚕、疣吻沙蚕;稀有种2种,包括大弹涂鱼、长足长方蟹。

2019年秋季,查得大型底栖动物优势种4种,包括尖锥拟蟹守螺、微黄镰玉螺、弧边招潮蟹、天津厚蟹;重要种2种,包括弹涂鱼、红螯螳臂相手蟹;常见种2种,包括拟穴青蟹、米埔近相手蟹;一般种2种,包括中国耳螺、长足长方蟹;稀有种3种,包括齿纹蜑螺、青弹涂鱼、无齿螳臂相手蟹。

2020年春季,查得大型底栖动物优势种3种,包括弧边招潮蟹、微黄镰玉螺、天津厚蟹;重要种3种,包括红螯螳臂相手蟹、尖锥拟蟹守螺、弹涂鱼;常见种仅长足长方蟹1种;一般种3种,包括中国耳螺、大鳍弹涂鱼、丝异须虫;稀有种2种,包括青弹涂鱼、齿纹蜑螺。

2020年夏季,查得大型底栖动物优势种2种,包括弧边招潮蟹、红螯螳臂相手蟹;重要种4种,包括微黄镰玉螺、弹涂鱼、尖锥拟蟹守螺、天津厚蟹;一般种3种,包括长足长方蟹、中国笔螺、丝异须虫。

2020年秋季,查得大型底栖动物优势种2种,包括弧边招潮蟹、尖锥拟蟹守螺;重要种4种,包括弹涂鱼、红螯螳臂相手蟹、天津厚蟹、微黄镰玉螺;常见种3种,包括大鳍弹涂鱼、粗腿招潮蟹、长足长方蟹;一般种4种,包括大弹涂鱼、米氏耳螺、伍氏拟厚蟹、红树拟蟹守螺。

2020年冬季,查得大型底栖动物优势种为弧边招潮蟹1种;重要种4种,包括微黄镰玉螺、天津厚蟹、尖锥拟蟹守螺、弹涂鱼;常见种5种,包括丝异须虫、长须沙蚕、红螯螳臂相手蟹、中国耳螺、疣吻沙蚕;一般种为长足长方蟹1种。

综上所述,根据2017—2020年对大型底栖动物的调查与研究得出,秋茄种植后较种植前,优势种种数呈现先上升后下降的趋势,总体下降26.53%;重要种的物种数量呈现上升趋势,总体上升95.92%;常见种的物种数量呈现先下降后上升的趋势,总体下降32.47%;一般种的物种数量呈现下降趋势,总体下降45.58%;稀有种的物种数量呈现下降趋势,总体下降42.86%。

(三)大型底栖动物生物量和丰度

1. 生物量变化

查得,2017年夏季大型底栖动物生物量范围为49.99~63.64 g/m^2,2017年秋季大型底栖动物生物量范围为61.25~91.82 g/m^2,2017年冬季大型底栖动物生物量范围为36.38~54.16 g/m^2。2018年春季大型底栖动物生物量范围为44.84~47.99 g/m^2,2018年秋季大型底栖动物生物量范围为43.95~294.20 g/m^2。2019年春季大型底栖动物生物量范围为84.27~117.46 g/m^2,2019年秋季大型底栖动物生物量范围为40.96~92.16 g/m^2。2020年春季大型底栖动物生物量范围为35.15~104.27 g/m^2,2020年夏季大型底栖动物生物量范围为36.21~86.61 g/m^2,2020年秋季大型底栖动物生物量范围为60.23~143.23 g/m^2,2020年冬季大型底栖动物生物量范围为6.31~80.60 g/m^2。

2. 丰度变化

查得,2017年夏季大型底栖动物丰度范围为58.91~73.82 ind./m^2,2017年秋季大型底栖动物丰度范围为48.67~59.11 ind./m^2,2017年冬季大型底栖动物丰度范围为139.11~348.22 ind./m^2。2018年春季大型底栖动物丰度范围为64.22~104.00 ind./m^2,2018年秋季大型底栖动物丰度范围为104.00~123.33 ind./m^2。2019年春季大型底栖动物丰度范围为251.33~264.44 ind./m^2,2019年秋季大型底栖动物丰度范围为76.89~106.67 ind./m^2。2020年春季大型底栖动物丰度范围为56.75~122.00 ind./m^2,2020年夏季大型底栖动物丰度范围为13.25~27.00 ind./m^2,2020年秋季大型底栖动物丰度范围为36.00~59.00 ind./m^2,2020年冬季大型底栖动物丰度范围为7.25~11.00 ind./m^2。

(四) 物种多样性

1. 丰富度指数值（D）

2017年夏季，高潮带（1.33）＞低潮带（1.30）＞中潮带（1.26）；秋季，高潮带（0.67）＝中潮带（0.67）＞低潮带（0.66）；冬季，低潮带（0.97）＞高潮带（0.78）＞中潮带（0.72）。

2018年春季，中潮带（1.18）＞高潮带（0.91）＞低潮带（0.86）；秋季，低潮带（1.52）＞中潮带（1.41）＞高潮带（1.14）。

2019年春季，低潮带（1.25）＞高潮带（1.17）＞中潮带（1.09）；秋季，低潮带（1.11）＞高潮带（1.01）＞中潮带（0.96）。

2020年春季，中潮带（1.09）＞高潮带（0.92）＞低潮带（0.56）；夏季，中潮带（1.95）＞低潮带（0.90）＞高潮带（0.66）；秋季，高潮带（0.86）＞中潮带（0.79）＞低潮带（0.70）；冬季，高潮带（1.33）＞中潮带（0.76）＞低潮带（0.54）。

2. 均匀度指数值（J'）

2017年夏季，低潮带（0.86）＞高潮带（0.74）＞中潮带（0.68）；秋季，低潮带（0.70）＞高潮带（0.69）＞中潮带（0.68）；冬季，低潮带（0.61）＞中潮带（0.48）＞高潮带（0.43）。

2018年春季，低潮带（0.69）＞高潮带（0.67）＞中潮带（0.60）；秋季，中潮带（0.68）＞低潮带（0.64）＞高潮带（0.57）。

2019年春季，高潮带（0.72）＞低潮带（0.65）＞中潮带（0.64）；秋季，低潮带（0.72）＞中潮带（0.60）＞高潮带（0.53）。

2020年春季，高潮带（0.70）＞中潮带（0.64）＞低潮带（0.52）；夏季，中潮带（0.65）＞高潮带（0.61）＞低潮带（0.54）；秋季，中潮带（0.61）＞高潮带（0.49）＞低潮带（0.48）；冬季，中潮带（0.92）＞低潮带（0.89）＞高潮带（0.86）。

3. Shannon-Wiener 指数值（H'）

2017年夏季，低潮带（1.07）＞高潮带（0.99）＝中潮带（0.99）；秋季，高潮带（0.73）＞中潮带（0.69）＞低潮带（0.64）；冬季，低潮带（0.69）＞中潮带（0.68）＞高潮带（0.64）。

2018年春季，中潮带（0.95）＞高潮带（0.89）＞低潮带（0.69）；秋季，中潮带（1.12）＞低潮带（0.90）＞高潮带（0.88）。

2019年春季，高潮带（1.22）＞低潮带（1.03）＞中潮带（0.98）；秋季，低潮带（1.00）＞中潮带（0.91）＞高潮带（0.86）。

2020年春季，中潮带（0.91）＞高潮带（0.83）＞低潮带（0.48）；夏季，高潮带（0.60）＝中潮带（0.60）＞低潮带（0.59）；秋季，中潮带（0.70）＞高潮带（0.59）＝

低潮带(0.59);冬季,高潮带(0.81)>中潮带(0.47)>低潮带(0.46)。

(五) ABC 曲线

如图 3-2 所示,2017 年夏季大型底栖动物群落 ABC 曲线的生物量曲线的起点低于丰度曲线,这说明 2017 年夏季群落总体上个体较小、数量较多,而之后生物量曲线与丰度曲线逐渐重合并出现交叉现象,说明夏季群落受到了中度干扰(W 值为 -0.081)。

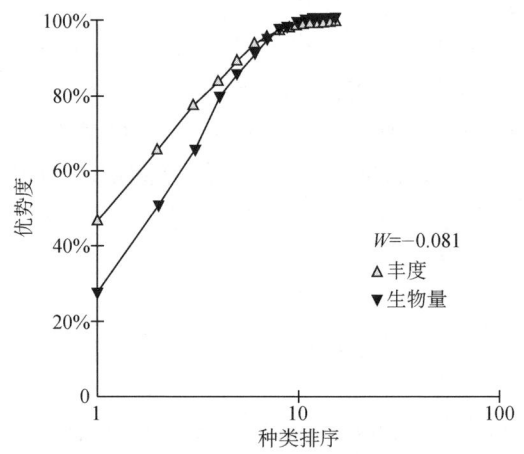

图 3-2　2017 年夏季大型底栖动物群落 ABC 曲线

如图 3-3 所示,2017 年秋季群落 ABC 曲线的生物量曲线的起点高于丰度曲线,这说明 2017 年秋季群落总体上个体较大、数量较少,而之后生物量曲线与丰度曲线逐渐重合并出现交叉现象,说明秋季群落处于稳定状态(W 值为 0.108)。

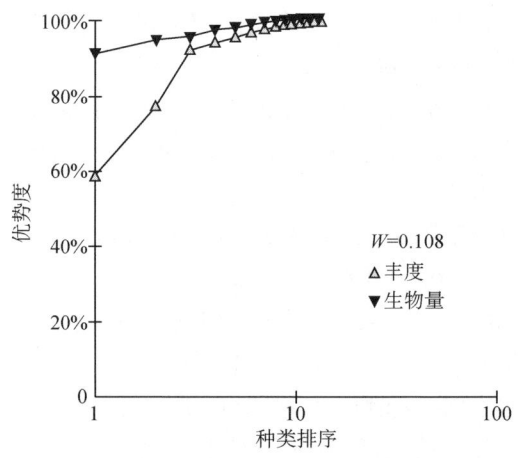

图 3-3　2017 年秋季大型底栖动物群落 ABC 曲线

如图 3-4 所示,2017 年冬季群落 ABC 曲线的生物量曲线的起点低于丰度曲线,这说明 2017 年冬季群落总体个体较小、数量较多,而之后生物量曲线与丰度曲线逐渐重合并出现交叉现象,说明冬季群落受到了重度干扰(W 值为 -0.106)。

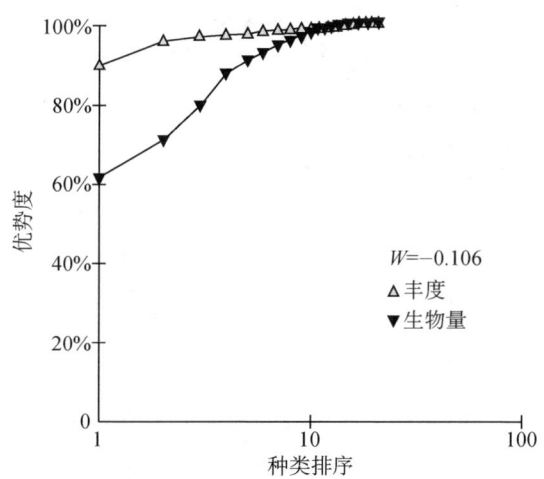

图 3-4　2017 年冬季大型底栖动物群落 ABC 曲线

如图 3-5 所示,2018 年春季群落 ABC 曲线的生物量曲线的起点远低于丰度曲线,这说明 2018 年群落总体上个体较小、数量较多,而之后生物量曲线与丰度曲线逐渐重合并出现交叉现象,说明春季群落受到了重度干扰(W 值为 -0.179)。

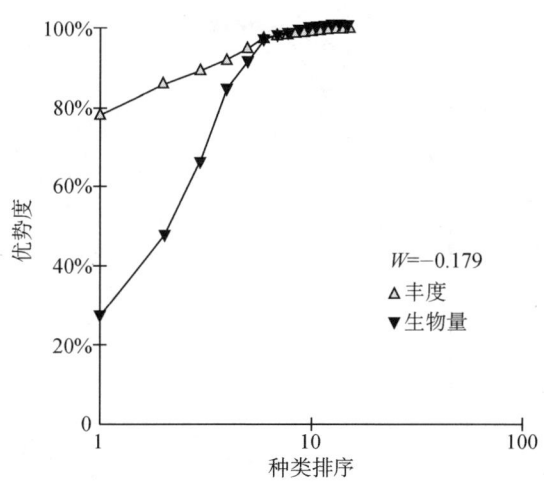

图 3-5　2018 年春季大型底栖动物群落的 ABC 曲线

如图 3-6 所示,2018 年秋季群落 ABC 曲线的生物量曲线的起点高于丰度曲线,这说明 2018 年秋季群落总体上个体较大、数量较少,而之后生物量曲线与丰度曲线逐渐重合并出现交叉现象,说明秋季群落处于较稳定状态(W 值为 0.051)。

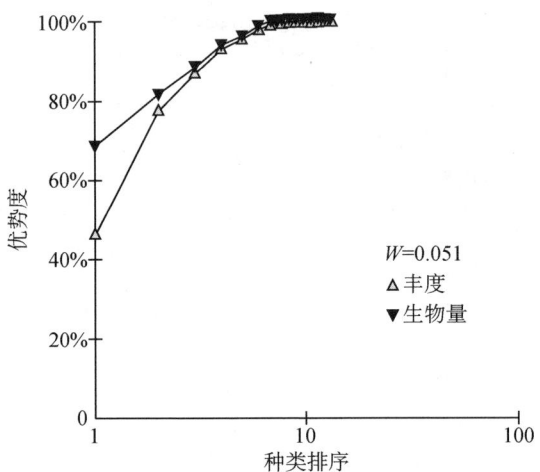

图 3-6　2018 年秋季大型底栖动物群落 ABC 曲线

如图 3-7 所示,2019 年春季群落 ABC 曲线的生物量曲线的起点略低于丰度曲线,这说明 2019 年春季群落总体上个体较小、数量较多,而之后生物量曲线与丰度曲线逐渐重合并出现交叉现象,说明春季群落受到了重度干扰(W 值为 -0.128)。

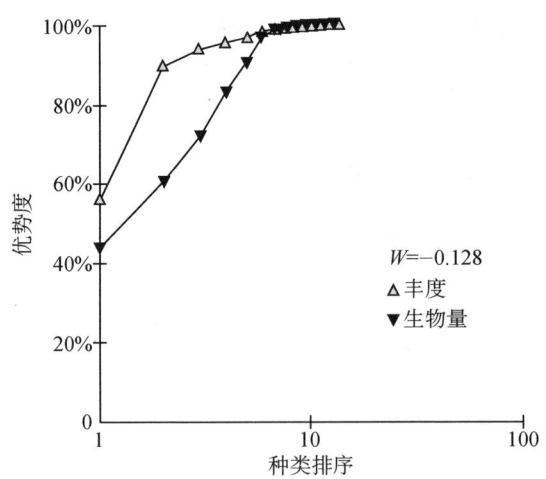

图 3-7　2019 年春季大型底栖动物群落 ABC 曲线

如图 3-8 所示,2019 年秋季群落 ABC 曲线的生物量曲线的起点略低于丰度曲线,这说明 2019 年秋季群落总体个体小、数量多,而之后生物量曲线与丰度曲线逐渐重合并出现交叉现象,说明秋季群落受到了轻度干扰(W 值为 -0.068)。

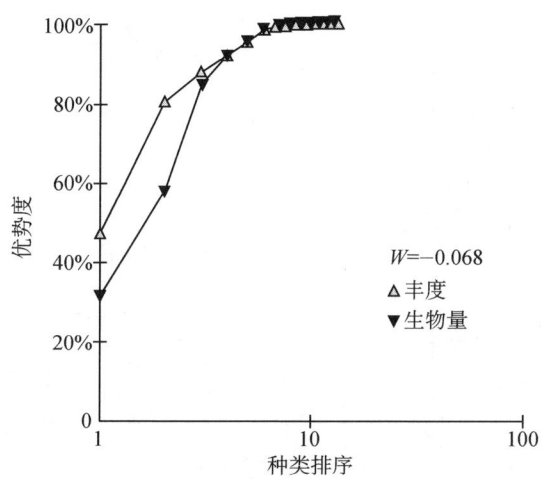

图 3-8　2019 年秋季大型底栖动物群落 ABC 曲线

如图 3-9 所示,2020 年春季群落 ABC 曲线的生物量曲线的起点略低于丰度曲线,这说明 2020 年春季群落总体个体稍小、数量稍多,而之后生物量曲线与丰度曲线逐渐重合并出现交叉现象,说明春季群落受到了轻度干扰(W 值为 -0.013)。

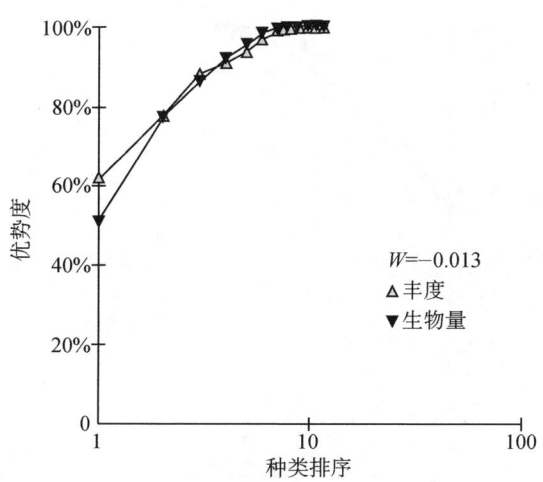

图 3-9　2020 年春季大型底栖动物群落 ABC 曲线

如图 3-10 所示，2020 年夏季群落 ABC 曲线的生物量曲线的起点和丰度曲线的起点相近，丰度曲线的起点略低于生物量曲线，这说明 2020 年夏季群落总体上个体较大、数量较少，而之后生物量曲线高于丰度曲线，最后出现相交，说明夏季群落处于稳定状态（W 值为 0.157）。

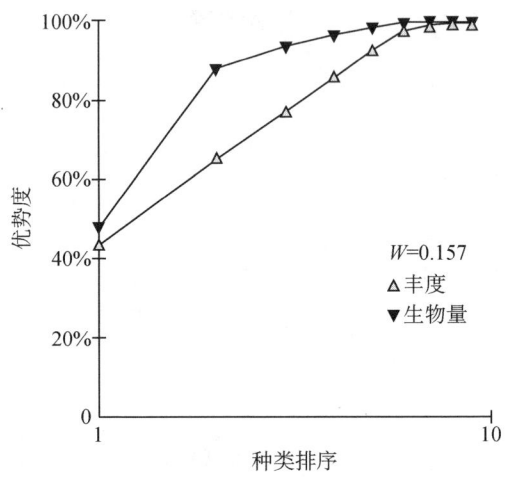

图 3-10　2020 年夏季鳌江大型底栖动物群落 ABC 曲线

如图 3-11 所示，2020 年秋季群落 ABC 曲线的生物量曲线的起点和丰度曲线的起点近似重合，2020 年秋季群落个体总体不大而个体丰度较大，然后丰度曲线高于生物量曲线，之后生物量曲线高于丰度曲线，最后丰度曲线与生物量曲线逐渐重合并出现交叉现象，说明秋季群落较稳定状态（W 值为 0.023）。

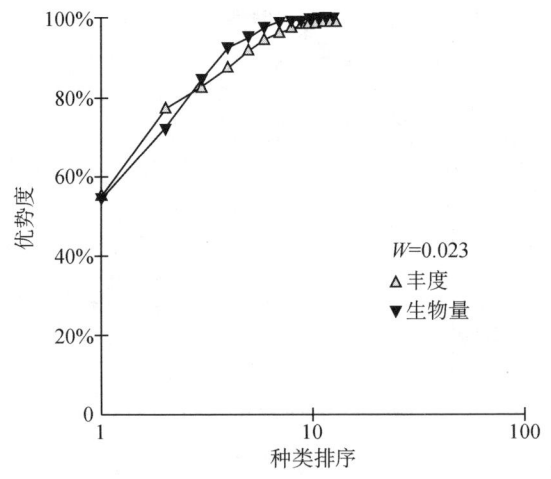

图 3-11　2020 年秋季大型底栖动物群落 ABC 曲线

如图 3-12 所示,2020 年冬季群落 ABC 曲线的生物量曲线的起点高于丰度曲线,这说明 2020 年冬季生物总体较大、数量较少,而之后生物量曲线与丰度曲线重合现象不明显,说明冬季群落处于稳定状态(W 值为 0.287)。

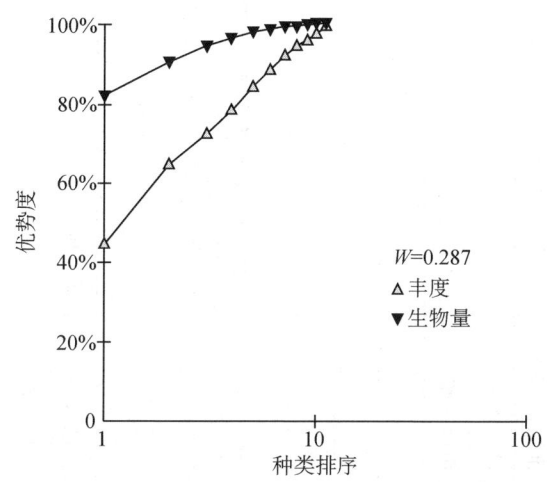

图 3-12　2020 年冬季鳌江大型底栖动物群落 ABC 曲线

综上所述,大型底栖动物群落在秋茄种植后较种植前受干扰程度总体上有所减轻,尤其是在 2020 年冬季群落受干扰程度达到最低,群落总体趋向稳定状态,呈现稳定向好的态势。

(六) 大型底栖动物生态位

1. 生态位宽度

2017 年夏季,查得大型底栖动物的生态位宽度值变化范围为 0.36~2.95,总体呈现较为显著的分段现象。基于此,大型底栖动物群落分为 3 类,即广生态位种($B_i \geq 2.6$)、中生态位种($2.0 \leq B_i < 2.6$)及窄生态位种($0 < B_i < 2.0$)。其中,广生态位种包括天津厚蟹和红螯螳臂相手蟹 2 种,中生态位种包括弧边招潮蟹、长足长方蟹、微黄镰玉螺、弹涂鱼及尖锥拟蟹守螺 5 种,窄生态位种包括日本大眼蟹、青弹涂鱼、大弹涂鱼及横山镰玉螺 4 种(表 3-3)。

2017 年秋季,查得大型底栖动物的生态位宽度值变化范围为 0.50~3.03,总体呈现较为显著的分段现象,基于此,可将大型底栖动物分为 3 类,即广生态位种($B_i \geq 2.0$)、中生态位种($1.0 \leq B_i < 2.0$)及窄生态位种($0 < B_i < 1.0$)。其中,广生态位种包括弧边招潮蟹和微黄镰玉螺 2 种,中生态位种包括尖锥拟蟹守螺、弹涂鱼及长足长方蟹 3 种,窄生态位种包括天津厚蟹、短拟沼螺、四齿大额蟹及大弹涂鱼 4 种(表 3-3)。

表 3-3　鳌江大型底栖动物主要种类的生态位宽度值

物种编号	2017年夏季			物种编号	2017年秋季		
	种类	拉丁文名	生态位宽度值 B_i		种类	拉丁文名	生态位宽度值 B_i
A1	天津厚蟹	Helice tientsinensis	2.95	B1	尖锥拟蟹守螺	Cerithideopsis largillierti	1.97
A2	红螯螳臂相手蟹	Chiromantes haematocheir	2.77	B2	长足长方蟹	Metaplax longipes	2.40
A3	尖锥拟蟹守螺	Cerithideopsis largillierti	2.17	B3	弧边招潮蟹	Tubuca arcuata	3.03
A4	弧边招潮蟹	Tubuca arcuata	2.59				
A5	长足长方蟹	Metaplax longipes	2.50				
A6	微黄镰玉螺	Lunatia gilva	2.48				
A7	弹涂鱼	Periophthalmus modestus	2.44				
物种编号	2017年冬季			物种编号	2018年春季		
	种类	拉丁文名	生态位宽度值 B_i		种类	拉丁文名	生态位宽度值 B_i
C1	尖锥拟蟹守螺	Cerithideopsis largillierti	1.67	D1	微黄镰玉螺	Lunatia gilva	2.71
C2	微黄镰玉螺	Lunatia gilva	2.83	D2	弧边招潮蟹	Tubuca arcuata	2.77
C3	弧边招潮蟹	Tubuca arcuata	2.96	D3	天津厚蟹	Helice tientsinensis	2.15
C4	天津厚蟹	Helice tientsinensis	1.85	D4	长足长方蟹	Metaplax longipes	2.46
C5	弹涂鱼	Periophthalmus modestus	2.03	D5	米埔近相手蟹	Perisesarma maipoensis	1.95
				D6	弹涂鱼	Periophthalmus modestus	2.23

(续表)

物种编号	2018年秋季 种类	拉丁文名	生态位宽度值 B_i	物种编号	2019年春季 种类	拉丁文名	生态位宽度值 B_i
E1	尖锥拟蟹守螺	Cerithideopsis largillierti	2.85	F1	尖锥拟蟹守螺	Cerithideopsis largillierti	2.78
E2	微黄镰玉螺	Lunatia gilva	2.77	F2	微黄镰玉螺	Lunatia gilva	2.96
E3	红螯螳臂相手蟹	Chiromantes haematocheir	2.82	F3	中国耳螺	Ellobium chinense	2.11
E4	弧边招潮蟹	Tubuca arcuata	2.12	F4	红螯螳臂相手蟹	Chiromantes haematocheir	2.53
E5	伍氏拟厚蟹	Helicana wuana	2.10	F5	弧边招潮蟹	Tubuca arcuata	2.19
E6	长足长方蟹	Metaplax longipes	1.78	F6	天津厚蟹	Helice tientsinensis	2.52
E7	弹涂鱼	Periophthalmus modestus	3.08				

物种编号	2019年秋季 种类	拉丁文名	生态位宽度值 B_i	物种编号	2020年春季 种类	拉丁文名	生态位宽度值 B_i
G1	弹涂鱼	Periophthalmus modestus	2.91	H1	弹涂鱼	Periophthalmus modestus	1.76
G2	红螯螳臂相手蟹	Chiromantes haematocheir	2.19	H2	红螯螳臂相手蟹	Chiromantes haematocheir	2.15
G3	弧边招潮蟹	Tubuca arcuata	2.67	H3	弧边招潮蟹	Tubuca arcuata	2.76
G4	尖锥拟蟹守螺	Cerithideopsis largillierti	2.69	H4	尖锥拟蟹守螺	Cerithideopsis largillierti	1.20
G5	天津厚蟹	Helice tientsinensis	2.39	H5	天津厚蟹	Helice tientsinensis	2.09
G6	微黄镰玉螺	Lunatia gilva	2.50	H6	微黄镰玉螺	Lunatia gilva	2.51

(续表)

物种编号	2020年夏季			物种编号	2020年秋季		
	种类	拉丁文名	生态位宽度值 B_i		种类	拉丁文名	生态位宽度值 B_i
I1	弹涂鱼	*Periophthalmus modestus*	2.09	J1	尖锥拟蟹守螺	*Cerithideopsis largillierti*	2.17
I2	红螯螳臂相手蟹	*Chiromantes haematocheir*	2.64	J2	弧边招潮蟹	*Tubuca arcuata*	2.81
I3	弧边招潮蟹	*Tubuca arcuata*	2.85	J3	弹涂鱼	*Periophthalmus modestus*	2.52
I4	尖锥拟蟹守螺	*Cerithideopsis largillierti*	1.40	J4	红螯螳臂相手蟹	*Chiromantes haematocheir*	1.84
I5	天津厚蟹	*Helice tientsinensis*	1.68	J5	天津厚蟹	*Helice tientsinensis*	1.89
I6	微黄镰玉螺	*Lunatia gilva*	1.64	J6	微黄镰玉螺	*Lunatia gilva*	2.10

物种编号	2020年冬季			物种编号	2020年冬季		
	种类	拉丁文名	生态位宽度值 B_i		种类	拉丁文名	生态位宽度值 B_i
K1	弹涂鱼	*Periophthalmus modestus*	1.28	K4	天津厚蟹	*Helice tientsinensis*	1.39
K2	弧边招潮蟹	*Tubuca arcuata*	2.67	K5	微黄镰玉螺	*Lunatia gilva*	1.54
K3	尖锥拟蟹守螺	*Cerithideopsis largillierti*	1.52				

注：A1、A2、A3、A4、A5、A6、A7均为2017年夏季大型底栖动物主要种类的编号；B1、B2、B3均为2017年秋季大型底栖动物主要种类的编号；C1、C2、C3、C4、C5均为2017年冬季大型底栖动物主要种类的编号；D1、D2、D3、D4、D5、D6均为2018年春季大型底栖动物主要种类的编号；E1、E2、E3、E4、E5、E6、E7均为2018年秋季大型底栖动物主要种类的编号；F1、F2、F3、F4、F5、F6均为2019年春季大型底栖动物主要种类的编号；G1、G2、G3、G4、G5、G6均为2019年秋季大型底栖动物主要种类的编号；H1、H2、H3、H4、H5、H6均为2020年春季大型底栖动物主要种类的编号；I1、I2、I3、I4、I5、I6为2020年夏季大型底栖动物主要种类的编号；J1、J2、J3、J4、J5、J6均为2020年秋季大型底栖动物主要种类的编号；K1、K2、K3、K4、K5均为2020年冬季大型底栖动物主要种类的编号。

2017年冬季,查得大型底栖动物的生态位宽度值变化范围为0.56~2.96,总体呈现较为显著的分段现象。基于此,可将大型底栖动物分为3类,即广生态位种($B_i \geq 1.6$)、中生态位种($1.0 \leq B_i < 1.6$)及窄生态位种($0 < B_i < 1.0$)。其中,广生态位种包括弧边招潮蟹、微黄镰玉螺、弹涂鱼、天津厚蟹及尖锥拟蟹守螺5种,中生态位种包括宁波泥蟹、隆背张口蟹、平分大额蟹及大弹涂鱼4种,窄生态位种包括长足长方蟹、粗糙拟滨螺、齿纹蜑螺、豆形拳蟹及红螯螳臂相手蟹5种(表3-3)。

2018年春季,查得大型底栖动物的生态位宽度值变化范围为0.56~2.77,总体呈现较为显著的分段现象。基于此,可将大型底栖动物分为3类,即广生态位种($B_i \geq 2.6$)、中生态位种($2.0 \leq B_i < 2.6$)和窄生态位种($0 < B_i < 2.0$)。其中,广生态位种包括弧边招潮蟹和微黄镰玉螺2种;中生态位种包括长足长方蟹、弹涂鱼和天津厚蟹3种;窄生态位种包括米埔近相手蟹、宽身闭口蟹、日本大眼蟹、四齿大额蟹及短拟沼螺5种(表3-3)。

2018年秋季,查得大型底栖动物的生态位宽度值变化范围为0.64~3.08,总体呈现较为显著的分段现象。基于此,可将大型底栖动物分为3类,即广生态位种($B_i \geq 2.6$)、中生态位种($1.0 \leq B_i < 2.6$)和窄生态位种($0 < B_i < 1.0$)。其中,广生态位种包括弹涂鱼、尖锥拟蟹守螺、红螯螳臂相手蟹及微黄镰玉螺4种;中生态位种包括弧边招潮蟹、伍氏拟厚蟹、长足长方蟹及日本大眼蟹4种;窄生态位种包括紫游螺和双齿围沙蚕2种(表3-3)。

2019年春季,查得大型底栖动物的生态位宽度值变化范围为0.83~2.96,总体呈现相对显著的分段现象。基于此,可将大型底栖动物分为3类,即广生态位种($B_i \geq 2.5$)、中生态位种($1.5 \leq B_i < 2.5$)和窄生态位种($0 < B_i < 1.5$)。其中,广生态位种包括微黄镰玉螺、尖锥拟蟹守螺、红螯螳臂相手蟹及天津厚蟹4种;中生态位种包括弧边招潮蟹、中国耳螺、弹涂鱼及紫游螺4种;窄生态位种包括大鳍弹涂鱼、日本角吻沙蚕、疣吻沙蚕及丝异须虫4种(表3-3)。

2019年秋季,查得大型底栖动物的生态位宽度值变化范围为0.64~2.91,总体呈现较为显著的分段现象。基于此,可将大型底栖动物分为3类,即广生态位种($B_i \geq 2.4$)、中生态位种($1.4 \leq B_i < 2.4$)和窄生态位种($0 < B_i < 1.4$)。其中,广生态位种包括弹涂鱼、尖锥拟蟹守螺、弧边招潮蟹和微黄镰玉螺4种;中生态位种包括天津厚蟹和红螯螳臂相手蟹2种;窄生态位种包括米埔近相手蟹、长足长方蟹和中国耳螺3种(表3-3)。

2020年春季,查得大型底栖动物的生态位宽度值变化范围为1.20~2.76,总体呈现相对显著的分段现象。基于此,可将大型底栖动物分为3类,即广生态位种($B_i \geq 2.5$)、中生态位种($2.0 \leq B_i < 2.5$)和窄生态位种($0 <$

$B_i<2.0$)。其中,广生态位种包括弧边招潮蟹和微黄镰玉螺 2 种,中生态位种包括红螯螳臂相手蟹和天津厚蟹 2 种,窄生态位种包括弹涂鱼、长足长方蟹及尖锥拟蟹守螺 3 种(表 3-3)。

2020 年夏季,查得大型底栖动物的生态位宽度值变化范围为 1.40~2.85,总体呈现相对显著的分段现象。基于此,可将大型底栖动物分为 3 类,即广生态位种($B_i \geqslant 2.6$)、中生态位种($1.7 \leqslant B_i < 2.6$)和窄生态位种($0 < B_i < 1.7$)。其中,广生态位种包括弧边招潮蟹和红螯螳臂相手蟹 2 种;中生态位种为弹涂鱼 1 种;窄生态位种包括天津厚蟹、微黄镰玉螺和尖锥拟蟹守螺 3 种(表 3-3)。

2020 年秋季,查得大型底栖动物的生态位宽度值变化范围为 0.29~2.81,总体呈现较为显著的分段现象。基于此,可将大型底栖动物分为 3 类,即广生态位种($B_i \geqslant 2.2$)、中生态位种($1.8 \leqslant B_i < 2.2$)和窄生态位种($0 < B_i < 1.8$)。其中,广生态位种包括弧边招潮蟹和弹涂鱼 2 种;中生态位种包括尖锥拟蟹守螺、微黄镰玉螺、天津厚蟹和红螯螳臂相手蟹 4 种;窄生态位种包括大鳍弹涂鱼、长足长方蟹、米氏耳螺、大弹涂鱼及粗腿招潮蟹 5 种(表 3-3)。

2020 年冬季,查得大型底栖动物的生态位宽度值变化范围为 0.69~2.67,总体呈现较为显著的分段现象。基于此,可将大型底栖动物分为 3 类,即广生态位种($B_i \geqslant 1.6$)、中生态位种($1.0 \leqslant B_i < 1.6$)和窄生态位种($0 < B_i < 1.0$)。其中,广生态位种包括弧边招潮蟹和长须沙蚕 2 种;中生态位种包括微黄镰玉螺、尖锥拟蟹守螺、天津厚蟹、弹涂鱼、丝异须虫及中国耳螺 6 种;窄生态位种包括红螯螳臂相手蟹及疣吻沙蚕 2 种(表 3-3)。

综上所述,广生态位种、中生态位种及窄生态位种的种类数存在年际及季节波动。广生态位种和中生态位种的种类数总体上高于窄生态位种类数;随着秋茄生长,广生态位种种数所占群落总种数的百分比呈现先增加后减少的趋势,总体上增加 4.85%;中生态位种种数所占群落总种数的百分比呈现先减少后增加的趋势,总体上增加 21.22%;窄生态位种种数所占群落总种数的百分比呈现先增加后减少的趋势,总体上减少 8.49%(表 3-3)。

2. 生态位重叠

2017 年夏季,查得大型底栖动物主要种类的种对共 21 对,其生态位重叠范围为 0.099~0.728,其中生态位重叠值最大的种对为 A3-A6(尖锥拟蟹守螺-微黄镰玉螺),最小的种对为 A3-A4(尖锥拟蟹守螺-弧边招潮蟹)。

2017 年秋季,查得大型底栖动物主要种类的种对共 3 对,其生态位重叠范围为 0.166~0.658,其中生态位重叠值最大的种对为 B1-B3(尖锥拟蟹守螺-弧边招潮蟹),最小的种对为 B1-B2(尖锥拟蟹守螺-微黄镰玉螺)。

2017 年冬季,查得大型底栖动物主要种类的种对共 10 对,其生态位重叠范围为 0.018～0.685,其中生态位重叠值最大的种对为 C2-C3(微黄镰玉螺-弧边招潮蟹),最小的种对为 C1-C4(尖锥拟蟹守螺-天津厚蟹)。

2018 年春季,查得大型底栖动物主要种类的种对共 15 对,其生态位重叠范围为 0.024～0.746,其中生态位重叠值最大的种对为 D1-D4(微黄镰玉螺-长足长方蟹),最小的种对为 D3-D4(天津厚蟹-长足长方蟹);2018 年秋季,大型底栖动物主要种类的种对共 22 对,其生态位重叠范围为 0.033～0.791,其中生态位重叠值最大的种对为 E2-E7(微黄镰玉螺-弹涂鱼),最小的种对为 E5-E6(伍氏拟厚蟹-长足长方蟹)。

2019 年春,查得大型底栖动物主要种类的种对共 15 对,其生态位重叠范围为 0.07～0.838,其中生态位重叠值最大的种对为 F2-F4(微黄镰玉螺-红螯螳臂相手蟹),最小的种对为 F1-F5(尖锥拟蟹守螺-弧边招潮蟹);2019 年秋季,大型底栖动物主要种类的种对共 15 对,其生态位重叠范围为 0.115～0.783,其中生态位重叠值最大的种对为 G3-G6(弧边招潮蟹-微黄镰玉螺),最小的种对为 G2-G3(红螯螳臂相手蟹-弧边招潮蟹)。

2020 年春季,查得大型底栖动物主要种类的种对共 15 对,其生态位重叠范围为 0.005～0.462,其中生态位重叠值最大的种对为 H3-H6(弧边招潮蟹-微黄镰玉螺),最小的种对为 H1-H4(弹涂鱼-尖锥拟蟹守螺);2020 年夏季,查得大型底栖动物主要种类的种对共 10 对,其生态位重叠范围为 0～0.514,其中生态位重叠值最大的种对为 I1-I3(弹涂鱼-弧边招潮蟹),最小的种对为 I1-I6(弹涂鱼-微黄镰玉螺);2020 年秋季,查得大型底栖动物主要种类的种对共 15 对,其生态位重叠范围为 0.088～0.666,其中生态位重叠值最大的种对为 J2-J3(弧边招潮蟹-弹涂鱼),最小的种对为 J1-J6(尖锥拟蟹守螺-微黄镰玉螺);2020 年冬季,查得大型底栖动物主要种类的种对共 15 对,其生态位重叠范围为 0～0.574,其中生态位重叠值最大的种对为 K3-K4(尖锥拟蟹守螺-天津厚蟹),最小的种对为 K1-K4(弹涂鱼-天津厚蟹)。

综上所述,秋茄种植后较种植前,广生态位种、中生态位种种类数总体上均呈现先减少后增加的趋势,窄生态位种种类数总体上呈现减少趋势,主要物种间的生态位重叠值总体呈现上升趋势。

(七)秋茄种植前后大型底栖动物变化特征比较

1. 种类组成变化特征

对 2018 年春季、2019 年春季及 2020 年春季的大型底栖动物种类组成比较分析结果表明:在秋茄种植前,2018 年春季大型底栖动物隶属于 3 纲 4 目 8 科 14 属 15 种;在秋茄种植后,2019 年春季大型底栖动物隶属于 4 纲 9 目

11 科 13 属 14 种;2020 年春季大型底栖动物隶属于 4 纲 7 目 9 科 11 属 12 种。秋茄种植后较种植前,纲的数量呈现小幅度的上升,总体上升 33.33%;目和科的数量总体呈现先上升后下降的趋势,总体分别上升 75.00% 和 12.5%;属和种的数量总体呈现下降趋势,总体分别下降 21.43% 和 20.00%。

对 2017 年夏季与 2020 年夏季的大型底栖动物种类组成比较分析结果表明:在秋茄种植前,2017 年夏季大型底栖动物隶属于 5 纲 8 目 11 科 13 属 15 种;在秋茄种植后,2020 年夏季大型底栖动物隶属于 4 纲 6 目 8 科 9 属 9 种。秋茄种植后较种植前,纲、目、科、属及种的数量组成总体均呈现下降趋势,总体分别下降 20.00%、25.00%、27.27%、30.77% 及 40.00%。

对 2017 年秋季、2018 年秋季、2019 年秋季及 2020 年秋季的大型底栖动物种类组成比较分析结果表明:在秋茄种植前,2017 年秋季大型底栖动物隶属于 3 纲 6 目 9 科 12 属 12 种;在秋茄种植后,2018 年秋季大型底栖动物隶属于 4 纲 7 目 9 科 12 属 12 种;2019 年秋季大型底栖动物隶属于 3 纲 6 目 9 科 12 属 13 种;2020 年秋季大型底栖动物隶属于 3 纲 5 目 7 科 9 属 13 种。秋茄种植后较种植前,纲的数量总体呈现先上升后下降的趋势,总体保持不变;目的数量呈现先上升后下降的趋势,总体下降 16.67%;科及属的数量总体呈现下降趋势,总体分别下降 22.22%、25.00%;种的数量总体呈现轻微上升趋势,总体上升 8.33%。

对 2017 年冬季与 2020 年冬季的大型底栖动物种类组成比较分析结果表明:在秋茄种植前的 2017 年冬季大型底栖动物隶属于 4 纲 7 目 12 科 19 属 19 种;在秋茄种植后的 2020 年冬季隶属于 4 纲 7 目 9 科 11 属 11 种。秋茄种植后,纲及目的数量无变化,科、属及种的数量均呈现不同程度的下降趋势,总体分别下降 25.00%、42.11% 及 42.11%。

在秋茄种植后,大型底栖动物纲的数量总体上呈现上升趋势,目、科、属及种的数量总体上均呈现不同程度的下降趋势。

2. 优势种和重要种组成变化特征

1)同一年份不同季节优势种和重要种变化

弧边招潮蟹为 2017 年夏季、秋季及冬季优势种;微黄镰玉螺、尖锥拟蟹守螺均为夏季及冬季优势种、秋季重要种;天津厚蟹为夏季优势种、冬季重要种;红螯螳臂相手蟹、长足长方蟹均为夏季优势种;弹涂鱼为夏季及冬季重要种。

微黄镰玉螺为 2018 年春季及秋季优势种;长足长方蟹、弧边招潮蟹均为春季优势种,为秋季重要种;弹涂鱼为春季重要种,为秋季优势种;天津厚蟹为春季优势种;尖锥拟蟹守螺为秋季优势种;米埔近相手蟹为春季重要种;红螯螳臂相手蟹、伍氏拟厚蟹均为秋季重要种。

尖锥拟蟹守螺、微黄镰玉螺均为2019年春季及秋季优势种；红螯螳臂相手蟹为春季优势种,为秋季重要种；天津厚蟹、弧边招潮蟹均为春季重要种,为秋季优势种；中国耳螺为春季重要种；弹涂鱼为秋季重要种。

弧边招潮蟹为2020年春季、夏季、秋季及冬季优势种；微黄镰玉螺、天津厚蟹均为春季优势种,均为夏季、秋季及冬季重要种；尖锥拟蟹守螺为秋季优势种,为春季、夏季及冬季重要种；红螯螳臂相手蟹为夏季优势种,为春季及秋季重要种；弹涂鱼为春季、夏季、秋季及冬季重要种。

2）不同年份同一季节比较优势种和重要种变化

春季：微黄镰玉螺为2018年春季、2019年春季及2020年春季优势种；弧边招潮蟹和天津厚蟹均为2018年春季及2020年春季优势种；弧边招潮蟹和天津厚蟹均为2019年春季重要种；尖锥拟蟹守螺和红螯螳臂相手蟹均为2019年春季优势种；尖锥拟蟹守螺和红螯螳臂相手蟹均为2020年春季重要种；长足长方蟹为2018年春季优势种；弹涂鱼为2018年春季和2020年春季重要种；米埔近相手蟹为2018年春季重要种；中国耳螺为2019年春季重要种。从2018年春季秋茄种植前的调查与研究得出优势种4种,重要种2种。从秋茄种植后的2019年春季及2020年春季调查与研究得出优势种5种,重要种6种,部分常见种或一般种在秋茄种植后总体上转变为重要种或优势种。

夏季：红螯螳臂相手蟹、弧边招潮蟹均为2017年夏季与2020年夏季优势种；微黄镰玉螺、天津厚蟹、尖锥拟蟹守螺均为2017年夏季优势种,均为2020年夏季重要种；长足长方蟹为2017年夏季优势种；弹涂鱼为2017年夏季与2020年夏季重要种。从2017年夏季调查与研究得出优势种6种,重要种1种。从2020年夏季调查与研究得出优势种2种,重要种4种,部分优势种在秋茄种植转变为重要种。

秋季：弧边招潮蟹为2017年秋季、2019年秋季及2020年秋季优势种,为2018年秋季重要种；尖锥拟蟹守螺为2018年秋季、2019年秋季及2020年秋季优势种,为2017年秋季重要种；微黄镰玉螺为2018年秋季及2019年秋季优势种,为2017年秋季及2020年秋季重要种；弹涂鱼为2018年秋季优势种,为2019年秋季及2020年秋季重要种；天津厚蟹为2019年秋季优势种,为2020年秋季重要种；红螯螳臂相手蟹为2018年秋季、2019年秋季及2020年秋季重要种；长足长方蟹、伍氏拟厚蟹均为2018年秋季重要种。从2017年秋季秋茄种植前调查与研究得出优势种共1种,重要种共2种。从2018年秋季秋茄种植后调查与研究得出优势种共5种,虽然不同年份优势种数量处于变动的状态,但是相对于秋茄种植前而言,优势种和重要种的数量均有不同程度的提高。

冬季：弧边招潮蟹为 2017 年冬季及 2020 年冬季优势种；微黄镰玉螺为 2017 年冬季优势种，为 2020 年冬季重要种；尖锥拟蟹守螺为 2017 年冬季优势种，为 2020 年冬季重要种；天津厚蟹和弹涂鱼均为 2017 年冬季及 2020 年冬季重要种。2017 年冬季在秋茄种植前，优势种共 3 种，重要种共 2 种。2020 年冬季秋茄种植后，优势种共 2 种，重要种共 4 种，弧边招潮蟹和尖锥拟蟹守螺在秋茄种植后依然保持着优势地位。

3）不同年份不同季节优势种数变化

2017 年夏季至 2020 年冬季这 11 个季节，共计优势种 7 种，弧边招潮蟹为 9 季共同优势种，微黄镰玉螺为 7 季共同优势种；尖锥拟蟹守螺为 6 季共同优势种；天津厚蟹为 4 季共同优势种；红螯螳臂相手蟹为 3 季共同优势种；长足长方蟹为 2 季共同优势种；弹涂鱼为 1 季优势种。

3. 优势种丰度和生物量变化

2017 年夏季优势种丰度和重量分别占该季节总丰度和总重量的 93.30% 和 89.92%；2017 年秋季优势种丰度和重量分别占该季节总丰度和总重量的 58.61% 和 90.87%；2017 年冬季优势种丰度和重量分别占该季节总丰度和总重量的 96.52% 和 75.07%。

2018 年春季优势种数丰度和重量分别占该季节总丰度和总重量的 91.60% 和 70.36%；2018 年秋季优势种丰度和重量分别占该季节总丰度和总重量的 86.46% 和 83.46%。

2019 年春季优势种丰度和重量分别占该季节总丰度和总重量的 93.71% 和 71.64%；2019 年秋季优势种丰度和重量分别占该季节总丰度和总重量的 90.61% 和 85.34%。

2020 年春季优势种丰度和重量分别占该季节总丰度和总重量的 80.41% 和 80.87%；2020 年夏季优势种丰度和重量分别占该季节总丰度和总重量的 65.22% 和 87.66%；2020 年秋季优势种丰度和重量分别占该季节总丰度和总重量的 76.81% 和 72.31%；2020 年冬季优势种丰度和重量分别占该季节总丰度和总重量的 44.44% 和 81.72%。

综上所述，2017—2020 年，春季、夏季、秋季及冬季的优势种及重要种的种类数总体上呈现春季和夏季较秋季和冬季稍多。秋茄种植后较种植前优势种、常见种、一般种及稀有种种类数总体上呈现下降趋势，重要种种类数呈现上升趋势。

4. 丰度和生物量变化特征

1）不同季节生物量变化特征

秋茄种植后较种植前，各潮带生物量呈现先上升后下降的趋势，2019 年春季的生物量远大于秋茄种植前,但 2020 年春季的生物量出现大幅度下降。2018 年春季高潮带、中潮带和低潮带的生物量均值总体小于秋茄种植后;2018 年春季高潮带的生物量小于 2019 年春季,但大于 2020 年春季;2018 年春季中潮带的生物量远小于 2019 年春季,与 2020 年春季的生物量基本持平;2018 年春季低潮带的生物量远小于 2019 年春季,稍小于 2020 年春季。

2020 年夏季高潮带、中潮带和低潮带的大型底栖动物生物量均远小于 2017 年夏季,相较于 2017 年秋季秋茄种植前,2018 年秋季秋茄种植后初期的大型底栖动物生物量呈现明显的上升现象。但随着秋茄栽种时间的增长,大型底栖动物的生物量逐年呈现下降趋势,直至 2020 年秋季,大型底栖动物的生物量低于 2017 年秋季秋茄种植前的生物量。2020 年冬季,高潮带、中潮带和低潮带的生物量均远小于 2017 年冬季。

2)不同季节物种的丰度变化特征

2018 年春季中潮带和低潮带的大型底栖动物丰度远小于 2019 年春季及 2020 年春季的丰度,高潮带的丰度呈现先上升后下降的趋势,至 2020 年春季丰度小于 2018 年春季。

2017 年夏季高潮带和中潮带大型底栖动物丰度大于 2020 年夏季,低潮带的大型底栖动物丰度小于 2020 年夏季。

2018 年秋季相较于 2017 年秋季,高潮带的大型底栖动物丰度出现大幅度上升后又于 2019 年秋季大幅下降的现象;秋茄种植后中潮带的大型底栖动物丰度呈现先小幅度上升又小幅度下降的现象;秋茄种植后低潮带的大型底栖动物丰度呈现先下降后上升的趋势;高、中、低潮带的均值呈现先上升后下降再上升的趋势。

2017 年冬季秋茄种植前,高潮带和中潮带大型底栖动物丰度大于秋茄种植后的丰度,低潮带的丰度小于 2020 年冬季,高潮带、中潮带、低潮带三个潮带的均值高于 2020 年冬季。

3)不同潮带生物量和丰度变化趋势

秋茄的栽种使得高潮带大型底栖动物生物量和丰度总体呈现上升趋势,但随着秋茄栽种时间的增长,从 2020 年春季开始丰度和生物量总体呈现下降趋势。2017—2020 年高潮带大型底栖动物总体呈现秋季的生物量及丰度较大。

在秋茄栽种初期,中潮带大型底栖动物生物量和丰度总体呈现上升趋势,但随着秋茄栽种时间的增长,从 2020 年春季开始丰度和生物量总体呈现下降趋势。2017—2020 年中潮带大型底栖动物总体呈现春季的生物量及丰度较大。

秋茄的栽种及栽种时间的增长使得低潮带大型底栖动物生物量和丰度总体呈现上升趋势。2017—2020年低潮带大型底栖动物总体呈现春季的生物量及丰度较大。

三个潮带大型底栖动物生物量均值总体呈现先上升后下降的趋势，冬季生物量较小，秋季生物量较大；三个潮带大型底栖动物丰度均值总体呈现先上升后下降的趋势，冬季丰度较小，春季丰度较大。

综上所述，秋茄种植后较种植前，高潮带、中潮带及低潮带的大型底栖动物丰度总体均呈现先增长后降低的趋势，但三个潮带的生物量总体呈现增长趋势。

5. 物种多样性变化特征

秋茄种植后较种植前，高潮带均匀度指数值（J'）总体上升1.19%，中潮带均匀度指数值（J'）总体上升11.01%，低潮带均匀度指数值（J'）总体下降11.29%，均值总体下降0.31%。

秋茄种植后较种植前，高潮带丰富度指数值（D）总体上升9.79%，中潮带丰富度指数值（D）总体上升20.10%，低潮带丰富度指数值（D）总体下降0.79%，均值总体上升9.74%。

秋茄种植后较种植前，高潮带多样性指数值（H'）总体上升2.15%，中潮带多样性指数值（H'）总体下降1.77%，低潮带多样性指数值（H'）总体下降6.98%，均值总体下降2.12%。

综上所述，秋茄种植后较种植前，均匀度指数值（J'）总体呈现略微下降趋势，其中，高潮带及中潮带总体均呈现上升趋势，低潮带总体呈现下降趋势；丰富度指数值（D）总体呈现上升趋势，其中，高潮带及中潮带总体均呈现上升趋势，低潮带总体呈现下降趋势；多样性指数值（H'）总体呈现下降趋势，其中，高潮带总体呈现上升趋势，中潮带及低潮带总体均呈现下降趋势。

三、结论

（一）大型底栖动物物种组成

鳌江北岸秋茄林大型底栖动物物种数共5纲14目20科34属45种，秋茄种植前大型底栖动物共5纲11目17科30属33种，秋茄种植后大型底栖动物共4纲10目12科22属27种。秋茄种植后大型底栖动物的种类数出现一定程度的下降，这可能是随着秋茄生长，潮间带出现淤积，尤其是高潮滩区出现一定程度的板结化，不利于部分大型底栖动物栖息，且秋茄林尚处于生长初期阶段，生态系统尚不稳定所致。随着秋茄林的继续生长，生态系统趋向稳定,秋茄林的生态功能则增强,并向林区外围海区呈辐射的态势。

(二) 大型底栖动物丰度和生物量

随着秋茄的生长年数增加,虽然高潮带出现一定的淤积板结现象,不利于一些大型底栖动物栖息,导致大型底栖动物群落的多样性有所下降,但整个潮间带的大型底栖动物丰度和生物量总体出现较大幅度的增长。这表明秋茄种植对大型底栖动物群落的生物量和丰度提高起着积极的促进作用,秋茄林的栽种建设对滩涂生态修复与治理具有显著作用,使得原本脆弱的生态系统趋于稳定,可以改善潮间带生态环境,增强湿地的生态平衡维护能力。

(三) 大型底栖动物物种多样性

秋茄种植后较种植前,虽然潮间带尤其是高潮带出现一定程度的淤积与板结现象,不利于一些弹涂鱼类、贝类等大型底栖动物栖息,但是大型底栖动物群落的丰富度指数值(D)、均匀度指数值(J')及多样性指数值(H')仍然总体呈现增长态势,这可能是秋茄的栽种总体改善了潮间带生态环境,同时其凋落物直接或间接地为部分大型底栖动物提供饵料,有利于大多大型底栖动物的栖息,秋茄林强大的生态功能辐射也是有力的驱动因素。

(四) 大型底栖动物群落受干扰程度

秋茄种植前后,大型底栖动物群落总体上受到不同程度的干扰,直至2020年冬季其受干扰程度得到改善,群落趋于稳定。这可能是秋茄种植前鳌江滩涂生态系统失衡,大型底栖动物处于不断被干扰中。秋茄种植后初期,原有的互花米草生境短期内更替为光滩生境,对大型底栖动物群落产生了一定程度的干扰。但随着秋茄林的生长,滩涂生态系统趋于稳定,大型底栖动物逐渐适应现有栖息环境,受干扰程度逐渐降低,其群落也趋于稳定,滩涂生态得到显著改善,秋茄种植对大型底栖动物群落的恢复起到积极作用。

(五) 大型底栖动物生态位

秋茄种植后中生态位种物种数占比增加,一些广生态位种类占比减少,这可能与潮间带淤积与硬质化有关。一些窄生态位种物种占比减少,这可能与秋茄的种植改善了滩涂的生境,使一些种植前为窄生态位种的物种在种植后数量增多或分布的空间资源位点增加,从而使其生态位宽度变大。秋茄的种植使得生境发生了变迁,从而使得一些大型底栖动物物种生态位及物种间生态位重叠度发生了改变,但是总体上呈现良好的变化态势。

第四章
鳌江北岸滩涂红树林沉积物调查与研究

> 浙江海洋大学红树林生态团队在鳌江北岸秋茄林潮间带开展了对沉积物的调查,基于调查结果对 4 个年份 4 个季次对应季节的调查结果进行比较分析,揭示了沉积物环境质量特征变化及其存在的问题与成因机制。

一、调查研究内容及方法

(一)调查研究内容

1. 调查内容

调查秋茄栽种与生长对北岸潮间带滩涂沉积物总有机碳、汞、砷、铜、锌、铅、铬、镉、总氮、总磷共 10 个参数的调查,带回实验室进行检测与环境质量评价。

2. 调查时间与频次

2017 年秋季、2018 年春季、2019 年秋季和 2020 年春季开展对鳌江北岸秋茄林潮间带沉积物的调查,共计 4 个年份 4 个季次。

(二)调查断面布设

如表 4-1 和图 4-1 所示,根据《海洋调查规范》《海洋监测规范》《海洋沉积物质量》《红树林生态监测技术规程》的要求,在滩涂区自西向东布设 9 条调查断面,在监测期间,断面 F 因建造码头而未能继续监测,故不作为统计与研究。

表 4-1　平阳鳌江潮间带调查各断面经度与纬度

断面编号	近岸端经度(E)	近岸端纬度(N)	离岸端经度(E)	离岸端纬度(N)
A	120°34′16.46″	27°34′42.82″	120°34′18.14″	27°34′39.75″
B	120°34′30.38″	27°34′51.32″	120°34′33.67″	27°34′48.21″

(续表)

断面编号	近岸端经度(E)	近岸端纬度(N)	离岸端经度(E)	离岸端纬度(N)
C	120°34′47.25″	27°35′5.73″	120°34′49.43″	27°35′3.75″
D	120°35′6.58″	27°35′16.59″	120°35′7.14″	27°35′15.75″
E	120°35′22.05″	27°35′22.06″	120°35′22.24″	27°35′21.55″
F	120°35′54.30″	27°35′27.54″	120°35′54.34″	27°35′26.68″
G	120°36′6.41″	27°35′27.85″	120°36′6.39″	27°35′26.74″
H	120°36′23.66″	27°35′27.37″	120°36′21.55″	27°35′23.93″
I	120°36′34.12″	27°35′23.65″	120°36′31.63″	27°35′19.58″

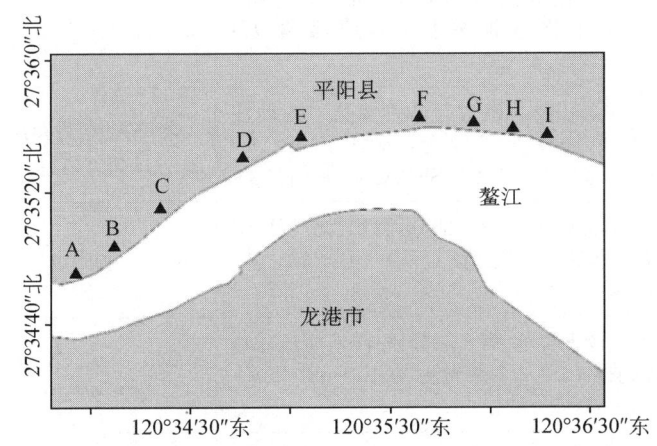

图 4-1　平阳鳌江潮间带大型底栖动物调查断面布设

(三) 沉积物样品采集和处理

根据《海洋调查规范》《海洋监测规范》《海洋沉积物质量》《红树林生态监测技术规程》的要求,在鳌江北岸秋茄林高潮带、中潮带、低潮带对沉积物样品进行采集,取其表层 0~10 cm 的沉积物,立即放入洁净的聚乙烯袋中(>250 g),并置于-20℃冰箱中避光保存运回实验室。

(四) 沉积物数据分析

如表 4-2 所列,在实验室内进行沉积物总有机碳、汞、砷、铜、锌、铅、铬、镉、总氮、总磷共 10 个参数的检测。

如表 4-3 所列,按照《海洋沉积物质量》相关标准要求评价沉积物环境质量。一般地,某因子符合沉积物评价标准并满足功能区使用要求时,沉积物参数标准指数≤1;某因子超过了沉积物评价标准,并不能满足功能区使用要求时,标准指数＞1。若污染程度越严重,则对应的标准指数值越大。

表4-2 沉积物检测项目及方法

检测项目	分析方法	仪器名称及型号	仪器自编号
汞	《海洋监测规范 第5部分:沉积物分析》(5.1 原子荧光法)(GB 17378.5—2007)	AFS-9230 双道原子荧光光度计	100031
砷	《海洋监测规范 第5部分:沉积物分析》(11.1 原子荧光法)(GB 17378.5—2007)		
总有机碳	《海洋监测规范 第5部分:沉积物分析》(18.1 重铬酸钾氧化-还原容量法)(GB 17378.5—2007)	—	—
总磷	《海洋沉积物总磷过硫酸钾氧化—流动注射比色法作业指导书》(ZMEEMSZD—JC52—2014)(参考 USEPA365.1—1978)	QuAAtro 营养盐自动分析仪	201090
总氮	《海洋监测规范 第5部分:沉积物分析》(附录D 总氮——凯式滴定法)(GB 17378.5—2007)	K1100 凯氏定氮仪	201125
粒度	《海洋调查规范 第8部分:海洋地质地球物理调查》(6.3.2.3 激光法)(GB/T 12763.8—2007)	Microtrac S3500 激光粒度仪	201131
镉	《海洋监测规范 第5部分:沉积物分析》(8.1 无火焰原子吸收分光光度法)(GB 17378.5—2007)	ZEEnit650P 原子吸收分光光度计	100039
铜、锌铅、铬	《海洋沉积物重金属电感耦合等离子发射光谱法作业指导书》(ZMEEMSZD-JC50(7)—2014)(参考 USEPA6010B—1996)	Agilent 720型电感耦合等离子发射光谱仪	100027

表4-3 海洋沉积物质量标准

序号	项目	指标		
		第一类	第二类	第三类
1	汞 Hg($\times 10^{-6}$)≤	0.20	0.50	1.00
2	镉 Cd($\times 10^{-6}$)≤	0.50	1.50	5.00
3	铅 Pb($\times 10^{-6}$)≤	60.0	130.0	250.0

(续表)

序号	项目	指标 第一类	指标 第二类	指标 第三类
4	锌 Zn($\times 10^{-6}$)≤	150.0	350.0	600.0
5	铜 Cu($\times 10^{-6}$)≤	35.0	100.0	200.0
6	铬 Cr($\times 10^{-6}$)≤	80.0	150.0	270.0
7	砷 As($\times 10^{-6}$)≤	20.0	65.0	93.0
8	有机碳 C($\times 10^{-2}$)≤	2.0	3.0	4.0

采用地累积指数法和潜在生态危害指数法对沉积物中重金属污染的潜在生态风险进行评估,并运用相关性分析方法探讨不同金属元素间的相互作用关系。

采用指定沉积物中总磷、总氮和总有机碳含量的评价标准、单一因子的标准指数法进行污染评价,单一污染因子 i 的一般标准指数关系式如式(4-1):

$$S_i = C_i/C_s \tag{4-1}$$

式中,S_i 为单项评价指数或者标准指数,S_i 大于 1 表示含量超过了评价标准值;C_i 为评价因子 i 的实际测得值;C_s 为评价因子的评价标准值。

根据加拿大安大略省环境和能源部制定的《沉积物质量评价指南》(Manual of Aquatic Sediment Sampling),潮间带沉积物中具有最低级别生态效益的总磷、总氮的含量值上限依次为 600 mg/kg、550 mg/kg,潮间带沉积物中具有严重级别生态效应的总磷、总氮的含量下限值依次为 2 000 mg/kg、4 800 mg/kg。

二、平阳鳌江潮间带沉积物环境质量评价

(一)沉积物中 10 个指标环境质量检测结果

根据《海洋沉积物质量》对秋茄种植前后沉积物中各理化因子含量进行比较分析,除重金属铜含量检测结果符合二类标准以外,其余总有机碳、汞、砷、锌、铅、铬、镉、总氮及总磷 9 个参数含量检测结果均符合一类标准。

(二)地累积指数法评价

2017 年秋季,7 种元素的污染程度总体上大小排序为铬＜镉＜铅＜锌＜汞＜砷＜铜,其中沉积物铜含量和砷含量为轻度污染,其余含量为无污染。

2018春季,7种元素的污染程度总体上大小排序为汞＜铅＜铬＜镉＜锌＜铜＜砷,沉积物中各理化因子的含量均为无污染。

2020年春季,7种元素的污染程度总体上大小排序为镉＜砷＜铬＜铅＜锌＜汞＜铜,其中沉积物铜含量为轻度污染,其余含量为无污染。

2020年秋季,7种元素的污染程度总体上大小排序为镉＜砷＜铬＜铅＜汞＜锌＜铜,其中沉积物铜含量为中度污染,其余含量为无污染。

综上所述,地累积指数显示沉积物中各理化指标含量变化情况呈现为重金属铜的含量上升趋势,重金属砷的含量呈现下降趋势,其他元素含量变化趋势不大,沉积物污染状况总体上呈现减轻变化态势。总之,除重金属铜的地累积指数逐渐升高且为轻度污染外,其余指标均处在正常范围内。

(三) 潜在生态危害指数法评价

2017年秋季,沉积物中重金属元素的潜在生态风险系数排序为汞＝镉＞砷＞铅＞铜＞铬＞锌,潜在生态危害指数范围为72.13～84.93。7种元素的单因子生态危害程度均属于低等危害,总生态危害程度属于低等程度。

2018年春季,沉积物中重金属元素的潜在生态风险系数排序为汞＞镉＞砷＞铅＞铜＞铬＞锌,潜在生态危害指数范围为75.69～93.98。7种元素的单因子生态危害程度中汞含量为中等危害,其余重金属元素均属于低等危害,总生态危害程度属于低等程度。

2020年春季,沉积物中重金属元素的潜在生态风险系数排序为镉＞汞＞砷＞铅＞铜＞铬＞锌,潜在生态危害指数范围为88.15～107.72。7种元素的单因子生态危害程度中镉含量为中等危害,其余重金属元素均属于低等危害,总生态危害程度属于低等程度。

2020年秋季,沉积物中重金属元素的潜在生态风险系数排序为镉＞汞＞砷＞铅＞铜＞铬＞锌,潜在生态危害指数范围为91.99～112.71。7种元素的单因子生态危害程度中镉含量为中等危害,其余重金属元素均属于低等危害,总生态危害程度属于低等程度。重金属镉风险指数在秋茄种植后上升为中等危害,其余重金属元素均为低生态风险,整体 RI 值呈现逐渐上升趋势。

综上所述,由2017年秋、2018年春、2020年春和2020年秋沉积物质量状况的比较分析结果可知,砷、铅、铜、铬、锌5种元素的单因子生态危害程度在种植前后均呈现低等危害程度,总生态危害程度也均呈现低等危害程度;重金属汞在秋茄种植后较种植前呈现由中等下降为低等危害程度,其生态危害程度呈现下降趋势;重金属镉在秋茄种植后较种植前生态危害程度略微上升,呈现由低等上升为中等危害程度。这表明秋茄引种对重金属元素吸附治理具有较好的效果,但是沉积物环境治理与修复任重道远。

(四) 潮间带沉积物中总磷、总氮污染评价

1. 秋茄种植前后沉积物中总氮含量变化特征

在 2017 年秋、2018 年春、2020 年春和 2020 年秋 4 个季次中调查所测得的总氮、总磷数据均分别小于 2 000 mg/kg、4 800 mg/kg,故在分析数据时采用加拿大安大略省环境和能源部制定的《沉积物质量评价指南》的总磷、总氮的评价标准,分别为 600 mg/kg、550 mg/kg。

在秋茄种植前,2017 年秋季和 2018 年春季,总氮污染标准指数在 1 值上下波动,这说明在秋茄栽种前沉积物处于较轻微污染状态;而在秋茄种植后的 2020 年春季和 2020 年秋季,8 个断面的总氮污染标准指数均小于 1,污染风险降低,沉积物环境质量呈现向好态势。

2. 秋茄种植前后沉积物中总磷含量变化特征

在秋茄种植前,2017 年秋季和 2018 年春季,8 个断面的总磷污染标准指数均大于 1,这说明在秋茄栽种前沉积物处于轻微污染状态;在秋茄种植后的 2020 年春季和 2020 年秋季,8 个断面的总磷污染标准指数均小于 1,污染风险明显降低,沉积物环境质量呈现向好态势。

(五) 秋茄种植前后沉积物质量比较分析

根据《海洋监测规范第 5 部分:沉积物分析》(GB 17378.5—2007),对种植前后 8 个断面沉积物中重金属元素镉、铬、铜、铅、锌、汞、砷、总氮、总磷及总有机碳的含量进行测定,并且进行秋茄种植前后的监测结果比较分析。

1. 汞含量

在秋茄种植前,2017 年秋季断面 I 中重金属汞的含量最高(0.063 mg/kg);2018 年春季断面 B、断面 C 和断面 D 汞含量均为最低(0.037 mg/kg)。在秋茄种植后,2020 年春季断面 A 汞含量最高(0.067 mg/kg);2020 年秋季断面 G 的重金属汞含量最低(0.039 mg/kg)。总之,秋茄种植后较种植前,断面 G 及断面 I 重金属汞含量总体上略有轻微下降;断面 A、断面 B、断面 C、断面 D、断面 E 及断面 H 总体上略有微小的上升,但尚处于安全阈值之内。

2. 铜含量

在秋茄种植前,2018 年春季断面 C 和断面 G 重金属铜含量均最低(31 mg/kg);2018 年春季断面 B 的重金属铜含量最低(29.8 mg/kg)。在秋茄种植后,2020 年春季断面 D 重金属铜含量最高(41 mg/kg);2020 年春季断

面 H 的重金属铜的含量最低(33 mg/kg)。总之,秋茄种植后较种植前,除断面 H 外,断面 A、断面 B、断面 C、断面 D、断面 E、断面 G 及断面 I 的重金属铜含量总体上略有微小的上升,但尚处于安全阈值之内。

3. 锌含量

在秋茄种植前,2017 年秋季断面 E 重金属锌含量最高(119 mg/kg);2018 年春季断面 G 重金属锌含量最低(92.2 mg/kg)。在秋茄种植后,2020 年春季断面 A 的重金属锌的含量最高(128 mg/kg);2020 年春季断面 H 的重金属锌的含量最低(1 072 mg/kg)。总之,秋茄种植后较种植前,断面 A、断面 B、断面 C、断面 D、断面 E、断面 G、断面 H 及断面 I 重金属锌含量均出现不同程度的上升,但尚处于安全阈值之内。

4. 铅含量

在秋茄种植前,2017 年秋季断面 H 的重金属铅的含量最高(31.139 mg/kg);2018 年春季断面 B 重金属铅含量最低(26.7 mg/kg)。在秋茄种植后,2020 年春季断面 E 重金属铅含量最高(39 mg/kg);2020 年春季断面 H 的重金属铅的含量最低(29 mg/kg)。总之,秋茄种植后较种植前,断面 A、断面 B、断面 C、断面 D、断面 E、断面 G、断面 H 及断面 I 重金属铅的含量均出现不同程度的上升,但尚处于安全阈值之内。

5. 铬含量

在秋茄种植前,2018 年春季断面 I 重金属铬含量最高(80.2 mg/kg);2017 年秋季断面 G 的重金属铬含量最低(60.2 mg/kg)。在秋茄种植后,2020 年春季断面 A 重金属铬含量最高(76 mg/kg);2020 年秋季断面 I 重金属铬含量最低(60 mg/kg)。总之,秋茄种植后较种植前,断面 A、断面 B、断面 C、断面 D 及断面 G 的重金属铬的含量较秋茄种植前有轻微上升,但处于安全阈值之内,而断面 E、断面 H 及断面 I 的重金属铬的含量有轻微下降。

6. 镉含量

在秋茄种植前,2017 年秋季断面 H 重金属镉的含量最高(0.12 mg/kg);2017 年秋季断面 B 重金属铬含量最低(0.10 mg/kg)。在秋茄种植后,2020 年春季断面 E 和 2020 年秋季断面 C、断面 H 重金属铬含量均最高(0.072 mg/kg);2020 年春季断面 C 重金属镉的含量最低(0.053 mg/kg)。总之,秋茄种植后较种植前,断面 A、断面 B、断面 C、断面 D、断面 E、断面 G、断面 H 及断面 I 重金属镉的含量均出现了大幅下降,且均在安全阈值之内。

7. 砷含量

在秋茄种植前,2017 年秋季断面 A 重金属砷含量最高(16.2 mg/kg);2017 年秋季断面 F 重金属砷含量最低(10.0 mg/kg)。在秋茄种植后,

2020年春季断面G重金属砷含量最高(9.5 mg/kg);2020年秋季断面C重金属砷含量最低(4.2 mg/kg)。总之,秋茄种植后较种植前,断面A、断面B、断面C、断面D、断面E、断面G、断面H及断面I沉积物元素砷的含量均出现了大幅下降,且均在安全阈值之内。

8. 总有机碳含量

在秋茄种植前,2017年秋季断面B总有机碳含量最低(0.583%);2018年春季断面C总有机碳含量最高(0.861%)。在秋茄种植后,2020年秋季断面I总有机碳含量最高(0.890%);2020年春季断面B的总有机碳含量最低(0.670%)。总之,秋茄种植后较种植前,断面A、断面B、断面D、断面G及断面I总有机碳的含量呈现略微上升趋势,断面C、断面E及断面H总有机碳的含量呈现略微下降趋势。

9. 总氮含量

在秋茄种植前,2017年秋季断面C和断面E沉积物总氮含量最高(1 090 mg/kg);2018年春季断面B沉积物总氮含量最低(759 mg/kg)。在秋茄种植后,2020年秋季断面G沉积物总氮含量最高(562 mg/kg);2020年秋季断面H沉积物总氮含量最低(417 mg/kg)。总之,秋茄种植后较种植前,断面A、断面B、断面C、断面D、断面E、断面G、断面H及断面I沉积物总氮含量均出现了大幅的下降,且均在安全阈值之内。

10. 总磷含量

在秋茄种植前,2017年秋季断面D沉积物总磷含量最高(624 mg/kg);2017年秋季断面B沉积物总磷含量最低(308 mg/kg)。在秋茄种植后,2020年秋季断面H沉积物总磷含量最高(454 mg/kg);2020年春季断面A沉积物总磷含量最低(224 mg/kg)。总之,秋茄种植后较种植前,断面A、断面B、断面C、断面D、断面E、断面G、断面H及断面I沉积物总磷含量均出现了大幅下降趋势,且均在安全阈值之内。

综上所述,秋茄种植后较种植前,大部分断面的总有机碳、重金属汞及铬的含量总体上均略有轻微的上升;8个断面重金属铜总体上均略有微小的上升;8个断面重金属锌及铅的含量均出现较大幅度的上升;8个断面总氮、总磷、重金属镉及砷含量均出现了大幅的下降。

(六) 鳌江潮间带沉积物中各指标相关性分析

为了更加直观地分析各元素之间的相关性,针对2017年秋季秋茄各沉积物指标进行相关性分析得出:铜与锌呈极显著相关($r=0.920, p<0.01$),铜与铅呈极显著相关($r=0.951, p<0.01$),铜和铬呈极显著相关($r=0.934,$

$p<0.01$),铜与总氮(TN)呈极显著相关($r=0.805, p<0.01$),铜和总有机碳(TOC)呈极显著相关($r=0.818, p<0.01$);锌与铅呈极显著相关($r=0.944, p<0.01$),锌与铬呈极显著相关($r=0.802, p<0.01$),锌与TN呈显著相关($r=0.768, p<0.05$),锌与TOC呈显著相关($r=0.716, p<0.01$);铅与铬呈极显著相关($r=0.806, p<0.01$),铅与TN呈极显著相关($r=0.895, p<0.01$),铅与TOC呈显著相关($r=0.707, p<0.05$);铬与TOC呈显著相关($r=0.876, p<0.01$);镉与TOC呈极显著相关($r=0.809, p<0.01$)。

为了更加直观地分析各元素之间相关性,针对2018年春季秋茄各沉积物指标相关性分析得出:汞与铬呈极显著相关($r=0.866, p<0.01$),汞与镉呈显著相关($r=0.689, p<0.05$);砷与铅呈极显著相关($r=0.812, p<0.01$),砷与TN呈极显著相关($r=0.809, p<0.01$);铜与锌呈极显著相关($r=0.970, p<0.01$),铜与铅呈极显著相关($r=0.904, p<0.01$),铜与TN呈极显著相关($r=0.802, p<0.01$);锌与铅呈极显著相关($r=0.956, p<0.01$),锌与TN呈极显著相关($r=0.831, p<0.01$);铅与TN呈极显著相关($r=0.900, p<0.01$)。

为了更加直观地分析各元素之间相关性,针对2020年春季秋茄各沉积物指标进行相关性分析得出:汞与TOC呈显著相关($r=-0.768, p<0.05$);铜与锌呈极显著相关($r=0.988, p<0.01$),铜与铅呈极显著相关($r=0.957, p<0.01$);锌与铅呈极显著相关($r=0.975, p<0.01$),锌与铬呈极显著相关($r=0.975, p<0.01$)。

为了更加直观地分析各元素之间的相关性,针对2020年秋季秋茄各沉积物指标进行相关性分析得出:铬与锌呈显著相关($r=0.784, p<0.05$);铬与TOC呈极显著相关($r=-0.865, p<0.01$);TP与TOC呈极显著相关($r=-0.939, p<0.01$)。

三、结论

(一)铜、铬、汞、锌及铅含量评价

秋茄种植后较种植前各断面的铜、铬、汞、锌及铅含量因子变化特征为:①重金属铜的含量总体上出现上升,大部分断面满足二类标准,但因上升幅度较轻微,仍有小部分断面满足一类标准。②重金属铬的含量虽然略有上升,但均未超过一类标准。③汞、锌及铅的含量虽微有上升,但均未超过一类标准。沉积物各因子检测结果含量出现不同程度上升,这可能是随着秋茄植株逐渐生长成林,根系逐渐发达,富集重金属的能力逐渐增强,而鳌江秋茄林

植株尚处于生长发育早期,对重金属的吸收能力有限所致。同时,也可能是秋茄叶片中所含有的特别化学物质对重金属离子具有一定的富集与吸附作用,秋茄凋落后叶片滞留于秋茄林区,腐烂分解也成为沉积物的一部分,然后又回到沉积物中所致。

(二)镉与砷含量评价

秋茄种植后较种植前各断面的镉、砷含量变化特征为:镉、砷的含量均呈现小幅度下降,究其原因,一方面,可能是近几年来浙江省"五水共治"政策实施,污染物排放得到有管控治理;另一方面,大规模秋茄林有效吸收及海洋生物群落富集等发挥了耦合作用,使得鳌江北岸滩涂红树林沉积物质量呈现向好趋势。

(三)总氮、总磷及总有机碳含量评价

秋茄种植后较种植前各断面的总氮、总磷及总有机碳含量变化特征为:①沉积物中的总氮和总磷含量均出现了大幅度下降,这说明种植的秋茄吸收沉积物中氮、磷元素的能力强大,从而有效减少其含量,进而有利于对鳌江海水富营养化的治理。②总有机碳的含量呈现轻微上升,这可能是秋茄长期淹水,具有厌氧的生态特性,土壤微生物对凋落物分解缓慢,因此,秋茄林土壤积累了大量碳,具有相当高的固碳能力。因此,红树的固碳功能和潜力巨大,待鳌江秋茄林逐渐壮大后,将可更有效地发挥其固碳储碳功能。

(四)7个因子的地累积指数评价

在秋茄种植前,仅2017年秋季的重金属铜和砷的污染程度较高,沉积物总体处于轻度污染状态,其余沉积物重金属元素均为无污染状态。在秋茄种植后,仅2020年秋季重金属铜的含量较高,沉积物处于中度污染状态,其余沉积物重金属元素均为无污染状态。这可能是秋茄凋落物会使沉积物中富含有机质,重金属的含量与沉积物有机质呈现显著相关关系,它能吸附重金属离子并充当其载体,使重金属含量增加。另外,当秋茄根系从沉积物中吸收水分和营养物质时,重金属离子会通过间隙水的流动与扩散接近秋茄根部,使重金属富集在秋茄根系周围。秋茄的根部在吸收营养物质和水分的同时,也会吸收沉积物中的重金属,导致部分重金属迁移至秋茄体内,但是处于早期生长阶段的秋茄根系吸收重金属元素能力有限,从而导致根系周围富集的沉积物重金属元素暂时呈现上升趋势。然而,随着秋茄植株的不断生长,其根系逐渐发达,对重金属元素的吸收能力会不断提升,海水鱼沉积物中的重金属的含量也将会下降。

(五) 潜在生态危害指数评价

秋茄种植前后鳌江北岸红树林区总生态危害风险程度均属于低等程度，在近些年鳌江污染严格管控和大规模引种秋茄的背景下，潜在生态危害指数范围却仍然呈现逐年递增趋势，总生态危害程度呈现上升趋势，这是由于秋茄富集了鳌江水体、沉积物中的重金属，使得沉积物金属含量提高，从而使潜在风险指数及总生态危害程度提高。综上所述，虽然沉积物中铜、铬、汞、锌及铅的含量在4年里总体上呈现上升趋势，除铜元素总体上符合二类标准外，铬、汞、锌及铅元素却仍然符合一类标准；而镉与砷的含量总体上呈现下降趋势，符合一类标准；总氮、总磷含量呈现下降趋势，而总有机碳含量呈现上升趋势；7个因子的地累积指数和潜在生态危害指数研究也显示出上述类似的特征。总之，调查与研究表明，秋茄大规模引种对沉积物环境治理和质量改善具有重要的积极作用。

(六) 鳌江秋茄种植区污染来源分析

基于2017年秋季、2018年春季、2020年春季和2020年秋季的沉积物中检测因子之间的相关性进行分析得出：2017年秋季铜、锌、铅、铬、总氮及总有机碳具有较高的显著性相关关系，可见其同源性较高；2018年春季砷、铅、总氮、铜及锌具有较高的显著性相关关系，也可得出其同源性较高；2020年春季铜、锌、铅及铬元素具有较高的显著性相关关系，而2020年秋季锌、总磷、铅及总有机碳具有较高的显著性相关关系，同样也表明其同源性较高。重金属的来源主要有人为源和自然源2种，其中人为来源是湿地重金属污染的主要来源，包括工农业活动、交通、生活垃圾等；自然来源主要有地质构造运动、岩石风化物、残落生物体等自然活动，海洋沿岸分布的港口、码头以及船舶修造厂也可能是海洋表层沉积物重金属污染来源。汞、镉及砷主要来自沿岸人类活动，镉、铬、铜、铅及锌主要来自陆源输入，镉主要来自工业污染。

综上所述，秋茄种植后较种植前沉积物中同源性较高的因子种类呈现逐渐减少趋势。另外，沉积物中富营养化元素氮的同源性污染减少，总有机碳作为同源性因子出现。这可能是"五水共治""剿灭劣五类水"等一系列生态环境监管、治理与修复措施效果的体现，同时，大规模秋茄林的栽种，有效地吸收了沉积物中的重金属元素等耦合作用所致。这使得鳌江北岸秋茄林区海洋环境质量得到改善，但来自人类活动或陆源输入的铜、铬、铅、锌、总磷等作为同源性较高的污染因子依然存在，现状情况不容乐观。因此，加强鳌江海洋生态环境的治理、修复任重道远。

第五章
鳌江北岸红树林调查与研究

> 浙江海洋大学红树林生态团队基于在 2018 年秋季至 2020 年冬季 7 季次对秋茄生长的调查结果,通过将年际间调查数据进行对比分析,揭示了鳌江秋茄生长的动态变化趋势特征,也总结了 3 年间生长变化特征及其存在的问题与成因机制。

一、调查研究内容及方法

(一) 调查时间与频次

2018 年秋季、2019 年春季、2019 年秋季、2020 年春季、2020 年夏季、2020 年秋季、2020 年冬季进行样地秋茄生长调查,共计连续 3 年 7 季次调查。

(二) 调查方法

按照《红树林生态监测技术规程》(HY/T 081—2005)、《红树林建设技术规程》(LY/T 1938—2011)、《红树林造林技术规程》(DB33/T 920—2023)等规程的要求进行样地秋茄生长调查,鉴于种植秋茄滩涂冲刷,同时进行了样地区冲淤特征同步监测,以满足秋茄生长监测数据的还原计算要求。

1. 调查样地布设

如图 5-1、表 5-1 所示,在断面 A、断面 B、断面 C、断面 D、断面 E、断面 F、断面 G、断面 H 及断面 I 9 个断面上设置了 9 个样地,依次为 Ya、Yb、Yc、Yd、Ye、Yf、Yg、Yh、Yi 9 个样地。特别说明,Yf 样地于 2018 年因故损坏了一片秋茄,导致该 Yf 样地秋茄消失,无法继续监测,因此监测样地数据减少为 8 个样地。

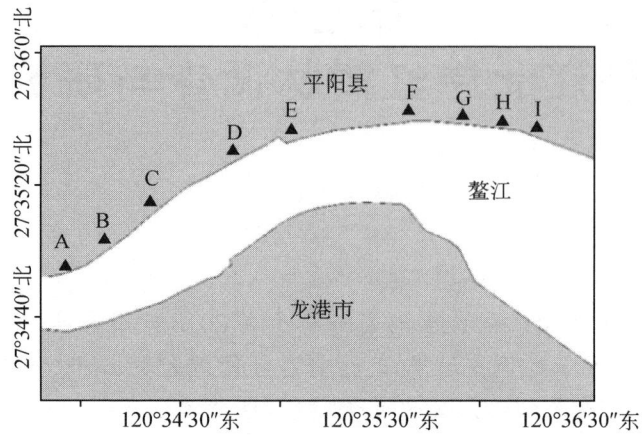

图 5-1　鳌江北岸秋茄林调查各断面布设

表 5-1　鳌江北岸秋茄林调查各断面经纬度布设

断面编号	近岸端经度(E)	近岸端纬度(N)	离岸端经度(E)	离岸端纬度(N)
A	120°34′16.46″	27°34′42.82″	120°34′18.14″	27°34′39.75″
B	120°34′30.38″	27°34′51.32″	120°34′33.67″	27°34′48.21″
C	120°34′47.25″	27°35′5.73″	120°34′49.43″	27°35′3.75″
D	120°35′6.58″	27°35′16.59″	120°35′7.14″	27°35′15.75″
E	120°35′22.05″	27°35′22.06″	120°35′22.24″	27°35′21.55″
F	120°35′54.30″	27°35′27.54″	120°35′54.34″	27°35′26.68″
G	120°36′6.41″	27°35′27.85″	120°36′6.39″	27°35′26.74″
H	120°36′23.66″	27°35′27.37″	120°36′21.55″	27°35′23.93″
I	120°36′34.12″	27°35′23.65″	120°36′31.63″	27°35′19.58″

2. 现场计数与测定

每个断面选择生境特征较为典型的秋茄样地(3 m×3 m)1个,共8个样地,调查时现场计数秋茄叶片数量,测定株高、基径和分枝数等数据。

3. 冲淤监测

由于秋茄林区客观上存在不同程度的冲淤,秋茄生长的监测值客观上会受到冲淤情况的影响,因此在每个样地的4个角插上标志桩,用以监测滩涂冲淤程度,以便修正秋茄生长的测定值。在埋设标志桩时,用重锤敲打标志桩顶部,直至插入底质的硬底层,以保障标志桩不受海流冲击移位或下陷。每次测量并记录标志桩顶部至滩涂表面的高度,前后 2 季次测定的高度差即为样地所在滩涂在前后 2 次测量期间滩涂的冲淤高度。

(三) 数据处理

1. 秋茄生长监测

(1) 株高:从植株基部至主茎顶部的距离,单位为 cm。

(2) 基径:树高距地面约十分之一处的树干直径,单位为 cm。

(3) 分枝数:测量每一植株上的分枝数目,无分枝则记为 1。

2. 株高与基径还原计算

如图 5-2 所示,根据文献(来洪运等,2021),株高与基径还原计算具体采用方法:树干自上而下沿中心线剖面模拟为一个三角形,Y_1 和 X_1 表示前次测量的株高和基径,Y_2 和 X_2 表示后次在冲淤情况下测量的株高和基径,h 表示冲淤高度,而 Y 和 X 表示后次实际株高和基径。各参数的单位均为 cm。

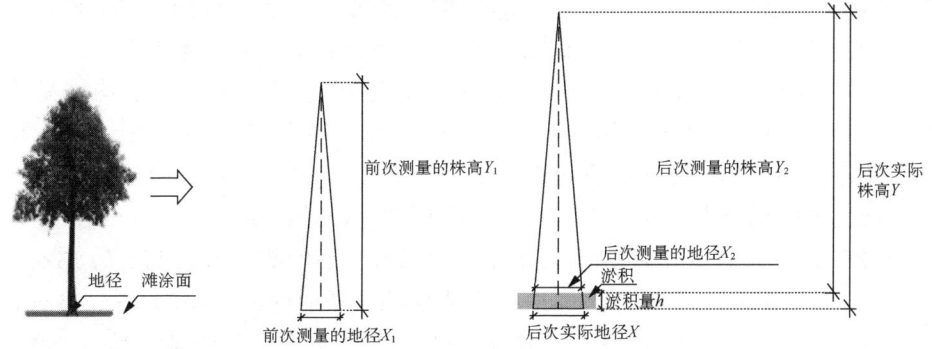

图 5-2 秋茄株高、基径还原计算示意

株高与基径实际生长值计算如式(5-1)、式(5-2):

$$X = Y \cdot X_2 / Y_2 \quad (5\text{-}1)$$

$$Y = Y_2 + h \quad (5\text{-}2)$$

3. 沉积物对秋茄生长影响关系处理

通过 IBM SPSS Statistics 26 软件对 2018 年春季和 2020 年春季的 10 个沉积物的监测数据进行 KOM(Kaiser-Meyer-Olkin)检验,选择主成分分析(PCA)的处理方式对 2018 年春季至 2020 年春季沉积物数据进行分析,再进行沉积物含量与秋茄生长之间关系的研究。

二、秋茄林样地监测与研究

（一）秋茄现场测量结果统计分析

在 2018—2020 年间进行 7 次秋茄样地监测,依次为 2018 年秋季、2019 年春季、2019 年秋季、2020 年春季、2020 年夏季、2020 年秋季、2020 年冬季。结果如下。

2018 年秋季,8 个秋茄林样地监测结果:Ya 样地株高范围为 15～34 cm,平均株高为 27.41±4.9 cm;基径范围为 0.57±0.14 cm,平均基径为 0.57±0.14 cm。Yb 样地株高范围为 15～34 cm,平均株高为 27.5±4.94 cm;基径范围为 0.4～0.8 cm,平均基径为 0.63±0.13 cm。Yc 样地株高范围为 8.2～35 cm,平均株高为 24.1±5.96 cm;基径范围为 0.4～1.00 cm,平均基径为 0.64±0.16 cm。Yd 样地株高范围为 16～43 cm,平均株高为 30.47±6.14 cm;基径范围为 0.2～0.74 cm,平均基径为 0.47±0.13 cm。Ye 样地株高范围为 15～29 cm,平均株高为 22.75±3.55 cm;基径范围为 0.3～0.8 cm,平均基径为 0.45±0.12 cm。Yg 样地株高范围为 16～36 cm,平均株高为 28.04±4.5 cm;基径范围为 0.3～0.6 cm,平均基径为 0.4±0.09 cm。Yh 样地株高范围为 13～33 cm,平均株高为 22.82±3.92 cm;基径范围为 0.5～1.2 cm,平均基径为 0.96±0.15 cm。Yi 样地株高范围为 17～34 cm,平均株高为 25.38±3.84 cm;基径范围为 0.4～0.8 cm,平均基径为 0.49±0.13 cm。

2019 年春季,8 个秋茄林样地监测结果:Ya 样地株高范围为 16～33 cm,平均株高为 26.2±4.26 cm;基径范围为 0.4～1 cm,平均基径为 0.59±0.18 cm。Yb 样地株高范围为 21～38 cm,平均株高为 29.1±4.23 cm;基径范围为 0.1～1.2 cm,平均基径为 0.66±0.26 cm。Yc 样地株高范围为 24～54 cm,平均株高为 32.28±6.05 cm;基径范围为 0.4～1.2 cm,平均基径为 0.75±0.24 cm。Yd 样地株高范围为 23～50 cm,平均株高为 36.18±6.35 cm;基径范围为 0.6～2.1 cm,平均基径为 1.1±0.27 cm。Ye 样地株高范围为 23～46 cm,平均株高为 33.1±5.6 cm;基径范围为 0.4～2 cm,平均基径为 1.13±0.31 cm。Yg 样地株高范围为 19～38 cm,平均株高为 30.64±4.77 cm;基径范围为 0.5～1.2 cm,平均基径为 0.87±0.16 cm。Yh 样地株高范围为 15.5～34 cm,平均株高为 25.21±3.86 cm;基径范围为 0.6～1.2 cm,平均基径为 0.85±0.19 cm。Yi 样地株高范围为 12.1～30.4 cm,平均株高为 20.84±4.51 cm;基径范围为 0.5～1.3 cm,平均基径为 0.78±0.21 cm。

2019年秋季,7个秋茄林样地监测结果:Ya样地株高范围为20～100 cm,平均株高为47.06±11.78 cm;基径范围为0.8～5.5 cm,平均基径为2.36±0.77 cm。Yb样地株高范围为24～49 cm,平均株高为37.07±6.19 cm;基径范围为1～4 cm,平均基径为2.13±0.72 cm。Yc样地株高范围为40～70 cm,平均株高为55.03±7.95 cm;基径范围为1.5～4 cm,平均基径为2.35±0.55 cm。Yd样地株高范围为35～75 cm,平均株高为54.09±9.05 cm;基径范围为1.2～3.5 cm,平均基径为2.19±0.49 cm。Ye样地株高范围为22～73 cm,平均株高为56.27±10.04 cm;基径范围为0.5～2.9 cm,平均基径为1.64±0.52 cm。Yh样地株高范围为15～58 cm,平均株高为34.17±9.63 cm;基径范围为0.3～2.9 cm,平均基径为1.34±1.56 cm。Yi样地株高范围为14.2～48 cm,平均株高为24.84±9.36 cm;基径范围为0.6～1.2 cm,平均基径为0.83±0.21 cm。

2019年秋季,因Yg样地其中一个监测桩被人为损坏,后续进行了修复,故该季次Yg样地无秋茄监测数据。

2020年春季,8个秋茄林样地监测结果:Ya样地株高范围为37～67 cm,平均株高为51.26±6.63 cm;基径范围为1.5～3 cm,平均基径为2.49±0.41 cm。Yb样地株高范围为27～57 cm,平均株高为41.66±5.47 cm;基径范围为1.5～4 cm,平均基径为2.39±0.48 cm。Yc样地株高范围为33～75 cm,平均株高为59.64±7.69 cm;基径范围为1.5～5.5 cm,平均基径为2.48±0.8 cm。Yd样地株高范围为36～89.9 cm,平均株高为61.23±10.31 cm;基径范围为1.1～3.5 cm,平均基径为2.43±0.51 cm。Ye样地株高范围为20～84 cm,平均株高为50.43±8.52 cm;基径范围为0.8～2.2 cm,平均基径为1.33±0.32 cm。Yg样地株高范围为18～49 cm,平均株高为30.76±7.47 cm;基径范围为0.5～3 cm,平均基径为1.03±0.59 cm。Yh样地株高范围为15～63 cm,平均株高为39.9±10.9 cm;基径范围为0.5～4 cm,平均基径为1.62±0.85 cm。Yi样地株高范围为18～50 cm,平均株高为24.98±8.81 cm;基径范围为0.5～1.1 cm,平均基径为0.79±0.17 cm。

2020年夏季,8个秋茄林样地监测结果:Ya样地株高范围为35～65 cm,平均株高为50.5±6.14 cm;基径范围为2～4.5 cm,平均基径为2.94±0.67 cm。Yb样地株高范围为28～64 cm,平均株高为41.74±6.66 cm;基径范围为2～4 cm,平均基径为2.81±0.54 cm。Yc样地株高范围为43～78 cm,平均株高为62.13±6.89 cm;基径范围为2～5 cm,平均基径为3.1±0.74 cm。Yd样地株高范围为36～89.9 cm,平均株高为69.99±13.67 cm;基径范围为1.1～3.5 cm,平均基径为1.8±0.58 cm。Ye样地株高范围为

41.2~97.8 cm,平均株高为 56.89±7.76 cm;基径范围为 0.3~2.9 cm,平均基径为 1.08±0.55 cm。Yg 样地株高范围为 14~68 cm,平均株高为 37.7±11.72 cm;基径范围为 0.4~5.8 cm,平均基径为 1.62±1.15 cm。Yh 样地株高范围为 12~35 cm,平均株高为 27.24±6.08 cm;基径范围为 0.5~1.2 cm,平均基径为 0.88±0.18 cm。Yi 样地株高范围为 19~58 cm,平均株高为 42.37±10.04 cm;基径范围为 0.7~3 cm,平均基径为 1.79±0.69 cm。

2020 年秋季,8 个秋茄林样地监测结果:Ya 样地株高范围为 33~88 cm,平均株高为 67.71±11.37 cm;基径范围为 2~6 cm,平均基径为 3.11±0.9 cm。Yb 样地株高范围为 26~66 cm,平均株高为 43.58±7.78 cm;基径范围为 2~4 cm,平均基径为 3±0.62 cm。Yc 样地株高范围为 38~68 cm,平均株高为 52.91±7.69 cm;基径范围为 2~5 cm,平均基径为 3.22±0.75 cm。Yd 样地株高范围为 56.1~122 cm,平均株高为 86.98±17.98 cm;基径范围为 1.2~4.3 cm,平均基径为 2.64±0.8 cm。Ye 样地株高范围为 52~107.7 cm,平均株高为 80.85±15.83 cm;基径范围为 0.5~3.4 cm,平均基径为 2.16±0.6 cm。Yg 样地株高范围为 28~64 cm,平均株高为 40.71±10.2 cm;基径范围为 1.2~4 cm,平均基径为 2.03±0.99 cm。Yh 样地株高范围为 22.5~51 cm,平均株高为 38.08±7.1 cm;基径范围为 0.8~4.6 cm,平均基径为 1.58±0.78 cm。Yi 样地株高范围为 20~69 cm,平均株高为 37.52±11.29 cm;基径范围为 0.3~3.7 cm,平均基径为 1.54±0.93 cm。

2020 年冬季,8 个秋茄林样地监测结果:Ya 样地株高范围为 37~77 cm,平均株高为 56±10.06 cm;基径范围为 2~4.5 cm,平均基径为 2.59±0.61 cm。Yb 样地株高范围为 28~69 cm,平均株高为 47.52±8.7 cm;基径范围为 1.5~4 cm,平均基径为 2.36±0.49 cm。Yc 样地株高范围为 53~97 cm,平均株高为 73.99±8.71 cm;基径范围为 1.5~4 cm,平均基径为 2.47±0.67 cm。Yd 样地株高范围为 51.4~163.5 cm,平均株高为 90.43±19.88 cm;基径范围为 0.6~3.2 cm,平均基径为 1.91±0.67 cm。Ye 样地株高范围为 17.5~90.9 cm,平均株高为 66.04±12.1 cm;基径范围为 0.7~3.7 cm,平均基径为 1.92±0.52 cm。Yg 样地株高范围为 14.3~44.9 cm,平均株高为 31.31±7.53 cm;基径范围为 0.6~3.5 cm,平均基径为 1.64±0.72 cm。Yh 样地株高范围为 15.8~43.2 cm,平均株高为 28.41±6.24 cm;基径范围为 0.8~2.4 cm,平均基径为 1.53±0.33 cm。Yi 样地株高范围为 22.1~75.2 cm,平均株高为 44.53±12.41 cm;基径范围为 0.8~4.4 cm,平均基径为 2.28±0.93 cm。

（二）秋茄林滩面冲淤特征

如表 5-2 所列，通过每次测量秋茄样地四个角的四根竹桩露出滩涂高度，计算出所有样地的冲淤情况。

表 5-2　2018—2020 年鳌江 5 个样地在 7 个季节的竹桩高度与滩面冲淤情况

（单位：cm）

样地	2018 年		2019 年				2020 年						
	秋季	→	春季	→	秋季	→	春季	→	夏季	→	秋季	→	冬季
Yd	56.75	↓	56.5	↑	60.50	↑	60.63	↓	60.53	↑	61.08	↓	59.53
Ye	40.83	↓	37.35	↓	33.88	↓	26	↑	27.83	↓	21.98	↓	17.13
Yg	103.25	↑	104.5	↑	110.13	↑	115.75	/	49.29	↓	39.60	↓	35.65
Yh	68.50	↓	67.48	↑	70.41	↑	69.83	↑	87.05	/	35.20	↓	24
Yi	60.25	↓	48.18	↑	51.88	↓	47.25	↑	69.80	↓	68.83	↓	68.14

注："→"表示两个季节间时段；"/"表示数据缺失；"↑"表示冲刷；"↓"表示淤积。

8 个秋茄林样地在 2018 年秋季至 2020 冬季各季节间冲淤特征，总体上呈现淤积多于冲刷的状态。由于 Ya、Yb 和 Yc 各样地在 2019 年春季至秋季有竹桩被损毁，仅取 Yd、Ye、Yg、Yh 和 Yi 5 个样地进行冲淤特征分析。Yd 样地从 2018 年秋季至 2019 年春季、2020 年春季至夏季和 2020 年秋季至冬季处于淤积状态，2019 年春季至 2020 年春季和 2020 年夏季至秋季处于冲刷状态；Ye 样地从 2020 年春季至夏季处于冲刷状态，其余时间段均处于淤积状态，总体处于淤积状态；Yg 样地从 2018 年秋季至 2020 年春季处于冲刷状态，其余时段处于淤积状态，总体处于冲刷状态；Yh 样地从 2018 年秋季至 2019 年春季、2019 年秋季至 2020 年春季和 2020 年秋季至冬季处于淤积状态，其余时段处于冲刷状态，总体处于淤积状态；Yi 样地从 2019 年春季至秋季和 2020 年春季至夏季处于冲刷状态，其余时段处于淤积状态，总体处于淤积状态。

综上所述，2018 年秋季到 2020 冬季，总体而言 Yd、Yh 和 Yi 3 个样地呈现冲刷趋势，其中 Yd 和 Yh 样地冲淤呈现不稳定状态。Ye 和 Yg 2 个样地呈现淤积趋势，其中 Yg 样地呈现冲淤不稳定趋势。

（三）秋茄生长计算

1. 秋茄生长测定值还原计算

如表 5-3、表 5-4 所列，基于冲淤量，利用前述"株高与基径还原计算"相似三角形原理进行株高和基径的实际值的还原计算,并计算 2018 年秋季至 2020 年冬季的增长量,由于 Ya、Yb、Yc、Yg 和 Yh 样地竹桩均受到不同程度的人为破坏,仅剩 Yd、Ye 和 Yi 3 个样地的竹桩基本完好,故取这 3 个样地的竹桩高度测量值的平均数作为秋茄生长测定值还原计算依据。

表 5-3　2018 年秋季至 2020 年冬季秋茄株高增长量　　（单位:cm）

株高	Yd	Ye	Yi
2018 年秋季	30.47	22.75	25.38
2020 年冬季	87.65	89.74	44.53
增长量	57.18	66.99	19.15

表 5-4　2018 年秋季至 2020 年冬季两年间秋茄基径增长量　　（单位:cm）

基径	Yd	Ye	Yi
2018 年秋季	0.47	0.45	0.49
2020 年冬季	1.85	2.61	1.88
增长量	1.38	2.16	1.39

2018 年秋季至 2020 年冬季期间秋茄株高在秋、冬季节间段生长较缓,以春秋季生长最快,基径的增量变化趋势与株高增量变化趋势一致。在 3 个样地中,Ye 样地的株高增长量最大,最大值达到 66.99 cm;Yd 样地的株高增长量次之;Yi 样地的株高增长量最小。Ye 样地的基径增长量最大,最大值达 2.16 cm;Yi 样地次之;Ye 样地的基径增长量最小。

2. 3 个样地的秋茄生长差异性

由表 5-5 分析可知,Ye 样地的植株长势最好,平均株高为最大(89.74 ± 12.10 cm)。Yd 样地平均株高(87.65 ± 19.88 cm)与 Ye 样地(89.74 ± 12.10 cm)差异不显著,与样地 Yi(36.64 ± 12.53 cm)的差异显著;Ye 样地的平均株高与 Yi 样地差异显著。

表 5-5　3 个样地秋茄株高多重比较

样地	平均数(cm)	Yd	Ye	Yi
Yd	87.65±19.88	1	—	—
Ye	89.74±12.10	−2.09	1	—
Yi	36.64±12.53	51.01*	53.10*	1

注:* 代表在 0.05 的显著性水平上相关性明显(双尾检验)。

(四) 监测结果

通过对 2018 年秋季至 2020 年冬季的株高和基径对比发现,在涉及的 3 个样地的株高,2020 年冬季较 2018 年秋季均有大幅度增长。其中,Ye 样地在此期间的株高增长量最大(66.99 cm);其次,Yd 样地株高增长量为 57.18 cm;Yi 样地株高增长量最小(11.26 cm)。3 个样地的基径,2020 年冬季较 2018 年秋季也均有增长。其中,Ye 样地的基径增长量最大(2.16 cm);其次,Yi 样地基径增长量为 1.39 cm;Yd 样地基径增长量最小(1.38 cm)。

综上,林区湿地冲淤不稳定,现场测定的株高和基径值与其实际生长会存在差异,为更好地研究鳌江秋茄的生长特征,对现场测定值进行还原计算非常必要,尤其需要减少人为因素对秋茄生长监测的影响。

三、7 个季度各样地滩面冲淤和秋茄生长分析

(一) 滩面冲淤和生长测量结果

由于 Ya、Yb 和 Yc 样地在 2019 年春季初次进行秋茄苗种补种,对原样地中秋茄的连续监测造成干扰,且 Ya、Yb、Yc、Yg 和 Yh 样地原用于冲淤量监测的竹桩曾被不同程度的人为损毁,仅 Yd、Ye、Yg、Yh 和 Yi 共 5 个样地的现场监测数据被用于 7 个季度各样地滩面冲淤分析。同时,因 2019 年春季至秋季 Yg、Yh 样地也有 1～2 根竹桩被损毁,为严谨分析秋茄生长特征,仅取 Yd、Ye 和 Yi 共 3 个样地秋茄的现场监测数据用于 7 个季度各样地秋茄生长分析。

1. 滩面冲淤特征

Yd 样地滩面冲淤特征:2018 年秋季至 2019 年春季、2020 年春季至 2020 年夏季和 2020 年秋季至 2020 年冬季,滩面处于淤积状态;2019 年春季至 2020 年春季和 2020 年夏季至 2020 年秋季,滩面处于冲刷状态。2019 年春季至 2019 年秋季 Yd 样地冲刷量为 4 cm,2020 年秋季至 2020 年冬季淤积量仅为 1.55 cm。

Ye 样地滩面冲淤特征:2018 年秋季至 2020 年春季和 2020 年夏季至 2020 年冬季,滩面处于冲刷状态;2020 年春季至 2020 年夏季,滩面处于淤积状态。2019 年秋季至 2020 年春季 Ye 样地淤积量为 7.88 cm,2020 年春季至 2020 年夏季 Ye 样地冲刷量仅为 1.83 cm。

Yg 样地滩面冲淤特征:2018 年秋季至 2020 年春季,滩面处于冲刷状态;2020 年夏季至 2020 年冬季,滩面处于淤积状态。其中,2019 年秋季至

2020年春季Yg样地冲刷量仅为5.63 cm，2020年秋季至2020年冬季Yg样地淤积量达9.69 cm。

Yh样地滩面冲淤特征：2018年秋季至2019年春季、2019年秋季至2020年春季和2020年秋季至2020年冬季，滩面处于冲刷状态；2019年春季至2019年秋季和2020年春季至2020年夏季，滩面处于淤积状态。其中2020年秋季在调查过程中发现竹桩被人为破坏而消失，导致无法正常监测。2020年春季至2020年夏季Yh样地淤积量达17.22 cm，2020年秋季至2020年冬季Yh样地冲刷量为11.2 cm。

Yi样地滩面冲淤特征：2018年秋季至2019年春季、2019秋季至2020年春季和2020年夏季至2020年冬季，滩面处于淤积状态；2019年春季至2019年秋季和2020年春季至2020年夏季，滩面处于冲刷状态。2018年秋季至2019年春季Yi样地淤积量为12.07 cm，2020年春季至2020年夏季Yi样地冲刷量达22.55 cm。

综上所述，2018年秋至2020年冬7个季节间时段的Yd、Ye、Yg、Yh和Yi 5个样地滩面的淤积或冲刷特征，总体上淤积重于冲刷，能够为秋茄的生长提供适宜环境。

2. 秋茄株高生长情况

Yd样地秋茄株高生长：2018年秋季至2019年春季秋茄株高生长速度较快；2019年春季至2020年春季秋茄株高保持稳定生长；2020年春季至2020年秋季秋茄株高生长速度较快；2020年夏季至2020年冬季秋茄株高生长相对稳定。2018年秋季至2020年冬季Yd样地秋茄株高的增长量为57.18 cm。

Ye样地秋茄株高生长：2018年秋季至2019年春季Ye样地秋茄株高生长较快；2019年秋季至2020年春季监测过程中发现Ye样地部分秋茄苗种遭受破坏，因此2020年春季进行苗种补种导致出现2019年秋季至2020年春季间Ye样地秋茄株高生长至42.55 cm；2020年春季至2020年冬季Ye样地秋茄株高生长保持稳定；2018年秋季至2020年冬季Ye样地秋茄株高增长量为66.99 cm。

Yh样地秋茄株高生长：2018年秋季至2019年秋季Yh样地秋茄株高生长速度较快；2019年秋季至2020年春季Yh样地秋茄株高生长较为缓慢；2020年春季至2020年夏季Yh秋茄株高生长速度较快；2020年秋季在监测过程中发现Yh样地部分秋茄苗种遭受寒害，导致Yh样地部分苗种死亡；2020年春季至夏季Yh样地秋茄株高增长量最大(44.46 cm)。

Yi样地秋茄株高生长：2018年秋季至2019年秋季Yi样地秋茄株高生长

较快;2019年秋至2020年春季监测过程中发现Yi样地部分秋茄苗种遭受破坏,因此2020年春季进行苗种补种导致出现2019年秋季至2020年春季间Yi样地秋茄株高生长至20.35 cm;2019年秋季至2020年夏季Yi样地秋茄株高生长较快;2020年春季至2020年夏季监测过程中Yi样地附近秋茄由于水动力不足,造成小生境不适宜,使得Yi样地少量秋茄受损,经过补种秋茄苗种,2020年夏季至2020年冬季Yi样地秋茄株高生长平缓;2018年秋季至2020年冬季Yi样地秋茄株高增长量为11.26 cm。

3. 秋茄基径生长状态

Yd样地秋茄基径生长:2018年秋季至2020年春季Yd样地秋茄生长状况较好;2020年春季至2020年夏季Yd样地秋茄基径的生长保持稳定;2020年夏季至2020年秋季Yd样地秋茄基径生长状况较快;2020年秋季至2020年冬季Yd样地秋茄林生长相对稳定。2020年冬季Yd样地秋茄基径成长至1.85 cm。

Ye样地秋茄基径生长:2018年秋季至2019年秋季Ye样地秋茄基径生长较快;2019年秋季至2020年夏季监测过程中发现Ye样地部分秋茄苗种遭受破坏,因此2020年春季进行苗种补种导致出现2019年秋季至2020年夏季间,Ye样地秋茄基径生长保持相对平缓;2020年夏季至2020年秋季Ye样地秋茄基径生长状况较快;2020年夏季至2020年冬季Ye样地秋茄基径生长保持稳定;2020年冬季Ye样地秋茄基径成长至2.61 cm。

Yi样地秋茄基径生长:2018年秋季至2020年春季Yi样地秋茄基径生长较慢;2019年秋至2020年春季监测过程中发现Yi样地部分秋茄苗种遭受破坏,因此2020年春季进行苗种补种导致出现2019年秋季至2020年春季间Yi样地秋茄基径生长较缓;2020年春季至2020年夏季监测过程中,Yi样地附近秋茄由于水动力不足造成小生境不适宜,使得Yi样地少量秋茄受损,出现2020年春季至2020年夏季Yi样地基径增长幅度过大,经过补种秋茄苗种,2020年夏季至2020年冬季Yi样地秋茄基径生长平缓;2020年冬季Yi样地秋茄基径生长至1.88 cm。

(二)秋茄生长总体特征

2018年秋季至2020年冬季共进行7季次调查,秋茄株高在冬季至翌年春季间生长较缓慢,而春季至秋季生长最快,基径与株高的增大趋势相一致。

2018年秋季至2020年冬季,3个样地秋茄株高生长特征:Ye样地的秋茄株高增长量最大66.99 cm,Yd样地株高增长量次之(57.18 cm);Yi样地的秋茄株高的增长量最小(11.26 cm)。

2018年秋季至2020年冬季,3个样地秋茄基径生长情况:Ye样地的基径增长量最大(2.16 cm),Yi样地基径增长量次之(1.39 cm),Yd样地的基径的增长量最小(1.38 cm)。随着种植时间的增长,秋茄的生长速度总体上会增长。秋茄栽种后2年内因苗体扎根较少、较浅,易受海流、潮流、台风、寒害及病虫害等诸多严峻考验,直接影响其成活率和生长速度。

综上所述,2018年秋至2020年冬7个季节间时段的Yd、Ye和Yi 3个样地秋茄林的生长特征,总体上各样地的秋茄株高和基径增长量均与陈世勇学者(2014年)研究得出的秋茄林株高平均生长高度58 cm和基径平均增长量0.66 cm左右的研究结果具有相似特征。

四、沉积物对秋茄生长影响

对2018年春季至2020年春季2年间时段的沉积物增长量的计算,由于Yg和Yh样地竹桩均受到不同程度的人为破坏,仅剩Ya、Yb、Yc、Yd、Ye和Yi 6个样地的竹桩基本未被破坏,故取这6个样地的沉积物测量值作为冲淤计算依据,用KOM(Kaiser-Meyer-Olkin)检验2018年春季和2020年春季鳌江滩面沉积物监测数据,得出KOM系数为0.709,其大于0.6,说明该监测数据可以进行PCA分析。

选取主成分特征值>1,进行主成分个数的确定得出沉积物主要由2个主成分组成,各主成分的方差贡献率分别为68.96%和15.45%,累积贡献率分别为68.96%和84.40%。经分析可知,2018年至2020年Ya、Yb、Yc、Yd、Ye和Yi样地秋茄生长过程中对总汞和砷的富集能力较强,对有机碳、总氮和总磷的吸收能力较强。

五、结论

(一) 滩面冲淤与秋茄生长

2018—2020年7个季节间的8个样地滩面的淤积或冲刷特征,总体上淤积重于冲刷,能够为秋茄的生长提供适宜环境。将鳌江北岸秋茄林实际测量值结合冲淤量还原计算秋茄的株高和基径生长量,在2018年秋季至2020年秋季对比中有较大增长,各样地的株高和基径在2018年秋季、2019年春季、2019年秋季、2020年春季、2020年夏季、2020年秋季和2020冬季对比中均有增长,各样地秋茄株高和基径增长量均处于较好的增长状态。随着秋茄林生长,秋茄的生长速度总体上呈现增长态势。秋茄栽种后2年内因苗体根系不够发达并扎根不深,且易受海流、潮流、台风、寒害及病虫害等诸多风险的严峻考验,直接影响其成活率和生长速度。

(二) 秋茄生长及其对沉积物质量的影响特征

通过 2020 年春季和 2020 年秋季对 8 个样地的沉积物调查与研究,得出秋茄生长过程中对不同重金属元素富集及其吸收特征。秋茄种植后随着植株增长对滩涂沉积物的富集强度总体增大。秋茄生长过程中,镉的含量会在秋茄种植以后呈现先增加后逐年减少的趋势,秋茄对镉的吸收能力总体较强。锌、铜对秋茄的生长影响较小,铅和铬的含量在秋茄种植前后波动范围较小,可能是由于秋茄对不同重金属的吸附能力存在差异,尤其是对铅、铬的吸收能力较弱。因此,秋茄生长及其吸收重金属元素的能力可能也受到人为污染物排放强度干扰的影响,滩面重金属含量过高会使秋茄生长变缓,导致其植株株高、基径增长等生长均受制约。

第六章
鳌江南岸红树林大型底栖动物调查与研究

浙江海洋大学红树林生态团队在2021年秋季至2024年夏季期间，每季度对龙港市河口秋茄林生态系统大型底栖动物群落进行调查，基于调查结果进行对比分析，揭示鳌江南岸秋茄林生态系统大型底栖动物群的状况及其动态变化趋势，以期揭示3年间大型底栖动物群落特征变化及其存在的问题与成因机制。

一、调查研究内容及方法

（一）调查内容与时间

1. 调查内容

针对鳌江南岸秋茄种植区域潮间带开展大型底栖动物调查，基于3年间调查的结果进行比较分析，揭示群落种类组成、生物量、丰度、物种多样性、生态位及群落稳定性研究，探索秋茄种植对大型底栖动物群落的生态效应及其动态变化趋势。

2. 调查时间与频次

2021年秋季至2024年夏季期间，进行了2021年秋、冬2季，2022年春、夏、秋、冬四季，2023年春、夏、秋、冬四季，2024年春、夏2季共计12季次大型底栖动物群落调查与研究。

（二）调查断面布设

如图6-1和表6-1所示，根据《海洋调查规范》《海洋监测规范》《红树林生态监测技术规程》的要求，以及参照瓦扬和斯蒂芬森原则及生物自然分布并结合的实际情况，在红树林区自西向东布设9条调查断面，在每条断面高潮带、中潮带与低潮带依次布设2个、2个和1个站位以及9条断面（包括DQ1、

DQ2、DQ3、DQ4、DQ5、DQ6、DQ7、DQ8、DQ9），共45个站位。

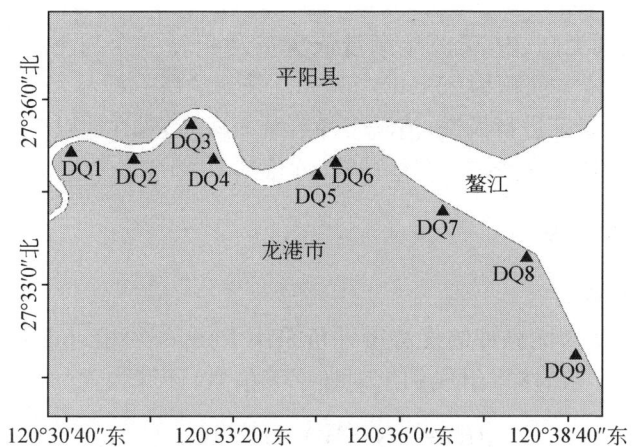

图6-1　鳌江南岸秋茄林潮间带大型底栖动物调查断面布设

表6-1　鳌江南岸秋茄林潮间带大型底栖动物调查断面和站位布设经纬度

站位编号	经度(E)	纬度(N)	站位编号	经度(E)	纬度(N)
DQ1 高	120.512 625	27.588 626	DQ5 低	120.576 285	27.581 150
DQ1 中	120.512 574	27.588 711	DQ6 高	120.582 727	27.585 335
DQ1 低	120.512 697	27.589 42	DQ6 中	120.582 524	27.585 589
DQ2 高	120.528 453	27.586 197	DQ6 低	120.582 554	27.586 415
DQ2 中	120.532 451	27.583 040	DQ7 高	120.612 494	27.573 467
DQ2 低	120.532 408	27.583 080	DQ7 中	120.613 074	27.574 521
DQ3 高	120.512 624	27.588 621	DQ7 低	120.614 046	27.574 635
DQ3 中	120.543 708	27.594 785	DQ8 高	120.620 749	27.568 727
DQ3 低	120.543 657	27.594 983	DQ8 中	120.620 951	27.569 023
DQ4 高	120.512 146	27.588 435	DQ8 低	120.621 071	27.569 201
DQ4 中	120.512 096	27.588 495	DQ9 高	120.644 529	27.545 917
DQ4 低	120.512 052	27.588 651	DQ9 中	120.644 717	27.545 522
DQ5 高	120.576 579	27.580 711	DQ9 低	120.644 557	27.544 963
DQ5 中	120.576 429	27.580 942	—	—	—

注：表中断面编号中的"高""中""低"依次表示"高潮带""中潮带""低潮带"。

(三) 样品采集

在9条断面上高、中、低三个潮带依次布设2个、2个与1个站位。每个站点取3个样方,样方面积为25 cm×25 cm。采得的所有样品经孔径0.5 mm和1 mm筛组合的套筛进行淘洗,清洗干净后装入样品袋,并加以75%的酒精固定后带回实验室用以物种鉴定、个体计数、称重等,并对实验数据进行统计学分析。

(四) 数据处理

1. 优势种分析

大型底栖动物优势种的优势度评价采用Pinkas的相对重要性指数IRI,该指数综合个体数、体重组成和出现频率等信息,计算如式(6-1):

$$IRI=(N+W)\times F\times 10\ 000 \tag{6-1}$$

式中,N为某物种尾数占总尾数的百分比值;W为该物种重量占总重量的百分比值;F为该物种在调查中出现的频率。判断的标准参照王雪辉等的研究结果,$IRI \geqslant 1\ 000$的种类为优势种,$100 \leqslant IRI < 1\ 000$的种类为重要种,$10 \leqslant IRI < 100$的种类为常见种,$1 \leqslant IRI < 10$的种类为一般种,$IRI < 1$的种类为稀有种。

2. 物种多样性分析

大型底栖动物物种多样性除受取样大小、数量的分布外,主要依赖于群落中种类数多少及种间个体分布是否均匀。因此,本报告以Shannon-Wiener (H')物种多样性指数、丰富度(D)和均匀度(J')评价潮间带大型底栖动物资源状况,计算如式(6-2)~式(6-4)。

1) Shannon-Wiener 物种多样性指数

$$H'=-\sum_{i}^{S} P_i \log_2 P_i \tag{6-2}$$

式中,H'为Shannon-Wiener物种多样性指数;S为样品中大型底栖动物的种类数;P_i为第i种大型底栖动物的个体数与总个体数的比值。H'数值越大,说明群落的多样性越高;反之,则多样性越低。该指数还可以用于反映群落受干扰程度,根据蔡立哲等的研究结果,当$H'<1$时,则大型底栖动物群落受到了重度干扰;当$1 \leqslant H' < 2$时,群落受到中度干扰;当$2 \leqslant H' < 3$时,群落受到轻度干扰;当$H' \geqslant 3$时,群落处于未受干扰状态。

2) Pielou 均匀度指数

$$J'=H'/\log_2 S \tag{6-3}$$

式中，J' 为均匀度指数；H' 为 Shannon-Wiener 物种多样性指数；S 为样品中大型底栖动物的种类数。均匀度指数反映了群落中个体分布的均匀程度，其范围在 0~1 之间，数值越大则表明分布越均匀，当各物种的尾数相等时，$J'=1$。当 $0<J'<0.3$ 时，群落为受重度干扰状态；当 $0.3 \leqslant J'<0.5$ 时，群落为受中度干扰状态；当 $0.5 \leqslant J'<0.8$ 时，群落为受轻度干扰状态；当 $0.8 \leqslant J'<1$ 时，群落为未受到干扰状态。

3）Margalef 丰富度指数

$$D = (S-1)/\log_2 N \tag{6-4}$$

式中，D 为丰富度指数；S 为样品中大型底栖动物的种类数；N 为样品中大型底栖动物的总个体数。丰富度指数的数值越大，则说明大型底栖动物的物种越丰富。

3. ABC 曲线法

丰度—生物量比较曲线法由 Warwick 提出，该方法根据丰度优势度曲线与生物量优势度曲线的变化情况及相对位置情况来判断群落的变化状况，两条曲线与坐标轴围成的面积为 W 值。ABC 曲线法是进行生物群落受干扰评价研究的常用方法，也常用于反映群落的稳定性状况。当生物量优势度曲线整条位于丰度优势度曲线的上方时，群落中以 K 对策者为主，其特征为个体较大、生长缓慢，此时生物群落处于稳定、未受扰动的状态，W 值为正值；当丰度优势度曲线整条在生物量优势度曲线的上方时，群落中以 r 对策者为主，其特征为个体较小、生长较快，此时生物群落处于不稳定、受到严重干扰的状态，W 值为负值；当生物量优势度曲线与丰度优势度曲线出现相交或重合时，此时生物群落处于中度干扰状态，W 值为负值。W 值计算如式（6-5）：

$$W = \sum_{i=1}^{S} \frac{B_i - A_i}{50(S-1)} \tag{6-5}$$

式中，A_i 与 B_i 分别为第 i 种物种对应的丰度、生物量累积百分比；S 为大型底栖动物的总种类数。

4. 生态位

1）生态位宽度

生态位宽度是指一个群落中所利用的各种资源的总和。本书根据 Shannon-Wiener 指数来计算生态位宽度值，计算如式（6-6）：

$$B_i = -\sum_{j=1}^{R} P_{ij} \ln P_{ij} \tag{6-6}$$

式中，B_i 为生态位宽度值，取值范围为 $[0, R]$；P_{ij} 为种 i 在 j 个样方中的个体数占总个体数的比值；R 为资源位数量。若 B_i 数值越大，则物种的生态位越宽。

2）生态位重叠

生态位重叠是指两个或多个物种对同一资源因素（食物、空间等资源）的共同利用程度。本文根据 Levins 指数来计算生态位重叠值，计算如式（6-7）：

$$O_{ik} = \frac{\sum_{j=1}^{r} P_{ij} P_{kj}}{\sum_{j=1}^{r} (P_{ij})^2} \tag{6-7}$$

式中，O_{ik} 为生态位重叠值；P_{ij} 和 P_{kj} 分别为种 i 和种 k 在 j 个样方中的个体数占总个体数的比值；r 为资源位数量。若 O_{ik} 数值越大，则物种间的生态位重叠程度越高。

5. 典范对应分析与冗余分析

先对大型底栖动物丰度数据与沉积物及其间隙水环境数据进行去趋势对应分析（DCA 分析），根据计算出的 DCA 排序轴梯度长度（LGA）来选择适宜的排序方法。在理论上，当 LGA＜3 时，则进行冗余分析（RDA）；当 LGA＞3 时，则进行典范对应分析（CCA）；当 3＜LGA＜4 时，两者皆可，优先选择 CCA 分析。

二、大型底栖动物群落调查与研究

（一）种类组成

2021 年秋季，共鉴定出大型底栖动物 27 种，隶属于 4 纲 8 目 16 科 23 属。其中，腹足纲种类数占总种类数的百分比最大（29.63%）；其次为软甲纲和多毛纲，种类数占比均为 25.93%；硬骨鱼纲种类数占比为 18.51%。

2021 年冬季，共鉴定出大型底栖动物 24 种，隶属于 4 纲 7 目 15 科 22 属。其中，软甲纲和腹足纲种类数占总种类数的百分比最大（均为 33.33%）；硬骨鱼纲，种类数所占百分比为 20.83%；多毛纲的种类数所占百分比为 12.51%。

2022 年春季，共鉴定出大型底栖动物 30 种，隶属于 7 纲 12 目 19 科 26 属。其中，多毛纲种类数占总种数的百分比最大（30.00%）；其次为腹足纲，种类数所占百分比为 26.67%；软甲纲种类数所占百分比为 20.00%；硬骨鱼纲种类数所占百分比为 10.00%；双壳纲种类数所占百分比为 6.67%；无针纲和革囊星虫纲种类数所占百分比均为3.33%。

2022年夏季,共鉴定出大型底栖动物15种,隶属于5纲5目10科12属。其中,软甲纲种类数占总种数的百分比最大(40.00%);其次为腹足纲,种类数所占百分比为26.67%;硬骨鱼纲和双壳纲种类数占比均为13.33%;革囊星虫纲种类数占比为6.67%。

2022年秋季,共鉴定出大型底栖动物20种,隶属于6纲6目14科18属。其中,软甲纲种类数占总种类数的百分比最大(25.00%);其次为腹足纲和多毛纲,种类数所占百分比均为20.00%;双壳纲和硬骨鱼纲种类数所占百分比均为10.00%;革囊星虫纲种类数所占百分比为5.00%。

2022年冬季,共鉴定出大型底栖动物15种,隶属于3纲4目11科13属,其中,腹足纲种类数占总种类数的百分比最大(53.33%);其次为软甲纲,种类数所占百分比为20.00%;多毛纲种类数所占百分比为13.33%。

2023年春季,共鉴定出大型底栖动物26种,隶属于6纲9目15科21属,其中,腹足纲种类数占总种数的百分比最大(42.31%);其次为多毛纲,种类数所占百分比为19.23%;软甲纲种类数所占百分比为15.38%;双壳纲种类数所占百分比为7.69%;无针纲和硬骨鱼纲种类数所占百分比均为3.33%。

2023年夏季,共鉴定出大型底栖动物14种,隶属于3纲5目10科11属,其中,腹足纲种类数占总种数的百分比最大(57.14%);其次为软甲纲,种类数所占百分比为35.71%;硬骨鱼纲种类数所占百分比为7.15%。

2023年秋季,共鉴定出大型底栖动物17种,隶属于5纲8目14科16属,腹足纲和软甲纲种类数占总种类数的百分比最大(均为35.30%);其次为硬骨鱼纲,种类数所占百分比为11.78%;多毛纲种类数所占百分比为11.80%;双壳纲种类数所占百分比为5.90%。

2023年冬季,共鉴定出大型底栖动物9种,隶属于4纲4目7科7属,腹足纲种类数占总种类数的百分比最大(55.6%);其次为软甲纲,种类数所占百分比为22.22%;双壳纲和硬骨鱼纲种类数所占百分比均为11.10%。

2024年春季,共鉴定出大型底栖动物18种,隶属于4纲6目13科16属,腹足纲种类数占总种数的百分比最大(44.44%);其次为软甲纲,种类数所占百分比为27.78%;双壳纲种类数所占百分比为16.67%;多毛纲种类数所占百分比为11.11%。

2024年夏季,共鉴定出大型底栖动物13种,隶属于3纲4目9科12属,腹足纲种类数占总种数的百分比最大(46.2%);其次为软甲纲,种类数所占百分比为38.46%,硬骨鱼纲种类数所占百分比为15.38%。

综上,2021秋季至2024年夏季,三年里腹足纲与软甲纲种类数均占四季总物种数前二位,这表明秋茄林大型底栖动物物种种类呈现以腹足纲与软甲纲物种为主,其他物种交替出现的群落种类组成格局。

(二) 物种在群落中地位

2021年秋季,大型底栖动物群落优势种3种,包括尖锥拟蟹守螺、长足长方蟹和弧边招潮蟹;重要种5种,包括大鳍弹涂鱼、红螯螳臂相手蟹、弹涂鱼、微黄镰玉螺和绯拟沼螺;常见种7种,包括大弹涂鱼、日本大眼蟹、青弹涂鱼、日本刺沙蚕、西格织纹螺、拟穴青蟹和天津厚蟹;一般种9种,包括拉氏狼牙虾虎鱼、彩拟蟹守螺、三须杂毛虫、多齿沙蚕、长须沙蚕、日本鼓虾、米氏耳螺、双齿围沙蚕和中国耳螺;稀有种3种,包括背褶沙蚕、黑口拟滨螺和细丝鳃虫。

2021年冬季,大型底栖动物群落优势种2种,分别为尖锥拟蟹守螺和弧边招潮蟹;重要种5种,包括弹涂鱼、红螯螳臂相手蟹、长足长方蟹、日本大眼蟹和大鳍弹涂鱼;常见种8种,包括大弹涂鱼、微黄镰玉螺、长须沙蚕、绯拟沼螺、中华近方蟹、圆点笔螺、天津厚蟹和中国耳螺;一般种9种,包括青弹涂鱼、珠带拟蟹守螺、日本刺沙蚕、短滨螺、紫游螺、拉氏狼牙虾虎鱼、全刺沙蚕、宽身闭口蟹和鲜明鼓虾。

2022年春季,大型底栖动物群落优势种为尖锥拟蟹守螺1种;重要种5种,包括绯拟沼螺、弧边招潮蟹、微黄镰玉螺、珠带拟蟹守螺和天津厚蟹;常见种8种,依次为中华脑纽虫、日本刺沙蚕、弹涂鱼、大鳍弹涂鱼、长足长方蟹、红树拟蟹守螺、米氏耳螺和东海全刺沙蚕;一般种16种,包括缢蛏、珠带拟蟹守螺、日本大眼蟹、米列虫、背蚓虫、紫游螺、彩虹明樱蛤、弓形革囊星虫、丝异须虫、拟突齿沙蚕、双斑蟳、泥螺、双齿围沙蚕、背褶沙蚕、矛尾刺虾虎鱼和全刺沙蚕。

2022年夏季,大型底栖动物群落优势种3种,包括弧边招潮蟹、长足长方蟹和红螯螳臂相手蟹;重要种3种,包括微黄镰玉螺、伍氏拟厚蟹和尖锥拟蟹守螺;常见种3种,包括弹涂鱼、彩拟蟹守螺和天津厚蟹;一般种6种,包括彩虹明樱蛤、江户明樱蛤、隆线背脊蟹、弓形革囊星虫、大鳍弹涂鱼和绯拟沼螺。

2022年秋季,大型底栖动物群落优势种3种,包括尖锥拟蟹守螺、绯拟沼螺和弧边招潮蟹;重要种4种,包括弹涂鱼、红螯螳臂相手蟹、微黄镰玉螺和长足长方蟹;常见种3种,依次为彩拟蟹守螺、日本大眼蟹和狭颚新绒螯蟹;一般种10种,包括背褶沙蚕、大鳍弹涂鱼、多齿围沙蚕、仿樱蛤、弓形革囊星虫、泥虾、全刺沙蚕、日本刺沙蚕、天津厚蟹和缢蛏。

2022年冬季,大型底栖动物群落优势种2种,包括绯拟沼螺和尖锥拟蟹守螺;重要种2种,包括微黄镰玉螺和狭颚新绒螯蟹;常见种4种,包括弧边招潮蟹、米氏耳螺、天津厚蟹和核冠耳螺；一般种 7 种，依次为彩拟蟹守螺、全刺沙蚕、日本大眼蟹、黑口拟滨螺、红树拟蟹守螺、日本沼虾和长须沙蚕。

2023 年春季，大型底栖动物群落优势种 4 种，包括绯拟沼螺、弧边招潮蟹、尖锥拟蟹守螺和微黄镰玉螺；重要种 2 种，包括天津厚蟹和长足长方蟹；常见种 6 种，包括弹涂鱼、仿樱蛤、红螯螳臂相手蟹、全刺沙蚕、红树拟蟹守螺和米氏耳螺；一般种 7 种，依次为粗糙拟滨螺、泥螺、拟穴青蟹、丝异须虫、异须沙蚕、中华脑纽虫和珠带拟蟹守螺；稀有种 7 种，包括彩拟蟹守螺、日本刺沙蚕、斑助拟滨螺、波纹滨螺、彩虹明樱蛤、双齿围沙蚕和伍氏拟厚蟹。

2023 年夏季，大型底栖动物群落优势种 2 种，分别为尖锥拟蟹守螺和弧边招潮蟹；重要种 7 种，包括绯拟沼螺、红螯螳臂相手蟹、微黄镰玉螺、天津厚蟹、长足长方蟹、红树拟蟹守螺和米氏耳螺；常见种 2 种，包括弹涂鱼和日本大眼蟹；一般种 3 种，包括泥螺、短拟沼螺和中国耳螺。

2023 年秋季，大型底栖动物群落优势种 2 种，依次为尖锥拟蟹守螺、弹涂鱼；重要种 6 种，依次为长足长方蟹、弧边招潮蟹、拟穴青蟹、天津厚蟹、绯拟沼螺和红螯螳臂相手蟹；常见种 4 种，依次为微黄镰玉螺、米氏耳螺、红树拟蟹守螺、全刺沙蚕；一般种 5 种，依次为缢蛏、橄榄织纹螺、中华栉孔虾虎鱼、日本鼓虾、丝异须虫。

2023 年冬季，大型底栖动物群落优势种仅为绯拟沼螺 1 种；重要种 3 种，依次为红树拟蟹守螺、珠带拟蟹守螺、菲律宾蛤仔；常见种 4 种，依次为斑点拟相手蟹、弹涂鱼、长足长方蟹和尖锥拟蟹守螺；一般种仅为微黄镰玉螺 1 种。

2024 年春季，大型底栖动物群落优势种 2 种，分别为绯拟沼螺、尖锥拟蟹守螺；重要种 5 种，依次为红螯螳臂相手蟹、长足长方蟹、米氏耳螺、微黄镰玉螺和弧边招潮蟹；常见种 5 种，依次为缢蛏、天津厚蟹、红树拟蟹守螺、婆罗囊螺和波纹滨螺；一般种 3 种，依次为弓獭蛤、彩虹明樱蛤和日本刺沙蚕；稀有种仅为双齿围沙蚕 1 种。

2024 年夏季，大型底栖动物群落优势种 4 种，依次为尖锥拟蟹守螺、弧边招潮蟹、红螯螳臂相手蟹和长足长方蟹；重要种仅为红树拟蟹守螺 1 种；常见种 6 种，依次为弹涂鱼、绯拟沼螺、米氏耳螺、微黄镰玉螺、天津厚蟹和黑口拟滨螺；一般种 2 种，分别为伍式拟厚蟹和大弹涂鱼。

综上所述，2021 年秋季至 2024 年夏季大型底栖动物调查与研究得出，各季节大型底栖动物群落优势种和重要种的种类变化较小，在 2021 年秋季至 2024 年夏季 12 季度的调查中，优势种为 1~4 种，重要种在三年调查中为 1~7 种，常见种和一般种各有种类和数量的变化，在 2021 年秋季、2023 年春季以及 2024 年春季分别发现 3 种、7 种和 1 种稀有种。

(三) 优势种和重要种季节变化

红螯螳臂相手蟹、弧边招潮蟹和尖锥拟蟹守螺在四季均为优势种或重要种;微黄镰玉螺在 2021 年秋季、2022 年春季和 2022 年夏季三季为优势种或重要种;弹涂鱼、大鳍弹涂鱼和长足长方蟹在 2021 年秋季和 2021 年冬季 2 季为优势种或重要种;绯拟沼螺在 2021 年秋季和 2022 年春季 2 季为优势种或重要种;天津厚蟹仅在 2022 年春季为重要种,日本大眼蟹仅在 2021 年冬季为重要种,伍氏拟厚蟹仅在 2022 年夏季为重要种;2022 年春季至 2023 年夏季优势种和重要种变化情况如下:微黄镰玉螺、尖锥拟蟹守螺和绯拟沼螺在四季均为优势种或重要种;弧边招潮蟹和长足长方蟹在 2022 年秋季、2023 年春季和 2023 年夏季三季为优势种或重要种;天津厚蟹分别在 2023 年春季和 2023 年夏季 2 季为重要种;红螯螳臂相手蟹在 2022 年秋季和 2023 年夏季 2 季为重要种;狭颚新绒螯蟹仅在 2022 年冬季为重要种,红树拟蟹守螺仅在 2023 年夏为重要种,弹涂鱼仅在 2022 年秋季为重要种,米氏耳螺仅在 2023 年夏季为重要种;2023 年春季至 2024 年夏季优势种和重要种变化情况如下:长足长方蟹、尖锥拟蟹守螺、红螯螳臂相手蟹和弧边招潮蟹在 2023 秋季、2024 年春季和 2024 年夏季 3 个季度均为优势种或重要种;弹涂鱼在 2023 年秋季为优势种;天津厚蟹和拟穴青蟹在 2023 年秋季重要种;红树拟蟹守螺、菲律宾蛤仔和珠带拟蟹守螺在 2023 年冬季为重要种;绯拟沼螺在 2023 年秋季为重要种;在 2023 年冬季和 2024 年春季为优势种;米氏耳螺和微黄镰玉螺在 2024 年春季为重要种。

综上所述,优势种和重要种在 12 个季节中数量变化不大,物种种类有一定差异,其中尖锥拟蟹守螺、长足长方蟹、弧边招潮蟹、绯拟沼螺、红螯螳臂相手蟹和微黄镰玉螺在 12 个季度中多为优势种或者重要种。

(四) 大型底栖动物生物量和丰度

1. 大型底栖动物各潮带间生物量平均值变化

2021 年秋季中潮带大型底栖动物生物量最高(176.78 g/m^2),低潮带大型底栖动物生物量最低(57.88 g/m^2);2021 年冬季低潮带大型底栖动物生物量最高(171.23 g/m^2),高潮带大型底栖动物生物量最低(111.78 g/m^2)。

2022 年春季中潮带大型底栖动物生物量最高(74.53 g/m^2),高潮带大型底栖动物生物量最低(51.19 g/m^2);2022 年夏季高潮带大型底栖动物生物量最高(196.40 g/m^2),低潮带大型底栖动物生物量最低(110.90 g/m^2);

2022 年秋季中潮带大型底栖动物生物量最高(98.50 g/m²),低潮带大型底栖动物生物量最低(35.37 g/m²);2022 年冬季高潮带大型底栖动物生物量最高(65.61 g/m²),低潮带大型底栖动物生物量最低(12.28 g/m²)。

2023 年春季高潮带大型底栖动物生物量最高(175.01 g/m²),中潮带大型底栖动物生物量最低(122.02 g/m²);2023 年夏季中潮带大型底栖动物生物量最高(102.12 g/m²),高潮带大型底栖动物生物量最低(37.56 g/m²);2023 年秋季低潮带大型底栖动物生物量最高(22.8 g/m²),中潮带大型底栖动物生物量最低(13.3 g/m²);2023 年冬季高潮带大型底栖动物生物量最高(77.4 g/m²),低潮带大型底栖动物生物量最低(24.7 g/m²)。

2024 年春季中潮带大型底栖动物生物量最高(505.8 g/m²),低潮带大型底栖动物生物量最低(280.5 g/m²);2024 年夏季低潮带大型底栖动物生物量最高(452.9 g/m²),高潮带大型底栖动物生物量最低(342.2 g/m²)。

2. 大型底栖动物各潮带间丰度平均值变化

2021 年秋季中潮带大型底栖动物丰度最高(160.00 ind./m²),低潮带大型底栖动物丰度最低(69.33 ind./m²);2021 年冬季高潮带大型底栖动物丰度最高(191.11 ind./m²),中潮带大型底栖动物丰度最低(75.85 ind./m²)。

2022 年春季高潮带大型底栖动物丰度最高(137.78 ind./m²),低潮带大型底栖动物丰度最低(80.00 ind./m²);2022 年夏季中潮带大型底栖动物丰度最高(84.74 ind./m²),高潮带大型底栖动物丰度最低(71.11 ind./m²);2022 年秋季中潮带大型底栖动物丰度最高(111.36 ind./m²),高潮带大型底栖动物丰度最低(48 ind./m²);2022 年冬季高潮带大型底栖动物丰度最高(98.81 ind./m²),低潮带大型底栖动物丰度最低(17.78 ind./m²)。

2023 年春季高潮带大型底栖动物丰度最高(243.20 ind./m²),低潮带大型底栖动物丰度最低(203.64 ind./m²);2023 年夏季中潮带大型底栖动物丰度最高(76.44 ind./m²),高潮带大型底栖动物丰度最低(54.52 ind./m²)。2023 年秋季低潮带大型底栖动物丰度最高(38.5 ind./m²),中潮带大型底栖动物丰度最低(22.5 ind./m²);2023 年冬季高潮带大型底栖动物丰度最高(21.9 ind./m²),低潮带大型底栖动物丰度最低(10.1 ind./m²)。

2024 年春季高潮带大型底栖动物丰度最高(76.4 ind./m²),低潮带大型底栖动物丰度最低(70.5 ind./m²);2024 年夏季高潮带大型底栖动物丰度最高(211.8 ind./m²),低潮带大型底栖动物丰度最低(177 ind./m²)。

(五)大型底栖动物物种多样性变化

2021 年秋季至 2024 年夏季 3 年 12 季调查与研究得出大型底栖动物群

落均匀度指数（J'）变化特征为：2021年秋季，中潮带（3.75）＞低潮带（3.00）＞高潮带（2.69）；2021年冬季，中潮带（3.92）＞高潮带（3.27）＞低潮带（2.98）；2022年春季，高潮带（4.27）＞低潮带（3.15）＞中潮带（1.86）；2022年夏季，低潮带（2.14）＞中潮带（2.02）＞高潮带（1.83）；2022年秋季，高潮带（2.96）＞低潮带（2.32）＞中潮带（1.75）；2022年冬季，中潮带（2.10）＞低潮带（1.12）＞高潮带（1.58）；2023年春季，中潮带（3.34）＞高潮带（2.10）＞低潮带（1.95）；2023年夏季，高潮带（2.65）＞低潮带（1.74）＞中潮带（1.65）；2023年秋季，中潮带（3.57）＞高潮带（2.66）＞低潮带（2.40）；2023年冬季，低潮带（1.77）＞中潮带（0.97）＞高潮带（0.83）；2024年春季，低潮带（2.51）＞中潮带（2.05）＞低潮带（2.06）；2024年夏季，高潮带（2.38）＞中潮带（2.23）＞低潮带（1.24）。

2021年秋季至2024年夏季3年12季调查与研究得出大型底栖动物群落丰富度指数（D）变化特征为：2021年秋季，低潮带（0.90）＞高潮带（0.78）＞中潮带（0.66）；2021年冬季，低潮带（0.79）＞高潮带（0.74）＞中潮带（0.67）；2022年春季，低潮带（0.78）＞高潮带（0.73）＞中潮带（0.62）；2022年夏季，低潮带（0.87）＞高潮带（0.82）＞中潮带（0.79）；2022年秋季，高潮带（0.84）＞低潮带（0.70）＞中潮带（0.57）；2022年冬季，低潮带（0.86）＞中潮带（0.65）＞高潮带（0.56）；2023年春季，高潮带（0.61）＞中潮带（0.59）＞低潮带（0.54）；2023年夏季，中潮带（0.812）＞高潮带（0.81）＞低潮带（0.80）；2023年秋季，高潮带（0.85）＞中潮带（0.83）＞低潮带（0.77）；2023年冬季，低潮带（0.84）＞中潮带（0.72）＞高潮带（0.67）；2024年春季，低潮带（0.84）＞中潮带（0.78）＞低潮带（0.68）；2024年夏季，高潮带（0.86）＞中潮带（0.84）＞低潮带（0.83）。

2021年秋季至2024年夏季四季，各季节大型底栖动物群落的Shannon-Wiener多样性指数值（H'）变化特征为：2021年秋季，低潮带（2.24）＞高潮带（2.07）＞中潮带（2.06）；2021年冬季，中潮带（2.22）＞低潮带（2.03）＞高潮带（1.90）；2022年春季，中潮带（2.26）＞低潮带（1.99）＞高潮带（1.72）；2022年夏季，中潮带（1.96）＞低潮带（1.90）＞高潮带（1.74）；2022年秋季，高潮带（2.22）＞低潮带（1.74）＞中潮带（1.31）；2022年冬季，（1.50）＞低潮带（1.38）＞高潮带（1.24）；2023年春季，中潮带（1.78）＞高潮带（1.58）＞低潮带（1.35）；2023年夏季，高潮带（2.07）＞中潮带（1.78）＞低潮带（1.76）；2023年秋季，中潮带（3.15）＞高潮带（3.05）＞低潮带（2.68）；2023年冬季，低潮带（2.16）＞中潮带（1.43）＞高潮带（1.34）；2024年春季，低潮带（3.10）＞中潮带（2.70）＞高潮带（2.35）；2024年夏季，高潮带

(2.97)＞中潮带(2.74)＞低潮带(2.14)。

(六) ABC 曲线

如图 6-2 所示，2021 年秋季大型底栖动物群落 ABC 曲线呈现生物量曲线和丰度曲线的起点相接近，优势度差距不明显，最后逐渐重合，这说明秋季群落处于稳定状态（W 值为 0.041）。

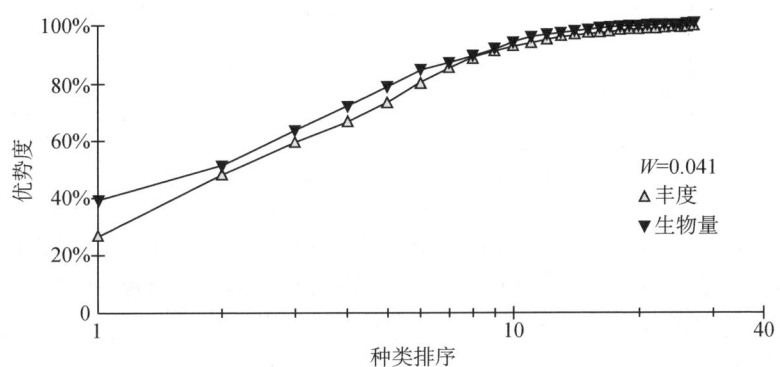

图 6-2　2021 年秋季大型底栖动物群落 ABC 曲线

如图 6-3 所示，2021 年冬季大型底栖动物群落 ABC 曲线呈现生物量曲线的起点略低于丰度曲线，这说明 2021 年冬季生物总体个体稍小、数量稍多，而之后生物量曲线与丰度曲线逐渐重合并出现交叉现象，这说明冬季群落处于较稳定状态（W 值为 0.057）。

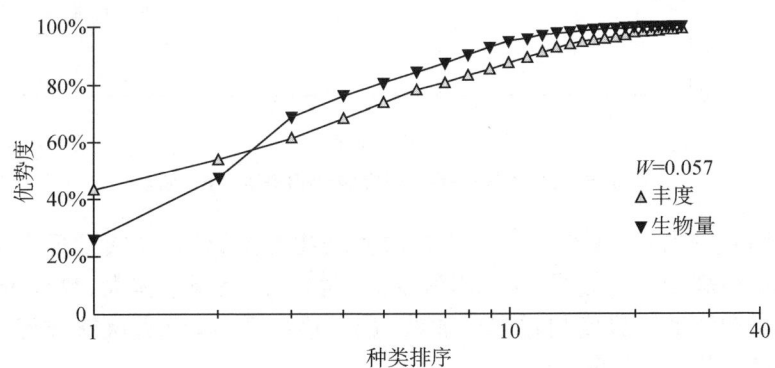

图 6-3　2021 年冬季大型底栖动物群落 ABC 曲线

如图 6-4 所示，2022 年春季大型底栖动物群落 ABC 曲线呈现生物量曲线的起点和丰度曲线重合，而之后生物量曲线和丰度曲线逐渐重合至相交，这说明春季群落处于较稳定状态（W 值 0.043）。

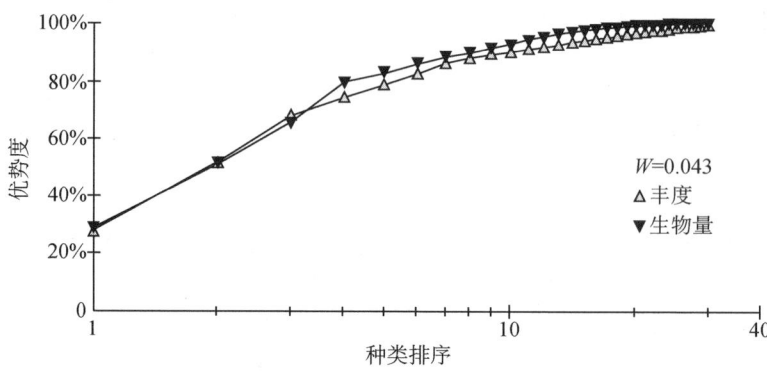

图 6-4　2022 年春季大型底栖动物群落 ABC 曲线

如图 6-5 所示，2022 年夏季大型底栖动物群落 ABC 曲线呈现生物量曲线的起点高于丰度曲线，这说明秋季的生物总体个体大、数量少，而之后生物量曲线的优势度超过丰度曲线，最后出现相交，说明秋季群落处于稳定状态（W 值为 0.119）。

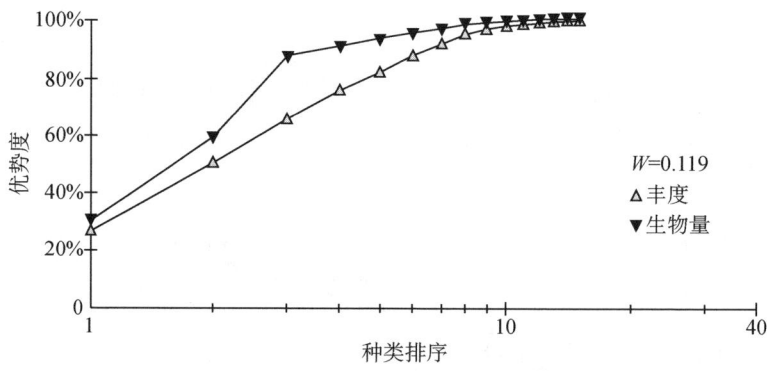

图 6-5　2022 年夏季大型底栖动物群落 ABC 曲线

如图 6-6 所示，2022 年秋季大型底栖动物群落 ABC 曲线呈现生物量曲线的起点略高于丰度曲线，这说明秋季的生物总体呈现个体大、数量少，而之后生物量曲线的优势度超过丰度曲线，最后逐渐重合，说明秋季群落处于稳定状态（W 值为 0.125）。

如图 6-7 所示，2022 年冬季大型底栖动物群落 ABC 曲线呈现生物量曲线和丰度曲线的起点相接近，优势度差距不明显，之后生物量曲线的优势度超过丰度曲线，出现相交，最后逐渐重合，这说明冬季群落处于较稳定状态（W 值为 0.072）。

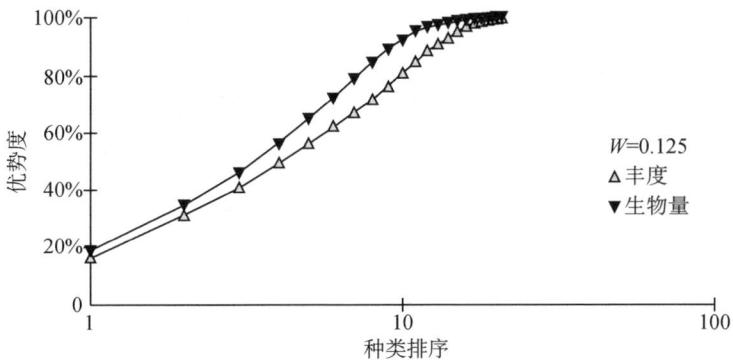

图 6-6　2022 年秋季大型底栖动物群落 ABC 曲线

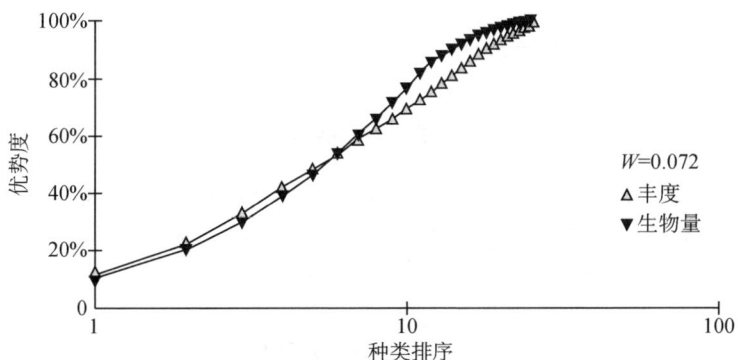

图 6-7　2022 年冬季大型底栖动物群落 ABC 曲线

如图 6-8 所示,2023 年春季大型底栖动物群落 ABC 曲线呈现生物量曲线和丰度曲线的起点相接近,优势度差距不明显,而之后生物量曲线与丰度曲线逐渐重合并出现交叉现象,这说明春季群落处于较稳定状态(W 值为 0.072)。

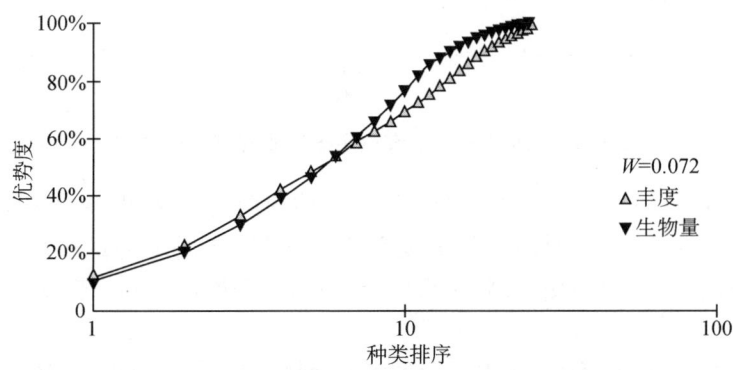

图 6-8　2023 年春季大型底栖动物群落 ABC 曲线

如图 6-9 所示,2023 年夏季大型底栖动物群落 ABC 曲线呈现生物量曲线的起点高于丰度曲线,这说明夏季的生物总体个体大、数量少,而之后生物量曲线的优势度超过丰度曲线,最后出现相交,说明夏季群落处于稳定状态(W 值为 0.238)。

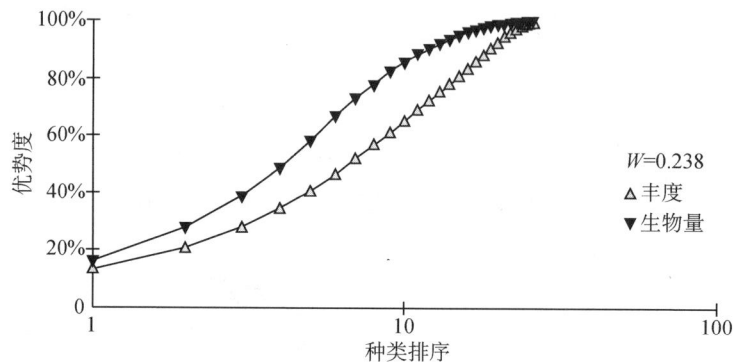

图 6-9　2023 年夏季大型底栖动物群落 ABC 曲线

如图 6-10 所示,2023 年秋季大型底栖动物群落 ABC 曲线呈现生物量曲线的起点略高于丰度曲线,这说明秋季的生物总体个体大、数量少,最后逐渐重合,说明秋季群落处于较稳定状态(W 值为 0.098)。

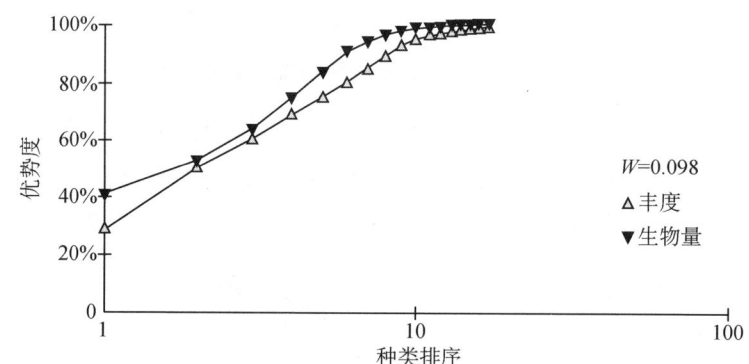

图 6-10　2023 年秋季大型底栖动物群落 ABC 曲线

如图 6-11 所示,2023 年冬季大型底栖动物群落 ABC 曲线呈现生物量曲线和丰度曲线的起点相接近,优势度差距不明显,之后生物量曲线的优势度超过丰度曲线,出现相交,最后逐渐重合,说明冬季群落受到了轻度的干扰(W 值为 -0.075)。

如图 6-12 所示,2024 年春季大型底栖动物群落 ABC 曲线呈现生物量曲线

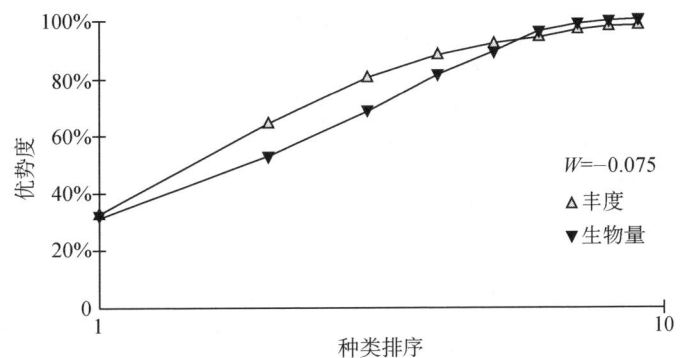

图 6-11 2023 年冬季大型底栖动物群落 ABC 曲线

和丰度曲线的起点相接近,优势度差距不明显,而之后生物量曲线与丰度曲线逐渐重合并出现交叉现象,说明春季群落受到了轻度的干扰(W 值为 0.04)。

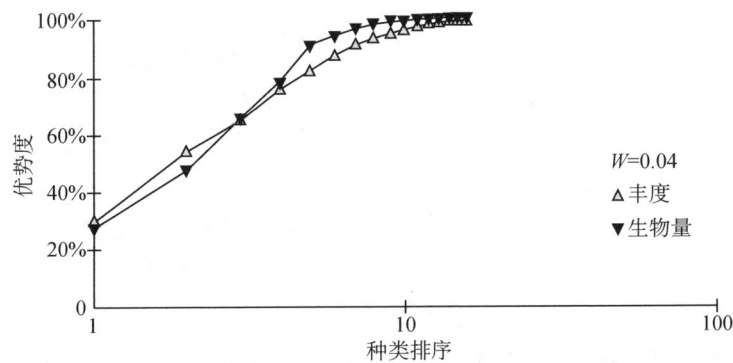

图 6-12 2024 年春季大型底栖动物群落 ABC 曲线

如图 6-13 所示,2024 年夏季大型底栖动物群落 ABC 曲线呈现生物量曲线的起点高于丰度曲线,这说明夏季的生物总体个体大、数量少,而之后生物量曲线的优势度超过丰度曲线,最后出现相交,说明夏季群落处于稳定状态(W 值为 0.191)。

综上所述,3 年的调查与研究表明冬季和春季大型底栖动物群落受到了轻度干扰,秋季和夏季群落处于较稳定状态。由于秋茄的凋落物等为大型底栖动物提供丰富的饵料,而秋茄林又为其提供了良好的栖息环境,尤其在夏季环境温度较高,为大型底栖动物营造了更加适宜的环境条件,从而促进了大型底栖动物群落的稳定。因此,秋茄林大型底栖动物群落受环境温度影响较大,但是总体上具有良好的稳定性。

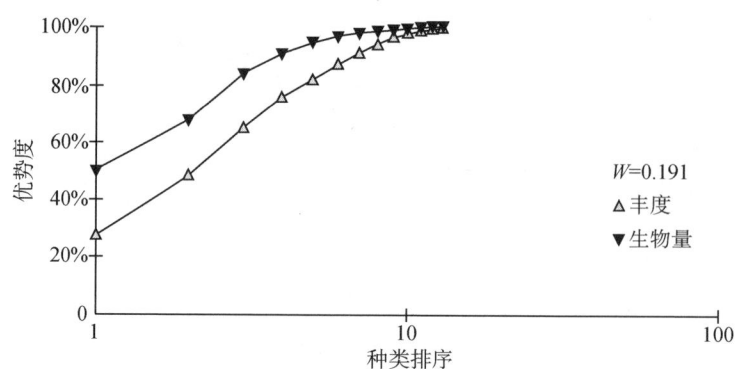

图 6-13　2024 年夏季大型底栖动物群落 ABC 曲线

(七) 生态位

1. 生态位宽度

2021 年秋季至 2024 年夏季四季大型底栖动物物种数拥有 15~30 种,物种数较多,现仅选取优势种、重要种作为主要种类进行生态宽度的计算。根据计算的大型底栖动物生态位宽度值的变化趋势对其生态位进行广生态位种、中生态位种及窄生态位种划分。

如图 6-14 所示,2021 年秋季,大型底栖动物的生态位宽度值变化范围为 0.77~2.57,分为广生态位种($B_i \geq 1.95$)、中生态位种($1.00 \leq B_i < 1.95$)及窄生态位种($0 < B_i < 1.95$)。其中,广生态位种包括弧边招潮蟹、大鳍弹涂鱼和长足长方蟹 3 种;中生态位种包括弹涂鱼、红螯螳臂相手蟹、绯拟沼螺和尖锥拟蟹守螺 4 种;窄生态位种仅微黄镰玉螺 1 种。

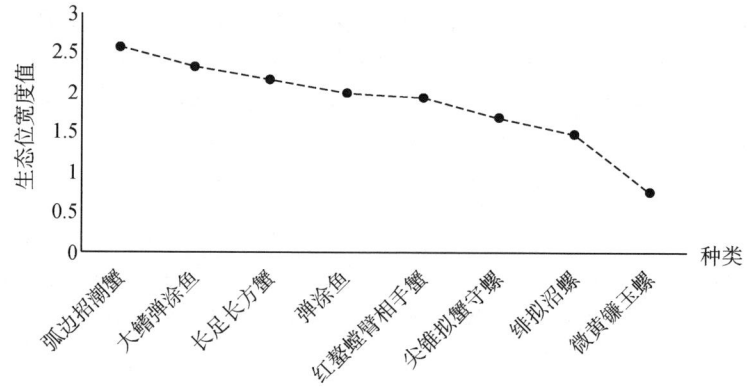

图 6-14　2021 年秋季大型底栖动物生态位宽度值

如图 6-15 所示,2021 年冬季,大型底栖动物的生态位宽度值变化范围为 1.42～2.40,分为广生态位种($B_i \geqslant 2.24$)、中生态位种($1.60 \leqslant B_i < 2.24$)及窄生态位种($0 < B_i < 1.60$)。其中,广生态位种包括弧边招潮蟹、尖锥拟蟹守螺和弹涂鱼 3 种;中生态位种包括大鳍弹涂鱼和长足长方蟹 2 种;窄生态位种包括红螯螳臂相手蟹和日本大眼蟹 2 种。

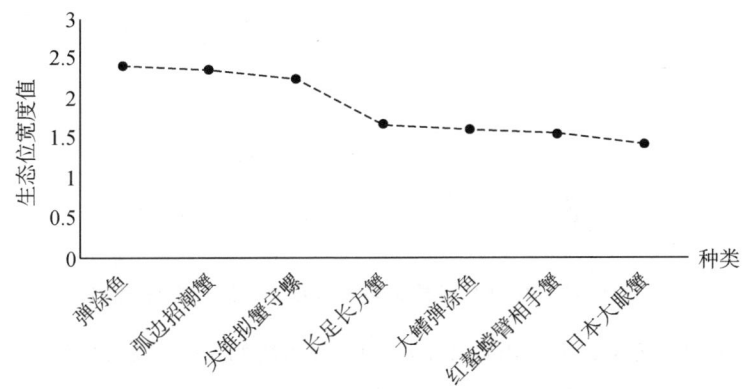

图 6-15　2021 年冬季大型底栖动物生态位宽度值

如图 6-16 所示,2022 年春季,大型底栖动物的生态位宽度值变化范围为 0.69～2.07,分为广生态位种($B_i \geqslant 1.80$)、中生态位种($1.30 \leqslant B_i < 1.80$)及窄生态位种($0 < B_i < 1.30$)。其中,广生态位种仅微黄镰玉螺 1 种;中生态位种包括尖锥拟蟹守螺、弧边招潮蟹、绯拟沼螺和红螯螳臂相手蟹 4 种;窄生态位种仅天津厚蟹 1 种。

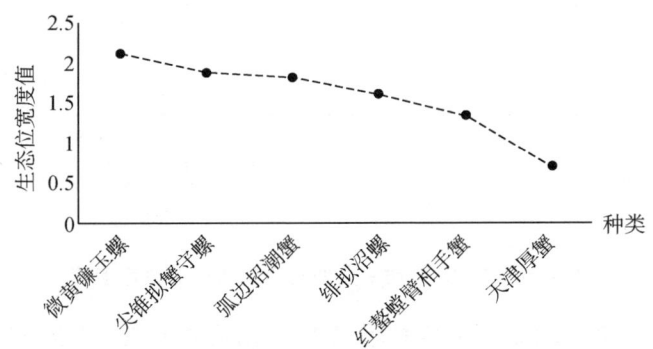

图 6-16　2022 年春季大型底栖动物生态位宽度值

如图 6-17 所示,2021 年夏季,大型底栖动物的生态位宽度值变化范围为 0.94～2.49,分为广生态位种($B_i \geqslant 1.90$)、中生态位种($1.00 \leqslant B_i < 1.90$)和

窄生态位种（$0<B_i<1.00$）。其中，广生态位种包括弧边招潮蟹、红螯螳臂相手蟹和长足长方蟹3种；中生态位种包括伍氏拟厚蟹和微黄镰玉螺2种；窄生态位种仅尖锥拟蟹守螺1种。

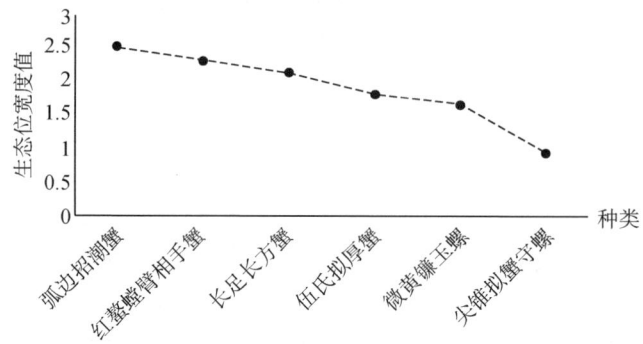

图 6-17 2022 年夏季大型底栖动物生态位宽度值

如图 6-18 所示，2022 年秋季，大型底栖动物的生态位宽度值变化范围为 0.87～2.30，分为广生态位种（$B_i \geqslant 2.03$）、中生态位种（$1.48 \leqslant B_i < 2.03$）及窄生态位种（$0<B_i<1.48$）。其中，广生态位种包括绯拟沼螺、弧边招潮蟹、红螯螳臂相手蟹和长足长方蟹4种；中生态位种包括弹涂鱼、微黄镰玉螺和彩拟蟹守螺3种；窄生态位种仅尖锥拟蟹守螺1种。

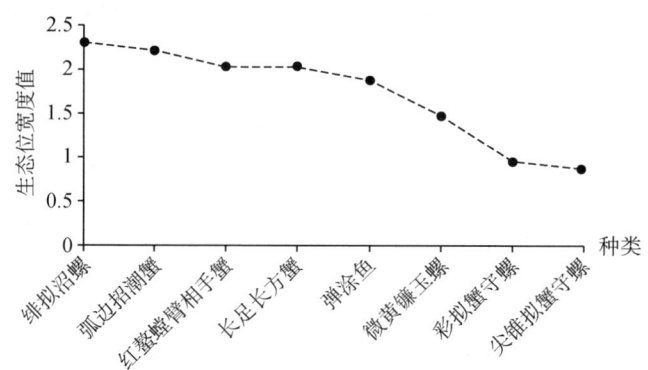

图 6-18 2022 年秋季大型底栖动物生态位宽度值

如图 6-19 所示，2022 年冬季，大型底栖动物的生态位宽度值变化范围为 0.10～2.01，分为广生态位种（$B_i \geqslant 1.80$）、中生态位种（$1.06 \leqslant B_i < 1.80$）及窄生态位种（$0<B_i<1.06$）。其中，广生态位种包括绯拟沼螺、尖锥拟蟹守螺2种；中生态位种包括微黄镰玉螺和狭颚新绒螯蟹2种；窄生态位种包括弧边招潮蟹和米氏耳螺2种。

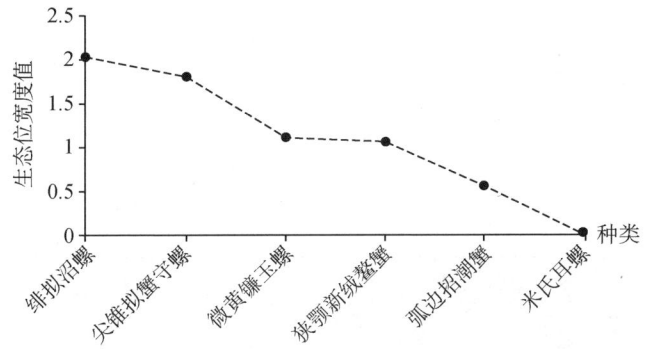

图 6-19　2022 年冬季大型底栖动物生态位宽度值

如图 6-20 所示,2023 年春季,大型底栖动物的生态位宽度值变化范围为 0.00~2.40,分为广生态位种($B_i \geqslant 2.21$)、中生态位种($1.15 \leqslant B_i < 2.21$)和窄生态位种($0 < B_i < 1.15$)。其中,广生态位种包括绯拟沼螺、尖锥拟蟹守螺、微黄镰玉螺和弧边招潮蟹 4 种;中生态位种包括长足长方蟹和天津厚蟹 2 种;窄生态位种包括全刺沙蚕、仿樱蛤和红螯螳臂相手蟹 3 种。

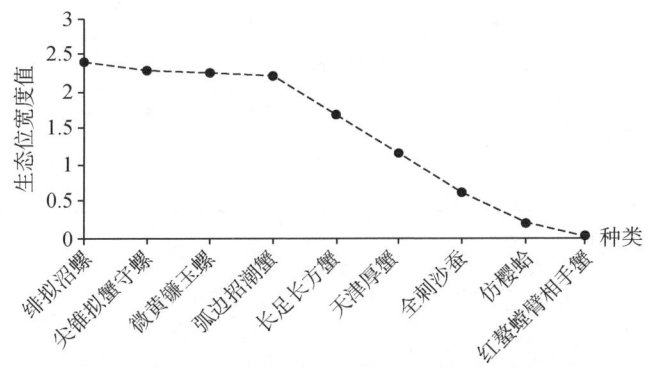

图 6-20　2023 年春季大型底栖动物生态位宽度值

如图 6-21 所示,2023 年夏季,大型底栖动物的生态位宽度值变化范围为 0.21~2.91,分为广生态位种($B_i \geqslant 2.07$)、中生态位种($1.55 \leqslant B_i < 2.07$)和窄生态位种($0.21 < B_i < 1.55$)。其中,广生态位种包括弧边招潮蟹、红螯螳臂相手蟹和尖锥拟蟹守螺 3 种;中生态位种包括绯拟沼螺、天津厚蟹和长足长方蟹 3 种;窄生态位种包括微黄镰玉螺、红树拟蟹守螺和米氏耳螺 3 种。

如图 6-22 所示,2023 年秋季,大型底栖动物的生态位宽度值变化范围为 1.21~2.66,总体呈现较为显著的分段现象。基于此,大型底栖动物群落分为 3 类,即广生态位种($B_i \geqslant 2.00$)、中生态位种($1.00 \leqslant B_i < 2.00$)和窄生态

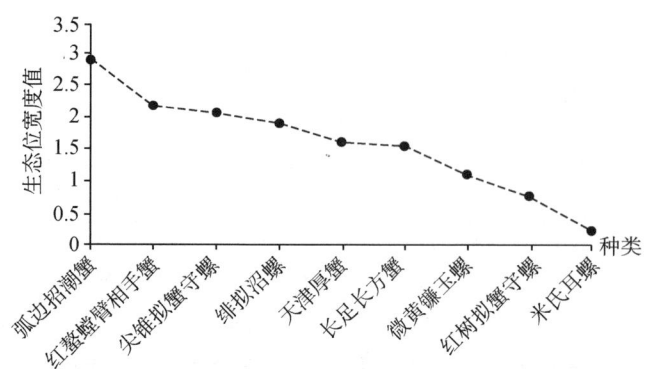

图 6-21 2023 年夏季大型底栖动物生态位宽度值

位种（$0 < B_i < 1.00$）。其中，广生态位种包括弹涂鱼、弧边招潮蟹和长足长方蟹 3 种；中生态位种包括尖锥拟蟹守螺、绯拟沼螺和红螯螳臂相手臂 3 种；窄生态位种天津厚蟹 1 种。

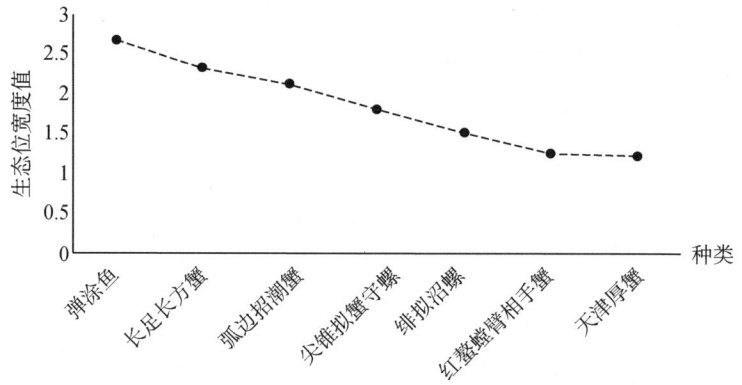

图 6-22 2023 年秋季大型底栖动物生态位宽度值

如图 6-23 所示，2023 年冬季，大型底栖动物的生态位宽度值变化范围为 0.69～2.28，分为广生态位种（$B_i \geq 2.00$）、中生态位种（$1.00 \leq B_i < 2.00$）及窄生态位种（$0 < B_i < 1.00$）。其中，广生态位种包括绯拟沼螺 1 种；中生态位种红树拟蟹守螺 1 种；窄生态位种包括珠带拟蟹守螺 1 种。

如图 6-24 所示，2024 年春季，大型底栖动物的生态位宽度值变化范围为 1.04～2.34，分为广生态位种（$B_i \geq 2.00$）、中生态位种（$1.00 \leq B_i < 2.00$）和窄生态位种（$0 < B_i < 1.00$）。其中，广生态位种包括绯拟沼螺、尖锥拟蟹守螺和弧边招潮蟹 3 种；中生态位种包括长足长方蟹、微黄镰玉螺、米氏耳螺和红螯螳臂相手蟹 4 种。

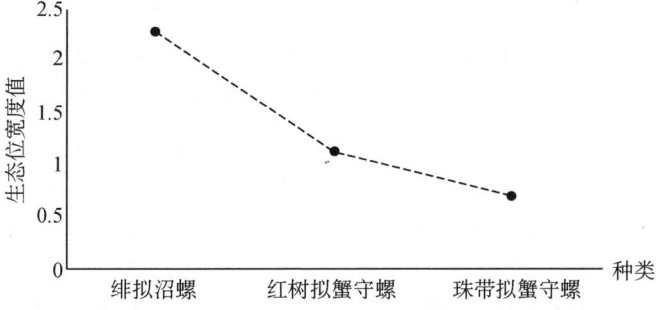

图 6-23　2023 年冬季大型底栖动物生态位宽度值

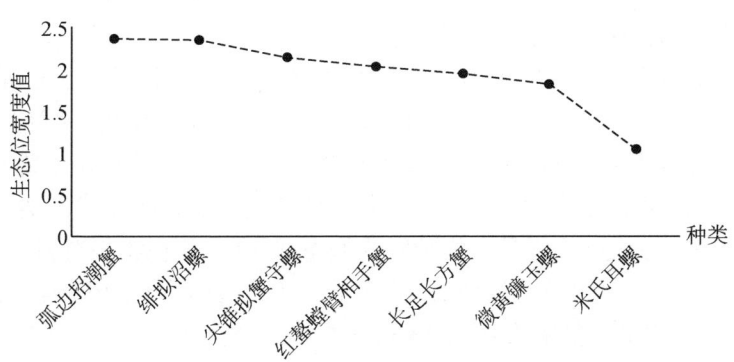

图 6-24　2024 年春季大型底栖动物生态位宽度值

如图 6-25 所示，2024 年夏季，大型底栖动物的生态位宽度值变化范围为 1.24~2.59，分为广生态位种（$B_i \geqslant 2.00$）、中生态位种（$1.00 \leqslant B_i < 2.00$）和窄生态位种（$0.00 < B_i < 1.00$）。其中，广生态位种包括弧边招潮蟹、红螯螳臂相手蟹、长足长方蟹和尖锥拟蟹守螺 4 种；中生态位种包括红树拟蟹守螺 1 种。

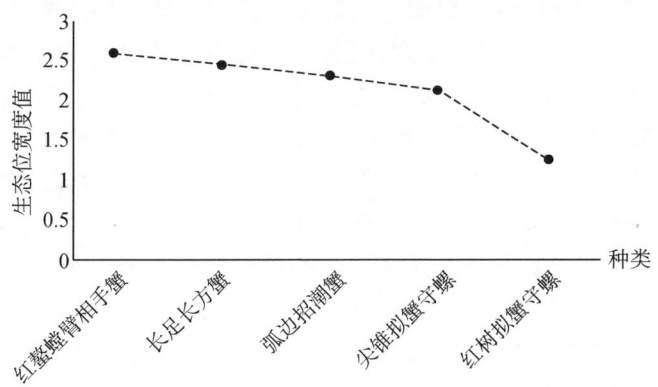

图 6-25　2024 年夏季大型底栖动物生态位宽度值

2. 生态位重叠

四季大型底栖动物物种数有 15~30 种,为了重点研究群落中影响较大的物种间生态位重叠关系,选取其中的优势种和重要种进行种对间的生态位重叠研究,将其作为主要种类代表大型底栖动物群落物种间的生态位重叠关系。

2021 年秋季大型底栖动物主要种类的种对共 28 对,其生态位重叠范围为 0.000~0.556,其中生态位重叠值最小的种对为微黄镰玉螺-弹涂鱼,最大的种对为尖锥拟蟹守螺-弧边招潮蟹;2021 年冬季大型底栖动物主要种类的种对共 15 对,其生态位重叠范围为 0.000~0.676,其中生态位重叠值最小的种对为大鳍弹涂鱼-红螯相手蟹、大鳍弹涂鱼-尖锥拟蟹守螺、大鳍弹涂鱼-长足长方蟹及大鳍弹涂鱼-弧边招潮蟹,最大的种对为长足长方蟹-弧边招潮蟹。

2022 年春季大型底栖动物主要种类的种对共 15 对,其生态位重叠范围为 0.000~0.442,其中生态位重叠值最小的种对为绯拟沼螺-天津厚蟹及天津厚蟹-红螯螳臂相手蟹,最大的种对为尖锥拟蟹守螺-微黄镰玉螺;2022 年夏季大型底栖动物主要种类的种对共 6 对,其生态位重叠范围为 0.000~0.674,其中生态位重叠值最小的种对为微黄镰玉螺-伍氏拟厚蟹,最大的种对为弧边招潮蟹-伍氏拟厚蟹;2022 年秋季大型底栖动物主要种类的种对共 28 对,其生态位重叠范围为 0.000~0.690,其中生态位重叠值最小的种对为微黄镰玉螺-彩拟蟹守螺,最大的种对为红螯螳臂相手蟹-彩拟蟹守螺;2022 年冬季大型底栖动物主要种类的种对共 15 对,其生态位重叠范围为 0.000~0.802,其中生态位重叠值最小的种对为狭颚新绒螯蟹-绯拟沼螺、弧边招潮蟹-米氏耳螺、狭颚新绒螯蟹-微黄镰玉螺,最大的种对为米氏耳螺-绯拟沼螺。

2023 年春季大型底栖动物主要种类的种对共 36 对,其生态位重叠范围为 0.000~0.543,其中生态位重叠值最小的种对为弧边招潮蟹-仿樱蛤、全刺沙蚕-仿樱蛤、全刺沙蚕-绯拟沼螺,最大的种对为尖锥拟蟹守螺-弧边招潮蟹;2023 年夏季大型底栖动物主要种类的种对共 36 对,其生态位重叠范围为 0.000~0.664,其中生态位重叠值最小的种对为微黄镰玉螺-天津厚蟹、长足长方蟹-天津厚蟹、米氏耳螺-尖锥拟蟹守螺,最大的种对为弧边招潮蟹-天津厚蟹;2023 年秋季大型底栖动物主要种类的种对共 21 对,其生态位重叠范围为 0.00~0.54,其中生态位重叠值最小的种对为长足长方蟹-红螯螳臂相手蟹、弧边招潮蟹-绯拟沼螺、弧边招潮蟹-尖锥拟蟹守螺、弧边招潮蟹-天津厚蟹,最大的种对为长足长方蟹-弧边招潮蟹;2023 年冬季大型底栖动物主要种类的种对共 2 对,其生态位重叠范围为 0.00~0.00,其中生态位重叠值最小的种对为珠带拟蟹守螺-绯拟沼螺、珠带拟蟹守螺-红树拟蟹守螺、红树拟蟹守螺-绯拟沼螺。

2024年春季大型底栖动物主要种类的种对共15对,其生态位重叠范围为0.00~0.49,其中生态位重叠值最小的种对为长足长方蟹-米氏耳螺、微黄镰玉螺-米氏耳螺,最大的种对为尖锥拟蟹守螺-弧边招潮蟹;2024年夏季大型底栖动物主要种类的种对共10对,其生态位重叠范围为0.03~0.99,其中生态位重叠值最小的种对为长足长方蟹-尖锥拟蟹守螺,最大的种对为红树拟蟹守螺-红螯螳臂相手蟹。

综上所述,随着秋茄生长成林,生态环境渐趋稳定,红树林生态系统为大型底栖动物提供了良好的繁衍生长栖息场所,尤其是红树林凋落物为尖锥拟蟹守螺和弧边招潮蟹这类红树林区特征种提供丰富饵料,这类物种就成为广生态位种。窄生态位种多为常见种或一般种。生态位重叠度低的种对内物种间关于营养资源(如食物等)与环境空间(如栖息地等)的竞争弱,重叠度高的种对内物种间关于营养资源(如食物等)与环境空间(如栖息地等)的竞争强,而且种对内两物种往往在群落内的优势程度高,这可能与群落内的优势度高的物种在生境中分布均匀度高有关。

三、结论

(一) 物种组成

鳌江南岸秋茄林区大型底栖动物种类以腹足纲与软甲纲物种为主,其他物种交替出现的群落种类组成格局;秋茄林种植区域种类数总体上明显高于光滩区,而且新林区总体上高于老林区,更高于光滩区。这表明秋茄新林生境随着秋茄生长渐趋稳定,更加适宜大型底栖动物栖息,新林区生境既有优于老林区的底质条件,又具备优于老林区和光滩区丰富的饵料基础,尤其是相较于老林区底质存在一定程度板结的不利生境,新林区更适于大型底栖动物栖息,随着老林区的生境趋于稳定,其生态功能具有更大的外溢辐射效益。

(二) 优势种

秋茄林的种植使得潮间带产生淤积,尤其是高潮带生境发生了逐渐淤积和板结,不利于软体动物等栖息,同时也为节肢动物提供更加丰富的饵料等适宜条件,导致其栖息地生境较大的变化,促进了大型底栖动物群落组成发生了更替,优势种、重要种、常见种等组成发生变化,其中优势种呈现由软体动物腹足纲种类向节肢动物门软甲纲种类更替的趋势。

(三) 丰度和生物量

鳌江南岸秋茄林区大型底栖动物四季变化特征相同。其中,春、秋 2 季大型底栖动物的物种丰度和生物量总体高于夏、冬 2 季,且秋茄林生境无论是物种丰度还是生物量均大于光滩区域。这是秋茄林为节肢动物等大型底栖动物提供了丰富饵料基础和优越的栖息生境,还为其提供优于光滩区的栖息场所等。总体而言,秋茄林的栽种建设对滩涂生态修复与治理具有积极作用。

(四) 物种多样性

鳌江南岸秋茄林区高潮带、中潮带、低潮带三个潮带大型底栖动物群落的物种多样性指数总体上呈现中潮带高于高潮带及低潮带,这符合大型底栖动物群落物种分布的客观特征。关于这种特征,新林区较老林区尤其是光滩区更显著。另外,秋茄区的物种多样性远高于光滩生境,这表明秋茄林区尤其是新林区生境更加适宜大型底栖动物栖息,秋茄的种植对滩涂生态环境的改善具有很大的作用。

(五) 群落受干扰程度

随着秋茄的生长年数增加,滩涂生态系统渐渐趋于稳定,大型底栖动物逐渐适应现有栖息环境,受干扰程度渐趋降低,群落结构稳定性也逐步提高,滩涂生态环境逐步得到改善,这正是秋茄林具有强大生态功能的体现,秋茄引种总体上对大型底栖动物群落资源的恢复起到重要的积极作用。

(六) 生态位

2021 年冬季弧边招潮蟹和长足长方蟹具有最高的生态位重叠值,这表明弧边招潮蟹和长足长方蟹喜好共同生活在潮间带泥沙质滩涂,栖息环境具有高度的同质性,同时两者均具有食性的高度相似性,此类原因导致其生态位竞争最为激烈,这也符合生境中物种间竞争的自然规律。2022 年秋季至 2023 年夏季,绯拟沼螺、尖锥拟蟹守螺和弧边招潮蟹为 3 季广生态位物种。2022 年冬季米氏耳螺和绯拟沼螺具有高度的生态位重叠值,这是米氏耳螺和绯拟沼螺生活环境具有同质性所致。另外,米氏耳螺与绯拟沼螺具有相似食性,竞争排斥作用使二者重叠程度变高。总之,秋茄林具有强大的生态功能,秋茄林的建设对潮间带大型底栖动物生态位拓宽总体上具有积极作用。

第七章
鳌江南岸滩涂红树林沉积物调查与研究

> 浙江海洋大学红树林生态团队基于2021年秋季至2024年夏季期间每季度进行1次鳌江南岸红树林生态系统沉积物的调查,通过对比分析,揭示鳌江秋茄林生态系统沉积物环境质量的动态变化趋势特征,揭示了3年间沉积物环境质量特征变化及其存在问题与成因机制。

一、调查研究内容及方法

(一) 调查内容

通过对龙港市河口红树林生态系统的沉积物、间隙水和表层水的理化性质调查,揭示了沉积物、间隙水和表层水的环境特征及其变化趋势。具体调查内容包括间隙水的总氮、总磷、总汞、砷、锌、铜、铅、铬、镉等,表层水的水温、盐度、pH值、溶解氧、硝酸盐、亚硝酸盐、活性磷酸盐、总氮和总磷,以及沉积物的总氮、总磷、总汞、砷、锌、铜、铅、铬、镉、有机碳等。

(二) 调查方法

1. 调查时间与频次

2021年秋季至2024年夏季共计12季次,每季度开展1次沉积物及其间隙水、表层水调查。调查范围为龙港市河口秋茄种植区域及外推的中潮带和低潮带。

2. 调查断面布设

如图7-1所示,设置9条断面,调查断面布设严格按照根据《海洋调查规范》《海洋监测规范》《海洋沉积物质量》和《红树林生态监测技术规程》的要求,共设9条断面(包括DQ1、DQ2、DQ3、DQ4、DQ5、DQ6、DQ7、DQ8、DQ9)。其中,在老树林、新树林及光滩区依次设置了2条断面(包括DQ5和DQ6)、

5条断面(包括 DQ1、DQ2、DQ3、DQ4 和 DQ7)及 2条断面(包括 DQ8 和 DQ9),并且在 9条断面上高、中、低三个潮带各布设 1 个站位,共计 27 个站位。

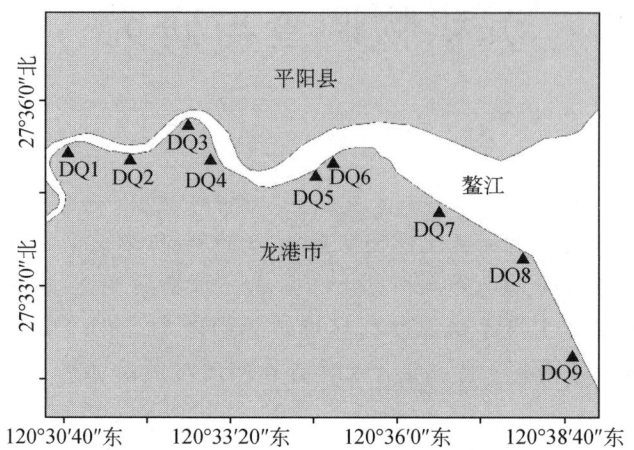

图 7-1　龙港河口红树林区沉积物及其间隙水调查断面布设

表 7-1　龙港河口红树林区沉积物及其间隙水调查断面布设经纬度

站位编号	经度(E)	纬度(N)	站位编号	经度(E)	纬度(N)
DQ1 高	120.512 625	27.588 626	DQ5 低	120.576 285	27.581 150
DQ1 中	120.512 574	27.588 711	DQ6 高	120.582 727	27.585 335
DQ1 低	120.512 697	27.589 42	DQ6 中	120.582 524	27.585 589
DQ2 高	120.528 453	27.586 197	DQ6 低	120.582 554	27.586 415
DQ2 中	120.532 451	27.583 040	DQ7 高	120.612 494	27.573 467
DQ2 低	120.532 408	27.583 080	DQ7 中	120.613 074	27.574 521
DQ3 高	120.512 624	27.588 621	DQ7 低	120.614 046	27.574 635
DQ3 中	120.543 708	27.594 785	DQ8 高	120.620 749	27.568 727
DQ3 低	120.543 657	27.594 983	DQ8 中	120.620 951	27.569 023
DQ4 高	120.512 146	27.588 435	DQ8 低	120.621 071	27.569 201
DQ4 中	120.512 096	27.588 495	DQ9 高	120.644 529	27.545 917
DQ4 低	120.512 052	27.588 651	DQ9 中	120.644 717	27.545 522
DQ5 高	120.576 579	27.580 711	DQ9 低	120.644 557	27.544 963
DQ5 中	120.576 429	27.580 942	—		

3. 沉积物及其间隙水样品采集和处理

1）沉积物采样和处理

根据《海洋调查规范》《海洋监测规范》《海洋沉积物质量》和《红树林生态监测技术规程》的要求,在鳌江南岸红树林区高潮带、中潮带、低潮带于 25 cm×25 cm 的大型底栖动物调查样方框内对沉积物样品进行采集,取其表层 0～10 cm 的表层沉积物,样品立即放入洁净的聚乙烯袋中(>250 g),置于-20℃冰箱中避光保存运回实验室。

在实验室内进行沉积物总氮、总磷、总汞、砷、铜、锌、铅、镉、铬、有机碳、粒度等参数的检测,实验方法标准见表 7-2。

表 7-2 沉积物检测项目及方法

检测项目	分析方法	仪器名称及型号	仪器自编号
总氮	《海洋调查规范 第 4 部分:海水化学要素调查》(GB/T 12763.4—2007)	紫外分光光度计 METASH UV-5200PC	—
总磷	《海洋调查规范 第 4 部分:海水化学要素调查》(GB/T 12763.4—2007)	紫外分光光度计 METASH UV-5200PC	—
油类	《海洋监测规范 第 5 部分:沉积物分析》(13.1 荧光分光光度法)(GB 17378.5—2007)	AFS-9230 双道原子荧光光度计	100031
总汞	《海洋监测规范 第 5 部分:沉积物分析》(5.1 原子荧光法)(GB 17378.5—2007)	AFS-9230 双道原子荧光光度计	100031
砷	《海洋监测规范 第 5 部分:沉积物分析》(11.1 原子荧光法)(GB 17378.5—2007)	AFS-9230 双道原子荧光光度计	100031
有机碳	《海洋监测规范 第 5 部分:沉积物分析》(18.1 重铬酸钾氧化-还原容量法)(GB 17378.5—2007)	—	—
粒度	《海洋调查规范 第 8 部分:海洋地质地球物理调查》(6.3.2.3 激光法)(GB/T 12763.8—2007)	Microtrac S3500 激光粒度仪	201131
镉	《海洋沉积物重金属电感耦合等离子发射光谱法作业指导书》(ZMEEMSZD-JC50)(7)—2014(参考 USEPA6010B—1996)	Agilent 720 型电感耦合等离子发射光谱仪	100027

（续表）

检测项目	分析方法	仪器名称及型号	仪器自编号
铬	《海洋沉积物重金属电感耦合等离子发射光谱法作业指导书》（ZMEEMSZD—JC50(7)—2014）（参考 USEPA6010B—1996）	Agilent 720 型电感耦合等离子发射光谱仪	100027
铜、锌铅	《海洋沉积物重金属电感耦合等离子发射光谱法作业指导书》（ZMEEMSZD—JC50(7)—2014）（参考 USEPA6010B—1996）	Agilent 720 型电感耦合等离子发射光谱仪	100027
全盐含量	《土壤检测 第16部分：土壤水溶性盐总量的测定》（NY/T 1121.16—2006）	—	—
硫化物	《土壤和沉积物 硫化物的测定 亚甲基蓝分光光度法》（HJ 833—2017）	紫外分光光度计 METASH UV-5200PC	—

2）间隙水采样和处理

如表 7-3 所列，间隙水采集与沉积物同步进行，使用多参数水质仪对间隙水温度、溶解氧、盐度、pH 值、电导率进行原位测定，采用沉积物间隙水快速采集器采集间隙水 500 mL，避光低温保存运回实验室后立即用孔径为 0.45 μm 的醋酸纤维滤膜过滤，并在实验室内进行间隙水总氮、总磷、总汞、砷、铜、锌、铅、镉、铬等参数的检测。

表 7-3 间隙水检测项目及方法

检测项目	分析方法	仪器名称及型号
温度	温度表法	YSI 多参数水质测量仪 Pro plus
盐度	盐度计法	YSI 多参数水质测量仪 Pro plus
pH 值	pH 计法	YSI 多参数水质测量仪 Pro plus
溶解氧	溶解氧计法	YSI 多参数水质测量仪 Pro plus
电导率	电导计法	YSI 多参数水质测量仪 Pro plus
总氮	连续流动分析法	紫外分光光度计 METASH UV-5200PC
总磷	连续流动分析法	紫外分光光度计 METASH UV-5200PC
总汞	原子荧光法	AFS-9230 双道原子荧光光度计

(续表)

检测项目	分析方法	仪器名称及型号
砷	原子荧光法	AFS-9230 双道原子荧光光度计
油类	荧光分光光度法	AFS-9230 双道原子荧光光度计
镉	电感耦合等离子体质谱法	电感耦合等离子体质谱仪
铜	电感耦合等离子体质谱法	电感耦合等离子体质谱仪
锌	电感耦合等离子体质谱法	电感耦合等离子体质谱仪
铅	电感耦合等离子体质谱法	电感耦合等离子体质谱仪
铬	电感耦合等离子体质谱法	电感耦合等离子体质谱仪

3) 表层水采样和处理

如表7-4所列，表层水采集与沉积物及间隙水同步进行，使用多参数水质仪对间隙水温度、溶解氧、盐度、pH值、电导率进行原位测定，采用表层水快速采集器采集表层水500 mL，避光低温保存运回实验室后立即用孔径为0.45 μm 的醋酸纤维滤膜过滤，并在实验室内进行表层水悬浮物、氨盐、硝酸盐、亚硝酸盐、活性磷酸盐、总氮、总磷等共12个参数的检测。

表7-4 表层水检测项目及方法

检测项目	分析方法	仪器名称及型号
温度	温度表法	YSI多参数水质测量仪 Pro plus
盐度	盐度计法	YSI多参数水质测量仪 Pro plus
pH值	pH计法	YSI多参数水质测量仪 Pro plus
溶解氧	溶解氧计法	YSI多参数水质测量仪 Pro plus
电导率	电导计法	YSI多参数水质测量仪 Pro plus
悬浮物	重量法	烘箱
氨盐	《海洋监测规范 第4部分：海水分析》(36.2 次溴酸盐氧化法)(GB 17378.4—2007)	紫外分光光度计 METASH UV-5200PC
硝酸盐	《海洋调查规范 第4部分：海水化学要素调查》(11.1 锌镉还原法)(GB/T 12763.4—2007)	紫外分光光度计 METASH UV-5200PC

(续表)

检测项目	分析方法	仪器名称及型号
亚硝酸盐	《海洋监测规范 第4部分:海水分析》(37.1 萘乙二胺分光光度法)(GB 17378.4—2007)	紫外分光光度计 METASH UV-5200PC
活性磷酸盐	《海洋调查规范 第4部分:海水化学要素调查》(9.1 抗坏血酸还原磷钼蓝法)(GB/T 12763.4—2007)	紫外分光光度计 METASH UV-5200PC
总氮	连续流动分析法	紫外分光光度计 METASH UV-5200PC
总磷	连续流动分析法	紫外分光光度计 METASH UV-5200PC

(三) 沉积物及其间隙水、表层水数据分析

如表7-5和表7-6所列,根据《海洋沉积物质量》,海水质量标准采用《海水水质标准》相关标准要求执行。一般地,某因子符合沉积物评价标准并满足功能区使用要求时,沉积物和海水参数标准指数≤1;某因子超过了沉积物评价标准,已不能满足功能区使用要求时,标准指数＞1。若污染程度越严重,则对应的标准指数值越大。

单因子i的标准指数,计算如式(7-1):

$$S_i = C_i / C_{si} \tag{7-1}$$

式中,C_i为单因子i的实测值;C_{si}为单因子i的评价标准。

表7-5 海洋沉积物质量标准

序号	项目	指标		
		第一类	第二类	第三类
1	汞 Hg($\times 10^{-6}$)≤	0.20	0.50	1.00
2	镉 Cd($\times 10^{-6}$)≤	0.50	1.50	5.00
3	铅 Pb($\times 10^{-6}$)≤	60.0	130.0	250.0
4	锌 Zn($\times 10^{-6}$)≤	150.0	350.0	600.0
5	铜 Cu($\times 10^{-6}$)≤	35.0	100.0	200.0
6	砷 As($\times 10^{-6}$)≤	20.0	65.0	93.0

(续表)

序号	项目	指标		
		第一类	第二类	第三类
7	铬 Cr($\times 10^{-6}$)≤	80.0	150.0	270.0
8	有机碳 C($\times 10^{-2}$)≤	2.0	3.0	4.0

表 7-6 海水质量标准

序号	项目	指标			
		第一类	第二类	第三类	第四类
1	汞≤	0.000 05	0.000 2	0.000 5	0.000 5
2	镉≤	0.001	0.005	0.010	
3	铅≤	0.001	0.005	0.010	0.050
4	锌≤	0.020	0.050	0.10	0.50
5	铜≤	0.005	0.010	0.050	
6	砷≤	0.020	0.030	0.050	
7	铬≤	0.05	0.10	0.20	0.50

综合运用地累积指数法、潜在生态危害指数法、内梅罗指数和污染负荷指数等多种评价方法，评估沉积物中重金属污染的潜在生态风险；通过相关性分析揭示不同金属元素间的相互作用关系，并采用典范对应分析或冗余分析等多元统计方法，深入探究大型底栖动物群落结构与环境因子间的响应关系。

二、沉积物及其间隙水环境质量评价

（一）沉积物环境质量

2021年秋季，沉积物88.9%站位的铜含量和18.5%站位的铬含量超过一类标准，符合二类质量标准，其余重金属与有机碳含量100%站位符合一类质量标准。沉积物黏土含量范围为20.03%～37.23%，均值为30.23%；粉砂含量范围为61.84%～77.63%，均值为67.72%；砂含量范围为0～9.34%，均值为2.04%，属于黏土质粉砂。

2021年冬季，沉积物砷、锌、铅、汞和镉的含量100%站位符合一类质量标准；85.2%站位的铜含量和14.8%站位的铬含量超过一类标准，符合二类质量标准;有机碳含量在93.33%的站位符合一类质量标准,6.67%的站位符合二类质量标准。沉积物黏土含量范围为20.12%~35.99%,均值为28.36%;粉砂含量范围为61.11%~79%,均值为69.42%;砂含量范围为0~9.51%,均值为2.21%,属于黏土质粉砂。

2022年春季,沉积物砷、汞、锌、铅和镉含量100%站位符合一类质量标准;铜含量88.9%站位超过一类标准,7.4%站位超过二类质量标准,11.1%站位的铬含量超过一类标准,符合二类标准。沉积物黏土含量范围为18.51%~36.79%,均值为29.87%;粉砂含量范围为63.21%~77.56%,均值为69.59%;砂含量范围为0~3.92%,均值为0.53%,属于黏土质粉砂。

2022年夏季,沉积物砷、锌、铅、汞和镉的含量100%站位符合一类质量标准;铬含量在96.3%的站位符合一类质量标准,在3.7%的站位符合二类质量标准;铜含量100%站位超过一类标准,符合二类质量标准。沉积物黏土含量范围为21.88%~40.33%,均值为29.66%;粉砂含量范围为59.67%~77.14%,均值为69.70%;砂含量范围为0~2.31%,均值为0.64%,属于黏土质粉砂。

2022年秋季,沉积物7.4%站位的铜含量、33.3%站位的铬含量和44%的汞含量超过一类标准,符合二类质量标准,其余重金属与有机碳含量100%站位符合一类质量标准。沉积物黏土含量范围为21.81%~38.95%,均值为31.76%;粉砂含量范围为60.79%~75.41%,均值为66.88%;砂含量范围为0~5.45%,均值为1.35%,属于黏土质粉砂。

2022年冬季,沉积物砷、锌、铅、镉和有机碳的含量100%站位符合一类质量标准;11.1%站位的铜含量和44.4%站位的铬含量超过一类标准,符合二类质量标准。沉积物黏土含量范围为23.23%~41.55%,均值为30.59%;粉砂含量范围为54.49%~74.55%,均值为66.01%;砂含量范围为0~7.86%,均值为3.98%,属于黏土质粉砂。

2023年春季,沉积物砷、锌、铅、镉和有机碳含量100%站位符合一类质量标准;铜含量11.1%站位超过一类标准,89.9%站位超过二类标准,44.4%站位的汞含量超过一类标准,符合二类标准。沉积物黏土含量范围为15.03%~38.85%,均值为27.71%;粉砂含量范围为61.15%~82.39%,均值为71.67%;砂含量范围为0~7.7%,均值为0.62%,属于黏土质粉砂。

2023年夏季,沉积物砷、锌、铅、镉和有机碳的含量100%站位符合一类质量标准;铬含量在22.2%的站位超过一类质量标准,符合二类质量标准;铜含量3.7%站位超过一类标准,符合二类质量标准。沉积物黏土含量范围为

23.53%～39.39%,均值为 32.37%;粉砂含量范围为 60.61%～76.26%,均值为 67.47%;砂含量范围为 0～4.59%,均值为 0.19%,属于黏土质粉砂。

2023 年秋季,100%站位的铜和 29.6%站位的铬超过一类标准,符合二类标准,100%站位的锌、砷、镉、铅、汞和有机碳均符合一类标准。黏土含量范围为 24.89%～42.26%,均值为 34.77%;粉砂含量范围为 57.74%～74.69%,均值为 65.14%;砂含量范围为 0～1.81%,均值为 0.08%,属于黏土质粉砂。

2023 年冬季,沉积物汞、砷、锌、铅、镉和有机碳的含量 100%站位符合一类标准;88.9%站位的铜和 0.07%站位的铬超过一类标准,符合二类标准。黏土含量范围为 24.21%～41.34%,均值为 34.36%;粉砂含量范围为 58.66%～74.05%,均值为 65.20%;砂含量范围为 0～9.67%,均值为 0.43%,属于黏土质粉砂。

2024 年春季,沉积物铬、砷、锌、铅、镉、汞和有机碳 100%站位符合一类标准;铜 100%站位超过一类标准,符合二类标准。黏土含量范围为 24.94%～44.82%,均值为 36.11%;粉砂含量范围为 55.18%～74.50%,均值为 63.86%;砂含量范围为 0～0.56%,均值为 0.025%,属于黏土质粉砂。

2024 年夏季,沉积物汞、砷、锌、铅、镉和有机碳的含量 100%站位符合一类标准;铬在 11.1%的站位超过一类标准,符合二类标准;铜 88.9%站位超过一类标准,符合二类标准。黏土含量范围为 16.76%～45.08%,均值为 34.09%;粉砂含量范围为 54.92%～80.48%,均值为 65.64%;砂含量范围为 0～2.75%,均值为 0.25%,属于黏土质粉砂。

综上所述,2021 年秋季至 2024 年夏季,100%站位的铅、锌、砷和镉均符合国家一类标准,少数站位铜符合国家一类标准,多数站位铜符合国家二类标准,汞、铬和有机碳基本符合国家一类标准,个别季度部分站位的汞、铬和有机碳符合国家二类标准,沉积物均属于黏土质粉砂。

(二) 间隙水环境质量

2021 年秋季,间隙水中镉、铬、砷、铜、汞、锌和铅均符合国家一类标准。2021 年秋季间隙水总磷范围在 0.345～1.262 mg/L,均值为 0.966 mg/L;总氮范围在 1.021～2.421 mg/L,均值为 1.203 mg/L;油类范围在 0.015～0.126 mg/L,均值为 0.058 mg/L。2021 年冬季,间隙水中镉、铬、砷、铜、汞、锌和铅均符合国家一类标准;间隙水总磷范围在 0.032～0.111 mg/L,均值为 0.062 mg/L;总氮范围在 0.948～1.580 mg/L,均值为 1.130 mg/L;油类范围在 0.010～0.333 mg/L,均值为 0.074 mg/L。

2022年春季,间隙水中镉、铬、砷、铜、汞、锌和铅均符合国家一类标准。间隙水总磷范围在0.045~0.192 mg/L,均值为0.979 mg/L;总氮范围在0.958~1.280 mg/L,均值为1.055 mg/L;油类范围在0.013~0.209 mg/L,均值为0.074 mg/L。2022年夏季,间隙水中镉、铬、砷、铜、汞、锌和铅均符合国家一类标准;间隙水总磷范围在0.863~2.890 mg/L,均值为2.646 mg/L;总氮范围在0.990~5.290 mg/L,均值为1.448 mg/L;油类范围在0.002~0.130 mg/L,均值为0.036 mg/L。2022年秋季,间隙水中镉、铬、砷、铜、汞、锌和铅均符合国家一类标准;间隙水总磷范围在0.006~0.423 mg/L,均值为0.150 mg/L;总氮范围在0.989~1.350 mg/L,均值为1.084 mg/L;油类范围在-0.005~0.744 mg/L,均值为0.281 mg/L。2022年冬季,间隙水中镉、铬、砷、铜、汞、锌和铅均符合国家一类标准;间隙水总磷范围在0.003~0.294 mg/L,均值为0.095 mg/L;总氮范围在0.996~3.139 mg/L,均值为1.189 mg/L;油类范围在0.180~3.123 mg/L,均值为0.665 mg/L。

2023年春季,间隙水中镉、铬、砷、铜、汞、锌和铅均符合国家一类标准。间隙水总磷范围在0.051~0.113 mg/L,均值为0.085 mg/L;总氮范围在0.999~3.280 mg/L,均值为1.225 mg/L;油类范围在0.409~3.969 mg/L,均值为1.280 mg/L。2023年夏季,间隙水中镉、铬、砷、铜、汞、锌和铅均符合国家一类标准;间隙水总磷范围在0.060~0.274 mg/L,均值为0.121 mg/L;总氮范围在1.007~2.516 mg/L,均值为1.166 mg/L;油类范围在1.654~7.654 mg/L,均值为2.704 mg/L。2023年秋季,间隙水中镉、铬、砷、铜、汞、锌和铅均符合国家一类标准;间隙水总磷范围在1.051~1.113 mg/L,均值为1.085 mg/L;总氮范围在0.94~2.4 mg/L,均值为1.16 mg/L;油类范围在0.050~2.305 mg/L,均值为0.410 mg/L。2023年冬季,间隙水中镉、铬、砷、铜、汞、锌和铅均符合国家一类标准;间隙水总磷范围在0.017~0.755 mg/L,均值为0.129 mg/L;总氮范围在0.948~1.580 mg/L,均值为1.130 mg/L;油类范围在0.169~4.818 mg/L,均值为0.600 mg/L。

2024年春季,间隙水中镉、铬、砷、铜、汞、锌和铅均符合国家一类标准;间隙水总磷范围在0.009~1.268 mg/L,均值为0.334 mg/L;总氮范围在0.958~1.280 mg/L,均值为1.055 mg/L;油类范围在0.153~0.729 mg/L,均值为0.322 mg/L。2024年夏季,间隙水中镉、铬、砷、铜、汞、锌和铅均符合国家一类标准;间隙水总磷范围在0.851~3.957 mg/L,均值为2.141 mg/L;总氮范围在0.990~5.290 mg/L,均值为1.448 mg/L;油类范围在0.287~50.836 mg/L,均值为8.764 mg/L。

(三) 地累积指数法

(1) 根据2021年秋季沉积物中重金属的地累积指数的计算结果进行排序,7种重金属的污染程度总体上大小排序:铬＜砷＜锌＜铅＜镉＜铜＜汞。汞的I_{geo}范围为-2.065~1.494,均值为0.554;砷的I_{geo}范围为-0.789~-0.172,均值为-0.422;铜的I_{geo}范围为-0.386~0.271,均值为-0.054;锌的I_{geo}范围为-0.637~0.042,均值为-0.282;铅的I_{geo}范围为-0.487~0.200,均值为-0.082;铬的I_{geo}范围为-1.636~-0.460,均值为-0.968;镉的I_{geo}范围为-0.560~-0.316,均值为-0.075。因此,2021年秋季所有站位均受到汞的轻微污染,均未受到铜、锌、镉、铬、镉和砷的污染;个别站位受到汞的中度污染。

(2) 根据2021年冬季沉积物中重金属的地累积指数的计算结果进行排序,7种重金属的污染程度总体上大小排序:铬＜砷＜锌＜铅＜镉＜铜＜汞。汞的I_{geo}范围为-1.226~1.557,均值为0.656;砷的I_{geo}范围为-0.778~-0.149,均值为-0.478;铜的I_{geo}范围为-0.392~0.140,均值为-0.140;锌的I_{geo}范围为-0.603~-0.158,均值为-0.368;铅的I_{geo}范围为-0.447~0.043,均值为-0.176;铬的I_{geo}范围为-1.398~-0.579,均值为-0.998;镉的I_{geo}范围为-0.354~0.158,均值为-0.144。综上,2021年冬季所有站位几乎未受到砷、铜、铬、铅、锌和镉的污染;汞的均值地累积指数高于最低阈值,表明多数站位受到汞的轻度污染,极个别站位处于中度污染。

(3) 根据2022年春季沉积物中重金属的地累积指数的计算结果进行排序,7种重金属的污染程度总体上大小排序:铬＜砷＜锌＜铅＜镉＜铜＜汞。汞的I_{geo}范围为-3.143~1.421,均值为0.420;砷的I_{geo}范围为-0.662~-0.224,均值为-0.433;铜的I_{geo}范围为-0.331~0.834,均值为-0.034;锌的I_{geo}范围为-0.463~-0.153,均值为-0.302;铅的I_{geo}范围为-0.310~-0.012,均值为-0.145;铬的I_{geo}范围为-1.211~-0.681,均值为-0.904;镉的I_{geo}范围为-0.426~-0.205,均值为-0.124。综上,2022年春季所有站位均未受到铅、砷、锌、铬、铜和镉的污染;汞的地累积指数均值略高于最低阈值,表明少数站位受到汞的轻微污染,个别站位处于中度污染。

(4) 根据2022年夏季沉积物中重金属的地累积指数的计算结果进行排序,7种重金属的污染程度总体上大小排序:铬＜砷＜锌＜铅＜镉＜铜＜汞。汞的I_{geo}范围为-0.932~1.182,均值为0.661;砷的I_{geo}范围为

$-0.576\sim-0.220$,均值为-0.439;铜的I_{geo}范围为$-0.216\sim0.234$,均值为-0.065;锌的I_{geo}范围为$-0.418\sim0.185$,均值为-0.313;铅的I_{geo}范围为$-0.228\sim0.006$,均值为-0.130;铬的I_{geo}范围为$-1.191\sim-0.748$,均值为-1.073;镉的I_{geo}范围为$-0.327\sim-0.108$,均值为-0.107。2022年夏季所有站位均未受到铅、铬、铜、砷、锌和镉的污染;汞的地累积指数均值略高于最低阈值,表明多数站位未受到或少数站位受到汞的轻微污染。

(5) 根据2022年秋季沉积物中重金属的地累积指数的计算结果进行排序,7种重金属的污染程度总体上大小排序:铬＜砷＜锌＜铅＜镉＜铜＜汞。汞的I_{geo}范围为$-0.479\sim1.972$,均值为1.195;砷的I_{geo}范围为$-0.759\sim-0.351$,均值为-0.476;铜的I_{geo}范围为$-0.517\sim0.051$,均值为-0.196;锌的I_{geo}范围为$-0.556\sim0.210$,均值为-0.357;铅的I_{geo}范围为$-0.503\sim0.218$,均值为-0.170;铬的I_{geo}范围为$-0.532\sim0.032$,均值为-0.192;镉的I_{geo}范围为$-0.825\sim-0.135$,均值为-0.575。这表明2022年秋季所有站位均受到汞的轻微污染,均未受到铜、锌、镉、铬、镉和砷的污染;个别站位受到汞的中度污染。

(6) 根据2022年冬季沉积物中重金属的地累积指数的计算结果进行排序,7种重金属的污染程度总体上大小排序:铬＜砷＜锌＜铅＜镉＜铜＜汞。汞的I_{geo}范围为$-0.5055\sim2$,均值为1.019;砷的I_{geo}范围为$-0.662\sim-0.068$,均值为0.206;铜的I_{geo}范围为$-0.536\sim0.068$,均值为-0.206;锌的I_{geo}范围为$-0.647\sim0.120$,均值为-0.326;铅的I_{geo}范围为$-0.525\sim0.119$,均值为-0.200;铬的I_{geo}范围为$-1.398\sim-0.579$,均值为-0.998;镉的I_{geo}范围为$-0.987\sim-0.292$,均值为-0.611。这表明2022年冬季所有站位几乎未受到砷、铜、铬、铅、锌和镉的污染;汞的均值地累积指数高于最低阈值,表明多数站位受到汞的轻度污染,极个别站位处于中度污染。

(7) 根据2023年春季沉积物中重金属的地累积指数的计算结果进行排序,7种重金属的污染程度总体上大小排序:铬＜砷＜锌＜铅＜镉＜铜＜汞。汞的I_{geo}范围为$-0.103\sim2.381$,均值为1.226;砷的I_{geo}范围为$-0.745\sim-0.218$,均值为-0.428;铜的I_{geo}范围为$-0.531\sim0.102$,均值为-0.193;锌的I_{geo}范围为$-0.580\sim-0.109$,均值为-0.365;铅的I_{geo}范围为$-0.484\sim-0.053$,均值为-0.82;铬的I_{geo}范围为$-0.465\sim-0.017$,均值为-0.159;镉的I_{geo}范围为$-0.793\sim-0.346$,均值为-0.587。这表明2023年春季所有站位均未受到铅、砷、锌、铬、铜和镉的污染;汞的地累积指数均值略高于最低阈值,表明少数站位受到汞的轻微污染,个别站位处于中度污染。

（8）根据2023年夏季沉积物中重金属的地累积指数的计算结果进行排序，7种重金属的污染程度总体上大小顺序：铬＜砷＜锌＜铅＜镉＜铜＜汞。汞的 I_{geo} 范围为 $-2.312\sim0.148$，均值为 0.286；砷的 I_{geo} 范围为 $-0.688\sim-0.170$，均值为 -0.376；铜的 I_{geo} 范围为 $-0.512\sim0.481$，均值为 -0.118；锌的 I_{geo} 范围为 $-0.615\sim0.416$，均值为 -0.266；铅的 I_{geo} 范围为 $-0.506\sim2.320$，均值为 -0.064；铬的 I_{geo} 范围为 $-0.852\sim-0.003$，均值为 -0.190；镉的 I_{geo} 范围为 $-2.270\sim-0.720$，均值为 -0.273。这表明 2023 年夏季所有站位均未受到铅、铬、铜、砷、锌和镉的污染；汞的地累积指数均值略高于最低阈值，表明多数站位未受到或少数站位受到汞的微污染。

（9）根据2023年秋季沉积物中重金属的地累积指数的计算结果进行排序，7种重金属的污染程度总体上大小排序：砷＜锌＜铬＜铅＜镉＜铜＜汞。汞的 I_{geo} 范围为 $-0.612\sim0.806$，均值为 0.116；砷的 I_{geo} 范围为 $-0.631\sim-0.227$，均值为 -0.351；铜的 I_{geo} 范围为 $-0.217\sim0.096$，均值为 -0.054；锌的 I_{geo} 范围为 $-0.392\sim-0.148$，均值为 -0.257；铅的 I_{geo} 范围为 $-0.269\sim-0.009$，均值为 -0.132；镉的 I_{geo} 范围为 $-0.219\sim-0.004$，均值为 -0.073；铬的 I_{geo} 范围为 $-0.339\sim0.003$，均值为 -0.188。这表明 2023 年秋季所有站位均未受到砷、锌、铅和镉的污染，少数站位受到铜的轻度污染，极个别站位受到铬的轻度污染；汞的地累积指数均值高于最低阈值，表明多数站位受到汞的轻度污染。

（10）根据2023年冬季沉积物中重金属的地累积指数的计算结果进行排序，7种重金属的污染程度总体上大小排序：砷＜铬＜锌＜镉＜铜＜铅＜汞。汞的 I_{geo} 范围为 $-1.455\sim1.155$，均值为 0.340；砷的 I_{geo} 范围为 $-0.892\sim-0.212$，均值为 -0.361；铜的 I_{geo} 范围为 $-0.716\sim0.037$，均值为 -0.138；锌的 I_{geo} 范围为 $-0.603\sim-0.083$，均值为 -0.261；铅的 I_{geo} 范围为 $-0.282\sim0.878$，均值为 -0.015；镉的 I_{geo} 范围为 $-0.293\sim0.111$，均值为 -0.126；铬的 I_{geo} 范围为 $-0.698\sim-0.111$，均值为 -0.299。这表明 2023 年冬季所有站位均未受到砷、锌和铬的污染，少数站位受到铅的轻度污染，个别站位受到铜的轻度污染，极个别站位受到镉的轻度污染；汞的地累积指数均值高于最低阈值，表明多数站位受到汞的轻微污染。

（11）根据2024年春季沉积物中重金属的地累积指数的计算结果进行排序，7种重金属的污染程度总体上大小排序：砷＜锌＜铬＜镉＜铜＜铅＜汞。汞的 I_{geo} 范围为 $-1.313\sim1.097$，均值为 0.183；砷的 I_{geo} 范围为

$-0.573\sim-0.162$,均值为-0.341;铜的I_{geo}范围为$-0.438\sim0.016$,均值为-0.123;锌的I_{geo}范围为$-0.505\sim-0.108$,均值为-0.251;铅的I_{geo}范围为$-0.214\sim0.084$,均值为-0.057;镉的I_{geo}范围为$-0.316\sim-0.084$,均值为-0.136;铬的I_{geo}范围为$-0.836\sim-0.125$,均值为-0.298。这表明2024年春季所有站位均未受到砷、锌、镉和铬的污染,少数站位受到铅的轻度污染,极个别站位受到铜的轻度污染;汞的地累积指数均值高于最低阈值,表明多数站位受到汞的轻度污染,少数站位受到了汞的中度污染。

(12)根据2024年夏季沉积物中重金属的地累积指数的计算结果进行排序,7种重金属的污染程度总体上大小排序:砷＜锌＜铬＜铜＜镉＜铅＜汞。汞的I_{geo}范围为$-0.430\sim0.533$,均值为-0.140;砷的I_{geo}范围为$-0.785\sim-0.109$,均值为-0.400;铜的I_{geo}范围为$-0.481\sim0.078$,均值为-0.185;锌的I_{geo}范围为$-0.547\sim-0.117$,均值为-0.340;铅的I_{geo}范围为$-0.257\sim0.048$,均值为-0.142;镉的I_{geo}范围为$-0.567\sim-0.062$,均值为-0.165;铬的I_{geo}范围为$-0.666\sim-0.022$,均值为-0.322。这表明2024年夏季所有站位均未受到砷、锌、镉和铬的污染,个别站位受到铜和铅的轻度污染,少数站位受到汞的轻度污染。

(四)潜在生态危害指数法

(1)2021年秋季至2022年夏季沉积物重金属的潜在危害指数结果。

2021年秋季沉积物潜在生态危害指数RI值的范围为$76.088\sim256.209$,均值为171.499,均值处于$150\sim300$,表明重金属污染引起的潜在生态风险处于中等水平;2021年冬季沉积物进行潜在生态危害指数RI值的范围为$95.027\sim244.083$,均值为171.229,大多站位都略高于最低阈值(150),表明重金属污染引起的潜在生态风险为中等水平;2022年春季沉积物进行潜在生态危害指数RI值的范围为$75.443\sim230.933$,均值为163.14,大多站位都略高于最低阈值(150),表明重金属污染引起的潜在生态风险为中等水平;2022年夏季潜在生态危害指数RI值的范围为$107.187\sim206.777$,均值为168.492,大多数站位都高于最低阈值(150),表明重金属污染引起的潜在生态风险为中等水平。综上所述,总生态风险在2021年秋季、2021年冬季、2022年春季和2022年夏季呈中等水平。

(2)2022年秋季至2023年夏季沉积物重金属的潜在危害指数结果。

2022年秋季沉积物潜在生态危害指数RI值的范围为$92.234\sim298.362$,均值为204.202,均值处于$150\sim300$,表明重金属污染引起的潜在生态风险处于中等水平;2022年冬季沉积物潜在生态危害指数RI值的范围为

97.131～304.218,均值为 192.563,大多站位都略高于最低阈值(150),表明重金属污染引起的潜在生态风险为中等水平;2023 年春季沉积物潜在生态危害指数 RI 值的范围为 112.407～372.318,均值为 210.659,大多站位都略高于最低阈值(150),表明重金属污染引起的潜在生态风险为中等水平;2023 年夏季沉积物潜在生态危害指数 RI 值的范围为 78.022～406.435,均值为 161.237,大多数站位都高于最低阈值(150),表明重金属污染引起的潜在生态风险为中等水平。

(3) 2023 年秋季至 2024 年夏季沉积物重金属的潜在危害指数结果。

2023 年秋季沉积物潜在生态危害指数 RI 值的范围为 108.973～168.770,均值为 135.447,均值小于 150,表明重金属污染引起的潜在生态风险整体处于低等水平,个别站位略高于最低阈值(150),表明重金属污染引起的潜在生态风险为中等水平。2023 年冬季沉积物进行潜在生态危害指数 RI 值的范围为 86.808～198.075,均值为 147.417,均值小于 150,表明重金属污染引起的潜在生态风险整体处于低等水平,少数站位略高于最低阈值(150),表明重金属污染引起的潜在生态风险为中等水平。2024 年春季沉积物潜在生态危害指数 RI 值的范围为 85.365～196.347,均值为 137.508,均值小于 150,表明重金属污染引起的潜在生态风险整体处于低等水平。少数站位略高于最低阈值(150),表明重金属污染引起的潜在生态风险为中等水平。2024 年夏季沉积物潜在生态危害指数 RI 值的范围为 102.839～149.238,均值为 115.371,均值小于 150,100%站位低于最低阈值(150),表明重金属污染引起的潜在生态风险全体处于低等水平。

(五) 内梅罗指数法

(1) 2021 年秋季至 2022 夏季沉积物中重金属的内梅罗指数结果。

2021 年秋季 7 种重金属的污染程度总体上大小顺序:汞＜镉＜铅＜锌＜砷＜铬＜铜。汞的 P_i 范围为 0.358～4.358,均值为 2.500;砷的 P_i 范围为 0.868～1.441,均值为 1.128;铜的 P_i 范围为 0.005～0.010,均值为 0.008;锌的 P_i 范围为 0.965～1.545,均值为 1.241;铅的 P_i 范围为 1.070～1.723,均值为 1.424;铬的 P_i 范围为 0.483～1.090,均值为 0.778;镉的 P_i 范围为 1.017～1.867,均值为 1.440。综合内梅罗指数(P_N)的范围为 0.715～3.375,均值为 2.059。

2021 年冬季 7 种重金属的污染程度总体上大小顺序:汞＜镉＜铅＜锌＜砷＜铬＜铜。汞的 P_i 范围为 0.642～4.415,均值为 2.585;砷的 P_i 范围为 0.874～1.353,均值为 1.083;铜的 P_i 范围为 0.006～0.009,均值为 0.007;

锌的 P_i 范围为 0.987~1.345,均值为 1.167;铅的 P_i 范围为 1.100~1.546, 均值为 1.332;铬的 P_i 范围为 0.569~1.004,均值为 0.757;镉的 P_i 范围为 1.174~1.674,均值为 1.365。综合内梅罗指数(P_N)的范围为 0.844~ 3.411,均值为 2.096。

2022 年春季 7 种重金属的污染程度总体上大小顺序:汞<镉<铅<锌< 砷<铬<铜。汞的 P_i 范围为 0.170~4.019,均值为 2.338;砷的 P_i 范围为 0.948~1.284,均值为 1.114;铜的 P_i 范围为 0.006~0.009,均值为 0.007; 锌的 P_i 范围为 1.088~1.349,均值为 1.219;铅的 P_i 范围为 1.210~1.488, 均值为 1.359;铬的 P_i 范围为 0.648~0.935,均值为 0.805;镉的 P_i 范围为 1.116~1.730,均值为 1.385。综合内梅罗指数(P_N)的范围为 0.754~ 3.124,均值为 1.944。

2022 年夏季 7 种重金属的污染程度总体上大小顺序:汞<镉<铅<锌< 砷<铬<铜。汞的 P_i 范围为 0.786~3.403,均值为 2.474;砷的 P_i 范围为 1.006~1.287,均值为 1.108;铜的 P_i 范围为 0.006~0.008,均值为 0.007; 锌的 P_i 范围为 1.123~1.320,均值为 1.209;铅的 P_i 范围为 1.281~1.506, 均值为 1.372;铬的 P_i 范围为 0.657~0.893,均值为 0.714;镉的 P_i 范围为 1.195~1.617,均值为 1.397。综合内梅罗指数(P_N)的范围为 0.974~ 2.672,均值为 2.012。

(2) 2022 年秋季至 2023 夏季沉积物中重金属的内梅罗指数结果。

2022 年秋季 7 种重金属的污染程度总体上大小顺序:汞<铅<铜<锌< 砷<镉<铬。汞的 P_i 范围为 1.075~5.887,均值为 3.648;砷的 P_i 范围为 0.886~1.175,均值为 1.081;铜的 P_i 范围为 1.027~1.418,均值为 1.287; 锌的 P_i 范围为 1.020~1.297,均值为 1.173;铅的 P_i 范围为 1.058~1.746, 均值为 1.338;铬的 P_i 范围为 0.723~1.069,均值为 0.918;镉的 P_i 范围为 0.846~1.365,均值为 1.014。综合内梅罗指数(P_N)的范围为 1.020~ 4.522,均值为 2.868。

2022 年冬季 7 种重金属的污染程度总体上大小顺序:汞<铅<铜<锌< 砷<镉<铬。汞的 P_i 范围为 1.057~6.000,均值为 3.375;砷的 P_i 范围为 0.947~1.272,均值为 1.107;铜的 P_i 范围为 1.013~1.542,均值为 1.279; 锌的 P_i 范围为 0.957~1.380,均值为 1.168;铅的 P_i 范围为 1.072~1.522, 均值为 1.315;铬的 P_i 范围为 0.726~1.136,均值为 0.915;镉的 P_i 范围为 0.756~1.224,均值为 0.987。综合内梅罗指数(P_N)的范围为 1.058~ 4.613,均值为 2.680。

2023 年春季 7 种重金属的污染程度总体上大小顺序:汞<铅<铜<锌<

砷＜镉＜铬。汞的 P_i 范围为 1.396～7.811,均值为 3.811;砷的 P_i 范围为 0.895～1.289,均值为 1.118;铜的 P_i 范围为 1.017～1.579,均值为 1.290;锌的 P_i 范围为 1.003～1.390,均值为 1.168;铅的 P_i 范围为 1.072～1.557,均值为 1.327;铬的 P_i 范围为 0.757～1.058,均值为 0.916;镉的 P_i 范围为 0.865～1.179,均值为 1.001。综合内梅罗指数(P_N)的范围为 1.286～4.585,均值为 2.993。

2023 年夏季 7 种重金属的污染程度总体上大小顺序:汞＜铅＜镉＜铜＜锌＜砷＜铬。汞的 P_i 范围为 0.302～4.208,均值为 2.231;砷的 P_i 范围为 0.931～1.332,均值为 1.159;铜的 P_i 范围为 1.030～2.052,均值为 1.364;锌的 P_i 范围为 0.979～2.003,均值为 1.256;铅的 P_i 范围为 1.056～7.493,均值为 1.577;铬的 P_i 范围为 0.579～1.048,均值为 0.922;镉的 P_i 范围为 0.910～7.237,均值为 1.389。综合内梅罗指数(P_N)的范围为 0.825～3.759,均值为 1.952。

(3) 2023 年秋季至 2024 夏季沉积物中重金属的内梅罗指数结果。

2023 年秋季 7 种重金属的污染程度总体上大小顺序:砷＜锌＜镉＜铬＜铅＜铜＜汞。汞的 P_i 范围为 0.981～2.623,均值为 1.675;砷的 P_i 范围为 0.969～1.281,均值为 1.178;铜的 P_i 范围为 1.291～1.603,均值为 1.447;锌的 P_i 范围为 1.143～1.354,均值为 1.257;铅的 P_i 范围为 1.244～1.490,均值为 1.370;铬的 P_i 范围为 1.186～1.504,均值为 1.320;镉的 P_i 范围为 1.122～1.487,均值为 1.289。综合内梅罗指数(P_N)的范围为 1.258～2.125,均值为 1.575。

2023 年冬季 7 种重金属的污染程度总体上大小顺序:镉＜砷＜铬＜锌＜铜＜铅＜汞。汞的 P_i 范围为 0.547～3.340,均值为 2.074;砷的 P_i 范围为 0.808～1.295,均值为 1.172;铜的 P_i 范围为 0.913～1.539,均值为 1.370;锌的 P_i 范围为 0.988～1.417,均值为 1.255;铅的 P_i 范围为 1.234～2.756,均值为 1.502;铬的 P_i 范围为 0.925～1.389,均值为 1.244;镉的 P_i 范围为 0.910～1.936,均值为 1.156。综合内梅罗指数(P_N)的范围为 1.234～2.585,均值为 1.849。

2024 年春季 7 种重金属的污染程度总体上大小顺序:镉＜砷＜铬＜锌＜铜＜铅＜汞。汞的 P_i 范围为 0.604～3.208,均值为 1.856;砷的 P_i 范围为 1.008～1.340,均值为 1.186;铜的 P_i 范围为 1.108～1.516,均值为 1.380;锌的 P_i 范围为 1.057～1.392,均值为 1.263;铅的 P_i 范围为 1.293～1.590,均值为 1.444;铬的 P_i 范围为 0.840～1.375,均值为 1.226;镉的 P_i 范围为 1.000～1.237,均值为 1.119。综合内梅罗指数(P_N)的范围为 1.211～

2.547，均值为 1.713。

2024 年夏季 7 种重金属的污染程度总体上大小顺序：镉＜砷＜锌＜铬＜铜＜铅＜汞。汞的 P_i 范围为 1.113～2.170，均值为 1.372；砷的 P_i 范围为 0.870～1.391，均值为 1.144；铜的 P_i 范围为 1.075～1.548，均值为 1.325；锌的 P_i 范围为 1.027～1.383，均值为 1.188；铅的 P_i 范围为 1.255～1.551，均值为 1.361；铬的 P_i 范围为 0.946～1.477，均值为 1.206；镉的 P_i 范围为 0.917～1.301，均值为 1.066。综合内梅罗指数（P_N）的范围为 1.236～1.766，均值为 1.350。

（六）沉积物及其间隙水各因子之间相关性

1. 2021 秋季

铬含量和间隙水铜含量、间隙水砷含量和间隙水汞含量、间隙水铅含量和间隙水汞含量均呈显著相关关系（$p<0.05$）。间隙水铬含量和间隙水砷含量、间隙水铬含量和间隙水镉含量、间隙水锌含量和间隙水铅含量、间隙水总磷含量和间隙水总氮含量均呈极显著相关关系（$p<0.01$）。沉积物总氮含量和沉积物有机碳含量、沉积物锌含量、沉积物砷含量以及沉积物铅含量，沉积物有机碳含量和沉积物水溶性盐含量、沉积物镉含量，沉积物油类含量和沉积物锌含量、沉积物砷含量、沉积物砂含量，沉积物水溶性盐含量和沉积物铬含量、沉积物锌含量、沉积物砷含量，沉积物砷含量和沉积物镉含量均呈显著相关关系（$p<0.05$）。沉积物有机碳含量和沉积物铬含量、沉积物铜含量、沉积物锌含量、沉积物砷含量、沉积物铅含量，沉积物油类含量和沉积物铬含量、沉积物铅含量，沉积物水溶性盐含量和沉积物铜含量、沉积物铬含量和沉积物铜含量、沉积物锌含量、沉积物砷含量、沉积物镉含量、沉积物铅含量，沉积物铜含量和沉积物锌含量、沉积物砷含量、沉积物镉含量、沉积物铅含量，沉积物锌含量和沉积物砷含量、沉积物镉含量、沉积物铅含量，沉积物砷含量和沉积物铅含量，沉积物镉含量和沉积物铅含量，以及沉积物黏土含量和沉积物粉砂含量均呈极显著相关关系（$p<0.01$）。间隙水铬含量和沉积物水溶性盐含量，间隙水镉含量和沉积物有机碳含量，间隙水铅含量和沉积物水溶性盐含量，间隙水总磷含量和沉积物镉含量，间隙水总氮含量和沉积物镉含量均呈显著相关关系（$p<0.05$）。间隙水锌含量和沉积物硫化物含量，间隙水镉含量和沉积物水溶性盐含量，以及间隙水油类含量和沉积物油类含量均呈极显著相关关系（$p<0.01$）。

2. 2021 年冬季

沉积物及其间隙水中各指标进行相关性分析，得出间隙水铬含量和间隙水铜含量、间隙水铜含量和间隙水镉含量、间隙水砷含量和间隙水铅含量及间隙水铅含量和间隙水油类含量均呈显著相关（$p<0.05$）。间隙水锌含量和间隙水砷含量、间隙水锌含量和间隙水铅含量均呈极显著相关（$p<0.01$）。沉积物总磷含量和沉积物有机碳含量、沉积物汞含量、沉积物粉砂含量，沉积物总氮含量和沉积物水溶性盐含量、沉积物粉砂含量，沉积物有机碳含量和沉积物铜含量、沉积物锌含量、沉积物粉砂含量、沉积物砂含量，沉积物油类含量和沉积物砷含量，沉积物水溶性盐含量和沉积物镉含量，沉积物铬含量和沉积物镉含量，以及沉积物镉含量和沉积物铅含量均呈显著相关（$p<0.05$）。沉积物总磷含量和沉积物黏土含量，沉积物有机碳含量和沉积物铅含量；沉积物水溶性盐含量和沉积物硫化物含量，沉积物硫化物含量和沉积物铬含量；沉积物铬含量和沉积物铜含量、沉积物锌含量、沉积物砷含量、沉积物铅含量，沉积物铜含量和沉积物锌含量、沉积物砷含量、沉积物铅含量；沉积物锌含量和沉积物砷含量、沉积物铅含量，沉积物砷含量和沉积物铅含量；沉积物黏土含量和沉积物粉砂含量，以及沉积物粉砂含量和沉积物砂含量均呈极显著相关（$p<0.01$）。间隙水总氮含量和沉积物锌含量、沉积物砷含量，间隙水油类含量和沉积物粉砂含量，间隙水砷含量和沉积物水溶性盐含量；间隙水铅含量和沉积物砂含量，间隙水汞含量和沉积物镉含量均呈显著相关（$p<0.05$）。间隙水总氮含量和沉积物铬含量、沉积物铜含量，间隙水铬含量和沉积物油类含量，间隙水油类含量和沉积物砂含量均呈极显著相关（$p<0.01$）。

3. 2022年春季

间隙水铜含量和间隙水镉含量、间隙水锌含量和间隙水砷含量、间隙水锌含量和间隙水铅含量、间隙水铅含量和间隙水总磷含量均呈显著相关关系（$p<0.05$）。间隙水铬含量和间隙水铜含量、间隙水镉含量均呈显著相关关系（$p<0.01$）。沉积物总氮含量和沉积物铬含量、沉积物砂含量，沉积物有机碳含量和沉积物锌含量、沉积物铬含量和沉积物镉含量、沉积物铜含量和沉积物镉含量、沉积物砷含量和沉积物汞含量均呈显著相关关系（$p<0.05$）。沉积物黏土含量和沉积物粉砂含量、沉积物砂含量，沉积物粉砂含量和沉积物砂含量，沉积物总氮含量和沉积物锌含量、沉积物砷含量、沉积物铅含量，沉积物有机碳含量和沉积物油类含量、沉积物水溶性盐含量，沉积物油类含量和沉积物水溶性盐含量，沉积物铬含量和沉积物锌含量、沉积物砷含量、沉积物铅含量；沉积物锌含量和沉积物砷含量、沉积物铅含量，及沉积物砷含量和沉积物铅含量均呈极显著相关关系（$p<0.01$）。沉积物总氮含量和沉积物铬含量、沉积物砂含量，沉积物有机碳含量和沉积物锌含量、沉积物铬含量和沉积物镉含量、沉积物铜含量和沉积物镉含量、沉积物砷含量和沉积物汞含

量均呈显著相关关系（$p<0.05$）。沉积物黏土含量和沉积物粉砂含量、沉积物砂含量，沉积物粉砂含量和沉积物砂含量，沉积物总氮含量和沉积物锌含量、沉积物砷含量、沉积物铅含量，沉积物有机碳含量和沉积物油类含量、沉积物水溶性盐含量，沉积物油类含量和沉积物水溶性盐含量，沉积物铬含量和沉积物锌含量、沉积物砷含量、沉积物铅含量；沉积物锌含量和沉积物砷含量、沉积物铅含量，及沉积物砷含量和沉积物铅含量均呈极显著相关关系（$p<0.01$）。间隙水铬含量和沉积物总磷含量、沉积物铜含量、沉积物锌含量、沉积物砷含量、沉积物镉含量；间隙水铜含量和沉积物锌含量、沉积物铅含量、沉积物砂含量；间隙水锌含量和沉积物铅含量、间隙水砷含量和沉积物镉含量、间隙水镉含量和沉积物镉含量、间隙水总磷含量和沉积物铜含量、间隙水油类含量和沉积物镉含量均呈显著相关关系（$p<0.05$）。间隙水油类含量和沉积物硫化物含量、间隙水铬含量和沉积物铅含量均呈极显著相关关系（$p<0.01$）。

4. 2022年夏季

间隙水铬含量和间隙水铜含量；间隙水砷含量和间隙水汞含量、间隙水油类含量，间隙水铅含量和间隙水汞含量呈显著相关关系（$p<0.05$）。间隙水锌含量和间隙水铅含量；间隙水铬含量和间隙水砷含量、间隙水镉含量，间隙水铜含量和间隙水油类含量、间隙水总磷含量和间隙水总氮含量均呈极显著相关关系（$p<0.01$）。沉积物总磷含量和沉积物铜含量、沉积物有机碳含量和沉积物铜含量、沉积物铬含量和沉积物铜含量、沉积物铜含量和沉积物砂含量、沉积物砷含量和沉积物汞含量、沉积物铅含量和沉积物汞含量、沉积物粉砂含量和沉积物砂含量均呈显著相关关系（$p<0.05$）。沉积物铬含量和沉积物砷含量、沉积物镉含量；沉积物锌含量和沉积物铅含量；沉积物黏土含量和沉积物粉砂含量、沉积物砂含量均呈极显著相关关系（$p<0.01$）。间隙水铬含量和沉积物铜含量；间隙水铜含量和沉积物总磷含量、沉积物有机碳含量、沉积物铬含量、沉积物砂含量，间隙水砷含量和沉积物汞含量；间隙水铅含量和沉积物汞含量；间隙水汞含量和沉积物砷含量、沉积物铅含量，间隙水总磷含量和沉积物有机碳含量；间隙水总氮含量和沉积物有机碳含量，间隙水油类含量和沉积物砷含量均呈显著相关关系（$p<0.05$）。间隙水铬含量和沉积物铬含量、沉积物砷含量、沉积物镉含量；间隙水铜含量和沉积物铜含量，间隙水锌含量和沉积物锌含量、沉积物铅含量，间隙水砷含量和沉积物铬含量、沉积物砷含量，间隙水镉含量和沉积物铬含量、沉积物镉含量；间隙水铅含量和沉积物锌含量、沉积物铅含量，间隙水汞含量和沉积物汞含量，间隙水油类含量和沉积物总磷含量，间隙水油类含量和沉积物铜含量、沉积物砂含量均呈极显著相关关系（$p<0.01$）。

5. 2022秋季

间隙水铜含量和间隙水镉含量、间隙水镉含量和间隙水铬含量、间隙水铬含量和间隙总氮含量、间隙水铜含量和间隙水总磷含量、间隙水铜含量和间隙水汞含量、间隙水总磷含量和间隙水总氮含量均呈显著相关关系($p<0.05$)。沉积物铬含量和沉积物汞含量;沉积物锌含量和沉积物汞含量;沉积物锌含量和沉积物铅含量;沉积物汞含量和沉积物总磷含量;沉积物总氮含量和沉积物汞含量均呈显著相关关系($p<0.05$)。沉积物铬含量和沉积物铜含量、沉积物砷含量、沉积物锌含量、沉积物镉含量、沉积物铅含量;沉积物铜含量和沉积物锌含量、沉积物砷含量、沉积物镉含量、沉积物铅含量;沉积物锌含量和沉积物砷含量;沉积物镉含量和沉积物铅含量;沉积物砷含量和沉积物铅含量、沉积物汞含量;沉积物镉含量和沉积物铅含量;沉积物硫化物含量和沉积物总磷含量均呈极显著相关关系($p<0.01$)。沉积物铬含量和间隙水铜含量以及镉含量;间隙水砷含量和沉积物铜含量;间隙水砷含量和沉积物锌含量;间隙水砷含量和沉积物砷含量;沉积物砷含量和间隙水汞含量均呈显著相关关系($p<0.05$)。

6. 2022年冬季

间隙水铬含量和间隙水铜含量呈显著相关($p<0.05$)。间隙水铜含量和间隙水砷含量、间隙水锌含量和间隙水镉含量、间隙水砷含量和间隙水总磷含量均呈极显著相关($p<0.01$)。沉积物铬含量和沉积物汞含量、沉积物硫化物含量;沉积物总氮含量和沉积物汞含量、沉积物硫化物含量和沉积物镉含量均呈显著相关($p<0.05$)。沉积物铜含量和沉积物铬含量;沉积物锌含量和沉积物铬含量以及铜含量;沉积物砷含量和沉积铬含量、沉积物铜含量以及沉积物锌含量;沉积物镉含量和沉积物铬含量、沉积物铜含量、沉积物锌含量、沉积物砷含量;沉积物铅含量和沉积物铬含量、沉积物铜含量、沉积物锌含量、沉积物砷含量、沉积物镉含量;沉积物总磷含量和沉积物铅含量、沉积物镉含量、沉积物砷含量、沉积物铬含量、沉积物锌含量、沉积物铜含量;沉积物粉砂含量和沉积物黏土含量;沉积物砂含量和沉积物粉砂含量均呈极显著相关($p<0.01$)。间隙水总氮含量和沉积物砷含量、沉积物砷含量和间隙水油类含量;间隙水汞含量和沉积物油类含量;间隙水油类含量和沉积物粉砂含量均呈显著相关($p<0.05$)。间隙水汞含量和沉积物砷含量;沉积物总氮含量和间隙水锌含量均呈极显著相关($p<0.01$)。

7. 2023年春季

间隙水铜含量和间隙水锌含量、间隙水镉含量;间隙水锌含量和间隙水镉含量、间隙水油类含量均呈显著相关关系($p<0.05$)。间隙水铬含量和间隙水铅含量、间隙水油类含量;间隙水铜含量和间隙水砷含量;间隙水铅含量

和间隙水油类含量均呈显著相关关系（$p<0.01$）。沉积物黏土含量和沉积物铜含量、沉积物锌含量、沉积物铅含量以及沉积物有机碳含量；沉积物粉砂含量和沉积物铜含量、沉积物锌含量、沉积物铅含量以及沉积物有机碳含量均呈显著相关关系（$p<0.05$）。沉积物铜含量和沉积物铬含量；沉积物锌含量和沉积物铬含量、沉积物铜含量；沉积物砷含量和沉积物铬含量、沉积物铜含量、沉积物锌含量；沉积物铅含量和沉积物铬含量、沉积物铜含量、沉积物锌含量以及沉积物砷含量；沉积物黏土含量和沉积物铬含量；沉积物粉砂含量和沉积物铬含量以及沉积物黏土含量；沉积物砂含量和沉积物水溶性盐含量以及沉积物黏土含量均呈显著相关关系（$p<0.01$）。间隙水铜含量和沉积物铬含量；间隙水砷含量和沉积物汞含量；沉积物汞含量和间隙水汞含量；间隙水铬含量和沉积物有机碳含量；间隙水砷含量和沉积物有机碳含量；间隙水镉含量和沉积物总氮含量；沉积物水溶性盐含量和间隙水铜含量、间隙水锌含量以及间隙水砷含量均呈显著相关关系（$p<0.05$）；间隙水镉含量和沉积物总氮含量呈极显著相关关系（$p<0.01$）。

8. 2023 年夏季

间隙水铬含量和间隙水铜含量呈显著相关关系（$p<0.05$）。间隙水铬含量和间隙水铅含量；间隙水锌含量和间隙水镉含量；间隙水镉含量和间隙水总氮含量均呈显著相关关系（$p<0.01$）。沉积物砷含量和沉积物锌含量；沉积物总氮含量和沉积物有机碳含量；沉积物油类含量和沉积物砷含量以及沉积物有机碳含量；沉积物硫化物含量和沉积物有机碳含量；沉积物黏土含量和沉积物铬含量、沉积物铅含量以及沉积物水溶性盐含量；沉积物粉砂含量和沉积物镉含量、沉积物铅含量以及沉积物水溶性盐含量均呈显著相关关系（$p<0.05$）。沉积物锌含量和沉积物铜含量；沉积物砷含量和沉积物铬含量、沉积物铜含量；沉积物镉含量和沉积物铬含量、沉积物铜含量、沉积物锌含量；沉积物铅含量和沉积物铬含量、沉积物铜含量、沉积物锌含量以及沉积物镉含量；沉积物油类含量和沉积物总磷含量、沉积物硫化物含量和沉积物水溶性盐含量；沉积物黏土含量和沉积物铬含量；沉积物粉砂含量和沉积物铬含量以及沉积物黏土含量；沉积物砂含量和沉积物铬含量、沉积物铜含量、沉积物锌含量、沉积物砷含量、沉积物镉含量、沉积物铅含量、沉积物汞含量、沉积物有机碳含量、沉积物总磷含量、沉积物总氮含量、沉积物油类含量、沉积物水溶性盐含量、沉积物硫化物含量、沉积物黏土含量、沉积物粉砂含量均呈极显著相关关系（$p<0.01$）。间隙水油类含量和沉积物总磷含量；沉积物黏土含量和间隙水总磷含量以及间隙水油类含量；沉积物粉砂含量和间隙水总磷含量以及间隙水油类含量均呈显著相关关系（$p<0.05$）。

9. 2023年秋季

对2023年秋季龙港市红树林沉积物及其间隙水中各指标进行相关性分析。其中,间隙水铜含量和间隙水铬含量呈显著相关性($p<0.05$),间隙水铜含量和间隙水铬含量、间隙水铅含量和间隙水铬含量均呈极显著相关关系($p<0.01$)。另外,沉积物铬含量和沉积物镉含量、沉积物粉砂含量和沉积物镉含量均呈显著相关关系($p<0.05$)。沉积物砷含量和沉积物铬含量、沉积物铅含量、沉积物锌含量、沉积物铜含量均呈显著相关关系($p<0.01$)。沉积物铜含量和沉积物锌含量呈显著相关关系($p<0.01$)。沉积物锌含量和沉积物铬含量、沉积物铅含量均呈显著相关关系($p<0.01$)。沉积物铅含量和沉积物铬含量均呈极显著相关关系($p<0.01$)。间隙水汞含量和沉积物锌含量、镉含量均呈显著相关关系($p<0.05$)。间隙水汞含量和沉积物铬含量、间隙水总氮含量和间隙水镉含量均呈极显著相关关系($p<0.01$)。沉积物总磷含量、沉积物黏土含量与沉积物镉含量均呈显著负相关关系($p<0.05$)。沉积物黏土含量与沉积物油类含量、沉积物粉砂含量与沉积物黏土含量均呈显著负相关关系($p<0.05$)。沉积物油类含量、沉积物粉砂含量与沉积物镉含量均呈显著相关关系($p<0.01$)。沉积物粉砂含量与沉积物油类含量呈极显著相关关系($p<0.01$)。

10. 2023年冬季

对2023年冬季龙港市红树林沉积物及其间隙水中各指标进行相关性分析。其中,间隙水铅含量和间隙水砷含量、间隙水油类含量和间隙水砷含量、间隙水油类含量和间隙水铬含量均呈显著相关($p<0.05$)。间隙水镉含量和间隙水锌含量呈极显著相关($p<0.01$)。间隙水铬含量和间隙水铜含量呈显著负相关($p<0.05$)。另外,沉积物镉含量和沉积物锌含量、沉积物铬含量和沉积物镉含量、均呈显著相关($p<0.05$)。沉积物铜含量和沉积物砷含量、沉积物锌含量和沉积物砷含量;沉积物铬含量和沉积物砷含量、沉积物锌含量和沉积物铜含量、沉积物铬含量和沉积物铜含量、沉积物黏土含量和沉积物砷含量、沉积物黏土含量和沉积物铜含量、沉积物黏土含量和沉积物锌含量、沉积物黏土含量和沉积物铬含量、沉积物砂含量和沉积物铅含量均呈极显著相关($p<0.01$)。间隙水铜含量和沉积物锌含量、间隙水铜含量和沉积物总氮含量、间隙水铜含量和沉积物黏土含量、间隙水铅含量和间隙水砷含量、间隙水油类含量和间隙水砷含量、间隙水油类含量和间隙水铬含量均呈显著相关($p<0.05$)。间隙水铜含量和沉积物镉含量、间隙水铬含量和间隙水锌含量均呈极显著相关($p<0.01$)。

11. 2024年春季

对2024年春季龙港市红树林沉积物及其间隙水中各指标进行相关性分析。其中,间隙水镉含量和间隙水锌含量、间隙水镉含量和间隙水铅含量、间隙水铬含量和间隙水锌含量、间隙水铬含量和间隙水镉含量、间隙水总氮含量与间隙水砷含量、间隙水油类含量与间隙水锌含量均呈显著相关关系（$p<0.05$）。间隙水铬含量和间隙水砷含量、间隙水油类含量和间隙水砷含量、间隙水油类含量和间隙水镉均呈极显著相关关系（$p<0.01$）。另外，沉积物有机碳含量和沉积物汞含量、沉积物总氮含量和沉积物总磷含量均呈显著相关关系（$p<0.05$）。沉积物铜含量和沉积物砷含量、沉积物锌含量和沉积物砷含量、沉积物锌含量和沉积物铜含量、沉积物铅含量和沉积物砷含量、沉积物铅含量和沉积物铜含量、沉积物铅含量和沉积物锌含量、沉积物镉含量和沉积物砷含量、沉积物镉含量和沉积物铜含量、沉积物镉含量和沉积物锌含量、沉积物镉含量和沉积物铅含量、沉积物铬含量和沉积物砷含量、沉积物铬含量和沉积物铜含量、沉积物铬含量和沉积物锌含量、沉积物铬含量和沉积物铅、沉积物铬含量和沉积物镉含量均呈极显著相关关系（$p<0.01$）。沉积物砂含量和沉积物粉砂含量、间隙水总氮含量和沉积物有机碳含量、间隙水总氮含量和沉积物总氮含量均呈显著相关关系（$p<0.05$）。间隙水砷含量和沉积物有机碳含量、间隙水铜含量和沉积物砂含量均呈极显著相关关系（$p<0.01$）。

12. 2024年夏季

对2024年夏季龙港市红树林沉积物及其间隙水中各指标进行相关性分析。其中间隙水铬含量和间隙水铅含量；间隙水油类含量和间隙水铅含量均呈显著相关关系（$p<0.05$）。间隙水铅含量和间隙水铜含量；间隙水镉含量和间隙水铜含量；间隙水油类含量和间隙水铜含量；间隙水铬含量和间隙水锌含量均呈显著相关关系（$p<0.01$）。另外，沉积物镉含量和沉积物汞含量；沉积物黏土含量和沉积物镉含量均呈显著相关关系（$p<0.05$）。沉积物铜含量和沉积物砷含量；沉积物锌含量和沉积物砷含量和沉积物铜含量；沉积物铅含量和沉积物砷含量、沉积物铜含量、沉积物锌含量；沉积物铬含量和沉积物砷含量、沉积物铜含量、沉积物锌含量以及沉积物铅含量均呈极显著相关关系（$p<0.01$）。最后，间隙水汞含量和沉积物水溶性盐含量；间隙水铜含量和沉积物锌含量、沉积物铅含量和沉积物铬含量；间隙水总氮含量和沉积物有机碳含量均呈显著相关关系（$p<0.05$）。间隙水铬含量和沉积物砷含量、沉积物铜含量、沉积物锌含量、沉积物铅含量均呈极显著相关关系（$p<0.01$）。

三、结论

（一）沉积物环境质量

2021年秋季至2024年夏季沉积物质量，除多数站位的铜符合二类标准外,其余 6 种重金属与有机碳均符合一类标准。所有站位均未受到砷、镉和锌的污染。总体而言,大多数重金属元素之间具有较高的相关性,大多数站位也未受到铜、铅、汞等污染,生态风险处于低等或中低等生态风险状态。三种生境沉积物不同重金属的含量对比呈现:新林＞老林＞光滩,这可能是秋茄林对不同重金属富集和吸收能力存在差异,而且人为扰动导致底泥中的重金属元素被释放,并且海水源源不断输送悬浮物沉积,这也表明秋茄林具有强大的富集重金属能力,但幼林期吸收能力有限,随着秋茄林生长至成年林其吸收重金属能力增强,环境中重金属能得到更好的吸收治理。沉积物中的重金属污染总体上处于可控范围内,呈现良好的环境质量状况,多数重金属符合国家一类质量标准,铜是唯一超出一类标准的重金属,仅有少量站点受到铜的污染,但其污染程度仍然属于轻度,对生态系统的影响有限,重金属污染并未对红树林生态系统造成显著威胁,生态风险较低。重金属之间的高相关性可能反映了这些元素在自然环境中具有共同来源,同时也解释了在重金属分布方面可能存在人为扰动。总之,建议继续关注该区域沉积物中重金属的变化趋势,以确保及时发现并处理任何潜在的污染问题。

(二) 沉积物间隙水环境质量

三种生境间隙水不同重金属的含量对比表明:新林＞老林≈光滩。间隙水各项指标与沉积物各项指标之间的关系总体不显著。这表明间隙水环境质量主要受到沿岸海域海水环境质量影响而与沉积物的环境质量关系并不密切。间隙水各环境指标均呈现明显季节变化,这可能是由于气候变化、降雨量等因素导致的自然波动。

(三) 老林区、新林区及光滩区环境质量

老林区的沉积物环境质量总体优于新林区和光滩区,新林区总体优于光滩区。这表明种植秋茄可以改善沉积物及周边生态环境质量,如吸收重金属元素,降低重金属污染危害等。同时,随着秋茄种植生长,其吸收污染物的能力逐渐增强,总体上呈现老林区的沉积物及其间隙水的环境质量和生态风险状况优于新林区,更优于光滩区。由此可见,通过红树林建设开展生态修复和环境治理是有效措施。

第三篇

沿浦湾红树林生态调查与研究

沿浦湾属于典型的淤积型海湾滨海湿地,呈现"凹"字形半封闭状态,风浪影响小;滩涂宽阔平缓,沿浦河、下在河及岭尾河等淡水径流注入;高潮带大部分高程为 2~2.9 m,底质基本为粉质淤泥,在 2~3 m 地质深度为淤泥和泥质,为亚热带季风气候区;这些特征均为大批量秋茄引种建设提供得天独厚的天然条件。2014 年开展了沿浦湾滩涂沉积物、水质、大型底栖动物调查,2015 年下半年在水闸附近滩涂试种 10 亩秋茄胚轴,秋茄成活率高达 90% 以上。2016 年扩种了 750 亩秋茄,2018 年进一步扩大种植秋茄林 400 多亩,如今秋茄林面积已达到 1 260 亩,至 2023 年年底秋茄林面积已达到 1 500 亩。2020 年,沿浦湾获得自然资源部第一次蓝色海湾建设资金资助;2023 年,浙江苍南县沿浦湾又获得自然资源部第二次蓝色海湾项目资助,2024 年开始进一步在沿浦湾栽种 1 100 余亩秋茄。到 2027 年,沿浦湾秋茄、桐花等种植面积将达到 2 600 余亩。近 10 年来,引种的秋茄生长迅速,绝大部分秋茄株高达 2~3 m,长势良好。

2014 年以来,浙江海洋大学红树林生态团队为沿浦湾作了以秋茄引种修复滩涂生态的选划与规划,十多年来通过秋茄林生态调查、监测与研究,科技指导沿浦湾红树林建设、保护与管理,有效修复了沿浦湾生态,破解了中、高潮带养殖的 8 000 亩缢蛏、泥蚶等贝类发病低产,中、低潮带养殖的 6 000 亩紫菜"烂菜"的重大难题,在沿浦湾滩涂践行"两山"理论,促进了沿浦湾养殖产业从传统无公害产业向生态产业转型升级,实现了渔民共同富裕。

第八章
沿浦湾红树林大型底栖动物调查与研究

> 2014—2023年,浙江海洋大学红树林生态团队在沿浦湾潮间带开展了大型底栖动物群落的调查与研究,通过调查结果的对比分析,揭示了10年间大型底栖动物群落特征及其变化趋势,探索其存在的问题与成因机制。

一、调查研究内容及方法

(一)调查内容

基于5条断面高潮带、中潮带和低潮带依次进行了2个、3个和1个站位的大型底栖动物调查,开展大型底栖动物群落物种组成、优势种、丰度、生物量、物种多样性、生态位等研究,通过2014—2023年连续10年的调查与研究的结果比较分析,揭示大型底栖动物群落状况及其变化特征。

(二)调查方法

1. 调查时间与频次

2014—2023年进行了连续10年共计24季次大型底栖动物群落调查。

2. 调查断面布设

如图8-1、表8-1所示,根据《海洋调查规范》《海洋监测规范》和《红树林生态监测技术规程》的要求,布设了A、B、C、D、E共5条断面,在高潮带、中潮带和低潮带的站位连续10年的原位断面和站位调查,在5条断面的高、中、低三个潮带依次布设2个、3个与1个站位,每个站点取3个样方,样方面积为25 cm×25 cm。

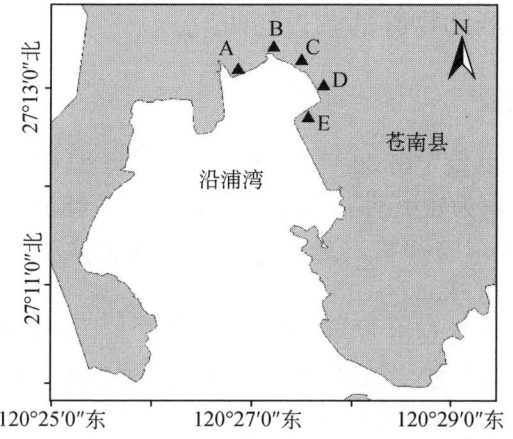

图 8-1 大型底栖动物调查断面布设

表 8-1 大型底栖动物调查断面经度和纬度

断面编号	站位	经度（E）	纬度（N）
A	YPW1 高 1，2	120.453 929 66	27.221 768 20
	YPW1 中 1，2，3	120.453 415 20	27.220 763 95
	YPW1 低 1	120.452 579 56	27.219 459 64
B	YPW2 高 1，2	120.456 964 41	27.221 019 77
	YPW2 中 1，2，3	120.456 475 84	27.220 048 01
	YPW2 低 1	120.455 896 65	27.219 026 90
C	YPW3 高 1，2	120.459 664 15	27.219 145 43
	YPW3 中 1，2，3	120.458 603 57	27.218 341 56
	YPW3 低 1	120.457 615 25	27.217 625 86
D	YPW4 高 1，2	120.461 026 65	27.217 357 25
	YPW4 中 1，2，3	120.460 049 71	27.216 806 61
	YPW4 低 1	120.458 929 12	27.216 180 31
E	YPW5 高 1，2	120.462 059 93	27.214 981 38
	YPW5 中 1，2，3	120.461 268 45	27.214 550 68
	YPW5 低 1	120.460 093 79	27.214 050 25

二、大型底栖动物群落调查与研究

(一) 种类组成

2014年秋季,共鉴定出39种,隶属于5纲9目21科29属。根据种类数多少对纲排序,依次为软甲纲15种、腹足纲7种、硬骨鱼纲6种、多毛纲6种和双壳纲5种,各纲物种数占总种数的百分比依次为38.46%、17.95%、15.38%、15.38%和12.83%。

2015年春季,共鉴定出20种,隶属于5纲7目15科17属,软甲纲8种、双壳纲4种、腹足纲3种、多毛纲3种和硬骨鱼纲2种,各纲物种数占总种数的百分比依次为40%、20%、15%、15%和10%。

2016年秋季和2017年春季,共鉴定出大型底栖动物样品40种,隶属于6纲12目20科30属,其中2个季节共为15种。

2018年秋季,共鉴定出大型底栖动物21种,隶属于6纲11目16科20属。其中,软甲纲和双壳纲种类数占总种类数的百分比最大,均为28.75%;腹足纲所占百分比为23.81%;多毛纲所占百分比为14.29%;硬骨鱼纲所占百分比为9.52%。

2018年冬季,共鉴定出大型底栖动物17种,隶属于5纲10目16科16属。其中,双壳纲种类数占总种类数的百分比最大,为35.29%;软甲纲所占百分比为29.42%;腹足纲所占百分比为23.53%;多毛纲和硬骨鱼纲的种类数占总种类数的百分比均为5.88%。

2019年春季,共鉴定出大型底栖动物17种,隶属于6纲8目14科17属。其中,软甲纲种类数占总种类数的百分比最大,为35.29%;腹足纲所占百分比为29.41;双壳纲所占百分比为23.54%;硬骨鱼纲和革囊星虫纲的种类数所占百分比均为5.88%。

2019年夏季,共鉴定出大型底栖动物15种,隶属于4纲6目13科13属。其中,软甲纲和腹足纲种类数占总种数的百分比均最大,为33.33%;双壳纲所占百分比为20.01%;硬骨鱼纲所占百分比为13.33%。

2019年秋季,共鉴定出大型底栖动物16种,隶属于5纲8目13科15属。其中,软甲纲种类数占总种数的百分比最大,为37.50%;腹足纲所占百分比为25.00%;双壳纲所占百分比为18.75%;硬骨鱼纲所占百分比为12.50%;多毛纲所占百分比为6.25%。

2019年冬季,共鉴定出大型底栖动物16种,隶属于6纲9目13科16属。其中,软甲纲和双壳纲种类数所占百分比均最大,为31.25%;腹足纲所占百分比为 18.75%；多毛纲所占百分比为 12.50%；硬骨鱼纲所占百分比为 6.25%。

2020 年春季，共鉴定出大型底栖动物 20 种，隶属于 4 纲 10 目 15 科 18 属。其中，腹足纲所占百分比最大，为 45.00%；软甲纲所占百分比为 30.00%；硬骨鱼纲所占百分比为 15.00%；双壳纲所占百分比为 15.00%。

2020 年夏季，共鉴定出大型底栖动物 22 种，隶属于 5 纲 9 目 13 科 18 属。其中，腹足纲所占百分比最大，为 33.33%；软甲纲所占百分比为 27.78%；硬骨鱼纲所占百分比为 22.22%；双壳纲所占百分比为 11.11%；革囊星虫纲所占百分比为 5.56%。

2020 年冬季，共鉴定出大型底栖动物 18 种，隶属于 6 纲 8 目 11 科 15 属。其中，腹足纲种类数占总种类数的百分比最大，为 27.77%；软甲纲所占百分比为 22.22%；硬骨鱼纲和双壳纲所占百分比均为 16.67%；多毛纲所占百分比为 11.11%；革囊星虫纲所占百分比为 5.56%。

2021 年春季，共鉴定出大型底栖动物 20 种，隶属于 5 纲 8 目 14 科 17 属。其中，软甲纲和腹足纲种类数占总种类数的百分比最大，均为 30.00%；硬骨鱼纲所占百分比 20.00%；双壳纲所占百分比为 15.00%；多毛纲的种类数所占百分比为 5.00%。

2021 年夏季，共鉴定出大型底栖动物 17 种，隶属于 8 纲 8 目 13 科 14 属。其中，软甲纲种类数占总种数的百分比最大，为 41.18%；腹足纲所占百分比为 17.65%；硬骨鱼纲所占百分比为 11.77%；无针纲、双壳纲、多毛纲、海参纲、革囊星虫纲所占百分比均为 5.88%。

2021 年秋季，共鉴定出大型底栖动物 22 种，隶属于 6 纲 8 目 15 科 19 属。其中，软甲纲种类数占总种数的百分比最大，为 31.82%；腹足纲和硬骨鱼纲所占百分比为 22.72%；多毛纲所占百分比为 13.64%；革囊星虫纲和双壳纲所占百分比均为 4.55%。

2021 年冬季，共鉴定出大型底栖动物 8 种，隶属于 3 纲 4 目 5 科 7 属。其中，软甲纲与腹足纲种类数占总种数的百分比最大，为 37.50%；硬骨鱼纲所占百分比为 25.00%。

2022 年春季，共鉴定出大型底栖动物 14 种，隶属于 7 纲 8 目 14 科 14 属。其中，软甲纲种类数占总种数的百分比最大，为 28.58%；腹足纲和多毛纲所占百分比均为 21.43%；革囊星虫纲、双壳纲、无针纲、硬骨鱼纲所占百分比均为 7.14%。

2022 年夏季，共鉴定出大型底栖动物 15 种，隶属于 8 纲 8 目 13 科 14 属。其中，腹足纲种类数占总种数的百分比最大，为 62.5%；软甲纲所占百分比为

25%;硬骨鱼纲所占百分比为12.5%。

2022年秋季,共鉴定出大型底栖动物16种,隶属于6纲8目15科16属。其中,腹足纲种类数占总种数的百分比最大,为50%;多毛纲所占百分比为18.75%;硬骨鱼纲和软甲纲所占百分比均为12.5%;革囊星虫纲所占百分比为6.25%。

2022年冬季,共鉴定出大型底栖动物11种,隶属于3纲4目5科7属。其中,腹足纲种类数占总种数的百分比最大,为36.46%;多毛纲、软甲纲和硬骨鱼纲所占百分比均为18.18%;革囊星虫纲所占百分比为9%。

2023年春季,共鉴定出大型底栖动物17种,隶属于7纲8目14科14属。其中,腹足纲种类数占总种数的百分比最大,为47.1%;软甲纲所占百分比为35.3%;多毛纲所占百分比为11.6%;硬骨鱼纲所占百分比为6%。

2023年夏季,共鉴定出大型底栖动物15种,隶属于6纲9目11科13属。其中,腹足纲种类数占总种数的百分比最大,为41.67%;多毛纲和软甲纲所占百分比均为16.67%;软甲纲、革囊星虫纲和硬骨鱼纲所占百分比均为8.33%。

2023年秋季,共鉴定出大型底栖动物14种,隶属于5纲5目10科12属。其中,腹足纲种类数占总种数的百分比最大(42.85%);其次为软甲纲,所占百分比为21.43%;多毛纲和硬骨鱼纲所占百分比均为14.29%;革囊星虫纲所占百分比为7.14%。

(二) 物种在群落中地位

2014年秋季,优势种为大弹涂鱼、弹涂鱼与青弹涂鱼;2015年春季优势种为长足长方蟹、日本大眼蟹、短拟沼螺与伍氏拟厚蟹;2016年秋季,优势种为秋季优势种为长足长方蟹与日本大眼蟹;2017年春季,优势种为珠带拟蟹守螺、日本大眼蟹和长足长方蟹。

2018年秋季,大型底栖动物优势种3种,包括尖锥拟蟹守螺、长足长方蟹和微黄镰玉螺;重要种4种,包括弹涂鱼、日本大眼蟹、伍氏拟厚蟹和青蛤;常见种4种,包括红螯螳臂相手蟹、光滑河蓝蛤、小荚蛏和缢蛏;一般种7种,包括小刀蛏、橄榄蚶、珠带拟蟹守螺、疣吻沙蚕、青弹涂鱼、相手蟹属1种和沙蚕属1种;稀有种2种,包括饰球舌螺和双齿围沙蚕。

2018年冬季,大型底栖动物优势种为尖锥拟蟹守螺1种;重要种6种,包括长足长方蟹、弹涂鱼、微黄镰玉螺、珠带拟蟹守螺、日本大眼蟹和青蛤;常见种5种,包括半褶织纹螺、伍氏拟厚蟹、缢蛏、绿螂属和橄榄蚶1种;一般种5种,包括光滑河蓝蛤、弧边招潮蟹、小刀蛏、沙蚕属1种和鼓虾属1种。

2019年春季,大型底栖动物优势种2种,包括尖锥拟蟹守螺和微黄链玉螺;重要种4种,包括长足长方蟹、珠带拟蟹守螺、弹涂鱼和日本大眼蟹;常见种3种,包括弧边招潮蟹、青蚶和红螯螳臂相手蟹;一般种4种,包括弓形革囊星虫、天津厚蟹、扁玉螺和橄榄蚶;稀有种4种,包括波纹拟滨螺、鲜明鼓虾、绿螂属1种和彩虹明樱蛤。

2019年夏季,大型底栖动物优势种4种,包括尖锥拟蟹守螺、微黄镰玉螺、长足长方蟹和珠带拟蟹守螺;重要种3种,包括日本大眼蟹、彩虹明樱蛤和弧边招潮蟹;常见种3种,包括红螯螳臂相手蟹、青蚶和弹涂鱼;一般种4种,包括缢蛏、伍氏拟厚蟹、青弹涂鱼和天津厚蟹;稀有种为黑口滨螺1种。

2019年秋季,大型底栖动物优势种4种,包括尖锥拟蟹守螺、弧边招潮蟹、微黄镰玉螺和珠带拟蟹守螺;重要种2种,包括长足长方蟹和弹涂鱼;常见种3种,包括伍氏拟厚蟹、日本大眼蟹和天津厚蟹;一般种2种,包括红螯螳臂相手蟹和缢蛏;稀有种5种,包括青蚶、沙蚕属、青弹涂鱼、鲜明鼓虾和彩虹明樱蛤。

2019年冬季,大型底栖动物优势种为尖锥拟蟹守螺1种;重要种3种,包括弹涂鱼、青蚶和弧边招潮蟹;常见种4种,包括珠带拟守螺、日本大眼蟹、微黄镰玉螺、天津厚蟹;一般种5种,包括青蚶、伍氏拟厚蟹、长足长方蟹、缢蛏、彩虹明樱蛤;稀有种3种,包括绿螂、丝异引虫和沙蚕属1种。

2020年春季,大型底栖动物优势种2种,包括尖锥拟蟹守螺和微黄镰玉螺;重要种5种,包括弧边招潮蟹、长足长方蟹、弹涂鱼、珠带拟蟹守螺和扁玉螺;常见种4种,包括婆罗囊螺、红螯螳臂相手蟹、彩虹明樱蛤和青蚶;一般种4种,包括日本大眼蟹、青弹涂鱼、天津厚蟹和鲜明鼓虾;稀有种5种,包括孔虾虎鱼、泥螺、日本异指虾、黑口滨螺和粗糙滨螺。

2020年夏季,大型底栖动物优势种3种,包括尖锥拟蟹守螺、弧边招潮蟹和长足长方蟹;重要种4种,包括微黄镰玉螺、红螯螳臂相手蟹、青蚶和弹涂鱼;常见种2种,包括珠带拟蟹守螺和天津厚蟹;一般种8种,包括大弹涂鱼、粗糙滨螺、大鳍弹涂鱼、黑口滨螺、彩虹明樱蛤、伍氏拟厚蟹、中华乌塘鳢和弓形革囊星虫;稀有种1种,为扁玉螺。

2020年冬季,大型底栖动物群落优势种2种,包括尖锥拟蟹守螺、弧边招潮蟹;重要种3种,包括弹涂鱼、青蚶、长足长方蟹;常见种8种,包括弓形革囊星虫、粗糙拟滨螺、红树拟蟹守螺、长须沙蚕、珠带拟蟹守螺、日本大眼蟹、天津厚蟹、日本刺沙蚕;一般种4种,包括黑口拟滨螺、彩虹明樱蛤、青蚶、中华乌塘鳢。

2021年春季,大型底栖动物群落优势种3种,包括尖锥拟蟹守螺、弧边招潮蟹、微黄镰玉螺;重要种4种,包括天津厚蟹、长须沙蚕、弹涂鱼、长足长方蟹；常见种 5 种，包括中华乌塘鳢、红螯螳臂相手蟹、大鳍弹涂鱼、鲜明鼓虾、青蛤；一般种 8 种，包括日本鼓虾、青蚶、粗糙拟滨螺、大弹涂鱼、彩虹明樱蛤、斑肋拟滨螺、红带织纹螺、扁玉螺。

2021 年夏季，共鉴定出大型底栖动物群落优势种 2 种，包括弧边招潮蟹、尖锥拟蟹守螺；重要种 3 种，包括珠带拟蟹守螺、天津厚蟹、长足长方蟹；常见种 8 种，包括青蛤、日本刺沙蚕、弓形革囊星虫、泥虾、泥生拟小尾纽虫、大鳍弹涂鱼、红螯螳臂相手蟹、日本大眼蟹；一般种 4 种，包括鲜明鼓虾、浅黄拟滨螺、弹涂鱼、海参科 1 种。

2021 年秋季，共鉴定出大型底栖动物群落优势种 2 种，包括弧边招潮蟹、尖锥拟蟹守螺；重要种 3 种，包括长足长方蟹、红螯螳臂相手蟹、大弹涂鱼；常见种 10 种，包括绯拟沼螺、拟穴青蟹、微黄镰玉螺、日本鼓虾、黑口拟滨螺、弹涂鱼、弓形革囊星虫、大鳍弹涂鱼、粗糙拟滨螺、日本刺沙蚕；一般种 7 种，包括弹涂鱼属 1 种、日本角吻沙蚕、泥虾、衣紫蛤、青弹涂鱼、尖锥虫、日本角鼓虾。

2021 年冬季，大型底栖动物群落优势种 2 种，包括弧边招潮蟹、尖锥拟蟹守螺；重要种 2 种，包括微黄镰玉螺、弹涂鱼；常见种 3 种，包括大弹涂鱼、珠带拟蟹守螺、天津厚蟹；一般种 1 种，为日本大眼蟹。

2022 年春季，大型底栖动物群落优势种 2 种，包括弧边招潮蟹、尖锥拟蟹守螺；重要种 5 种，包括绯拟沼螺、微黄镰玉螺、长足长方蟹、日本刺沙蚕、弓形革囊星虫；常见种 4 种，包括泥虾、弹涂鱼、红螯螳臂相手蟹、魁蚶；一般种 3 种，为双齿围沙蚕、异足索沙蚕、中华脑纽虫。

2022 年夏季，大型底栖动物群落优势种 2 种，包括弧边招潮蟹、长足长方蟹；重要种 5 种，包括彩拟蟹守螺、弹涂鱼、黑口拟滨螺、尖锥拟蟹守螺、珠带拟蟹守螺；常见种 6 种，包括波纹拟滨螺、粗糙拟滨螺、大弹涂鱼、红螯螳臂相手蟹、微黄镰玉螺、伍氏拟厚蟹；一般种 2 种，包括红树拟蟹守螺、绯拟沼螺。

2022 年秋季，大型底栖动物群落优势种 2 种，包括弧边招潮蟹、尖锥拟蟹守螺；重要种 4 种，包括弹涂鱼、弓形革囊星虫、黑口拟滨螺、日本刺沙蚕；常见种 7 种，包括长足长方蟹、微黄镰玉螺、丝异须虫、红树拟蟹守螺、粗糙拟滨螺、绯拟沼螺、背褶沙蚕；一般种 3 种，包括波纹拟滨螺、彩拟蟹守螺、鲛。

2022 年冬季，大型底栖动物群落优势种为尖锥拟蟹守螺 1 种；重要种 6 种，包括粗糙拟滨螺、大鳍弹涂鱼、弓形革囊星虫、弧边招潮蟹、微黄镰玉螺、长须沙蚕；常见种 4 种，包括弹涂鱼、黑口拟滨螺、日本鼓虾、双齿围沙蚕。

2023 年春季，大型底栖动物群落优势种 3 种，包括弧边招潮蟹、尖锥拟蟹守螺、微黄镰玉螺；重要种 3 种，包括长足长方蟹、天津厚蟹、短拟沼螺；常见种 7 种，包括弹涂鱼、红螯螳臂相手蟹、黑口拟滨螺、日本刺沙蚕、日本鼓虾、鲜明鼓虾、珠带拟蟹守螺；一般种 4 种，依次为泥螺、红树拟蟹守螺、绯拟沼螺、短叶索沙蚕。

2023 年夏季，大型底栖动物群落优势种为尖锥拟蟹守螺 1 种；重要种 5 种，包括红螯腔臂相手蟹、长足长方蟹、红树拟蟹守螺、弹涂鱼和弧边招潮蟹；常见种 5 种，包括弓形革囊星虫、微黄镰玉螺、日本刺沙蚕、绯拟沼螺和平轴螺；一般种有 2 种，为黑口拟滨螺和天津厚蟹。

2023 年秋季，大型底栖动物群里优势种有 2 种，为尖锥拟蟹守螺和微黄镰玉螺；重要种 7 种，包括大弹涂鱼、绯拟沼螺、弧边招潮蟹、珠带拟蟹守螺、长足长方蟹、日本刺沙蚕和红螯腔臂相手蟹；常见种 3 种，包括弓形革囊星虫、黑口拟滨螺和双齿围沙蚕。

（三）大型底栖动物群落组成变化特征

1. 同一年份不同季节优势种和重要种变化

由表 8-2 可知，2018 年，尖锥拟蟹守螺为秋、冬 2 季共同优势种，可见其在群落中的优势程度不受季节气温、水文等环境因子的变化影响；长足长方蟹和微黄镰玉螺为秋季优势种并均为冬季重要种；弹涂鱼、日本大眼蟹和青蛤均为秋、冬 2 季共同重要种；伍氏拟厚蟹和珠带拟蟹守螺分别为秋季和冬季的重要种。

表 8-2　2018 年秋季与冬季优势种和重要种变化情况

物种名称	2018 年秋季	2018 年冬季
尖锥拟蟹守螺	优势种	优势种
长足长方蟹	优势种	重要种
微黄镰玉螺	优势种	重要种
弹涂鱼	重要种	重要种
日本大眼蟹	重要种	重要种
伍氏拟厚蟹	重要种	—
青蛤	重要种	重要种
珠带拟蟹守螺	—	重要种

由表 8-3 可知，2019 年，尖锥拟蟹守螺为 4 个季节共同优势种，可见其在群落中的优势程度不受季节气温、水文等环境因子的变化影响；微黄镰玉螺

为春季、夏季和冬季 3 季共同优势种;长足长方蟹仅为夏季优势种,却为春季和秋季的共同优势种;珠带拟蟹守螺为夏季和秋季优势种,且为春季的重要种;弧边招潮蟹为秋、冬季优势种,且为夏季重要种;青蛤仅为冬季优势种;弹涂鱼为春季、秋季和冬季的共同重要种;日本大眼蟹为春季、夏季与冬季的共同优势种;彩虹明樱蛤仅为夏季重要种。

表 8-3　2019 年 4 个季节优势种和重要种变化情况

物种名称	2019 年春季	2019 年夏季	2019 年秋季	2019 年冬季
尖锥拟蟹守螺	优势种	优势种	优势种	优势种
微黄镰玉螺	优势种	优势种	—	优势种
长足长方蟹	重要种	优势种	重要种	—
珠带拟蟹守螺	重要种	优势种	优势种	—
弧边招潮蟹	—	重要种	优势种	优势种
青蛤	—	—	—	优势种
弹涂鱼	重要种	—	重要种	重要种
日本大眼蟹	重要种	重要种	—	重要种
彩虹明樱蛤	—	重要种	—	—

由表 8-4 可知,2020 年,尖锥拟蟹守螺为春季、夏季和冬季 3 个季节共同优势种;微黄镰玉螺为春季优势种,为夏季重要种;长足长方蟹为夏季优势种,为春季重要种;弧边招潮蟹为夏季和冬季的优势种,为春季重要种;弹涂鱼为春季、夏季和冬季共同重要种;珠带拟蟹守螺和扁玉螺仅为春季重要种;红螯螳臂相手蟹和青蚶均为夏季重要种;青蛤仅为冬季重要种。

表 8-4　2020 年 3 个季节优势种和重要种变化情况

物种名称	2020 年春季	2020 年夏季	2020 年冬季
尖锥拟蟹守螺	优势种	优势种	优势种
微黄镰玉螺	优势种	重要种	—
长足长方蟹	重要种	优势种	—
弧边招潮蟹	重要种	优势种	优势种
弹涂鱼	重要种	重要种	重要种
珠带拟蟹守螺	重要种	—	—
扁玉螺	重要种	—	—

(续表)

物种名称	2020年春季	2020年夏季	2020年冬季
红螯螳臂相手蟹	—	重要种	—
青蚶		重要种	
青蛤			重要种

注：由于受到新冠疫情影响，秋季未调查采样。

由表8-5可知，2021年，尖锥拟蟹守螺为春季、夏季、秋季和冬季4季共同优势种；微黄镰玉螺为春季优势种，为冬季重要种；长足长方蟹为春季、夏季和秋季优势种；弧边招潮蟹为春季、夏季、秋季和冬季四季共同优势种；弹涂鱼为春季和冬季共同重要种；珠带拟蟹守螺仅为夏季重要种；红螯螳臂相手蟹和大弹涂鱼均为秋季重要种；天津厚蟹为春季和夏季重要种；长须沙蚕仅为春季重要种。

表8-5 2021年4个季节优势种和重要种变化情况

物种名称	2021年春季	2021年夏季	2021年秋季	2021年冬季
尖锥拟蟹守螺	优势种	优势种	优势种	优势种
微黄镰玉螺	优势种	—	—	重要种
长足长方蟹	重要种	重要种	重要种	—
弧边招潮蟹	优势种	优势种	优势种	优势种
弹涂鱼	重要种	—	—	重要种
珠带拟蟹守螺	—	重要种	—	—
红螯螳臂相手蟹	—	—	重要种	—
天津厚蟹	重要种	重要种	—	—
长须沙蚕	重要种	—	—	—
大弹涂鱼	—	—	重要种	—

由表8-6可知，2022年，尖锥拟蟹守螺为春季、夏季和冬季3季共同优势种，为秋季重要种；微黄镰玉螺为春季和冬季重要种，长足长方蟹为春季重要种，为夏季优势种；弧边招潮蟹为春季、夏季、秋季3季共同优势种，为冬季重要种；弹涂鱼和黑口拟滨螺均为夏季和秋季共同重要种；珠带拟蟹守螺仅为夏季重要种；绯拟沼螺为春季重要种；日本刺沙蚕均为春季和秋季的重要种；弓形革囊星虫为春季、秋季和冬季3季重要种；彩拟蟹守螺仅为夏季重要种；长须沙蚕、大鳍弹涂鱼和粗糙拟滨螺均仅为冬季重要种。

表 8-6　2022 年 4 个季节优势种和重要种变化情况

物种名称	2022年春季	2022年夏季	2022年秋季	2022年冬季
尖锥拟蟹守螺	优势种	优势种	重要种	优势种
微黄镰玉螺	重要种	—	—	重要种
长足长方蟹	重要种	优势种	—	—
弧边招潮蟹	优势种	优势种	优势种	重要种
弹涂鱼	—	重要种	重要种	—
珠带拟蟹守螺	—	重要种	—	—
绯拟沼螺	重要种	—	—	—
日本刺沙蚕	重要种	—	重要种	—
弓形革囊星虫	重要种	—	重要种	重要种
黑口拟滨螺	—	重要种	重要种	—
彩拟蟹守螺	—	重要种	—	—
长须沙蚕	—	—	—	重要种
大鳍弹涂鱼	—	—	—	重要种
粗糙拟滨螺	—	—	—	重要种

由表 8-7 可知，2023 年，尖锥拟蟹守螺为春季、夏季和秋季 3 季共同优势种；微黄镰玉螺为春季和秋季优势种；长足长方蟹为春季、夏季和秋季 3 季共同重要种；弧边招潮蟹为春季优势种，为夏季和秋季共同重要种；弹涂鱼和红树拟蟹螺均为夏季重要种；珠带拟蟹守螺仅为秋季重要种；天津厚蟹和短拟沼螺均为春季重要种，红树拟蟹螺仅为夏季重要种；绯拟沼螺、日本刺沙蚕和大弹涂鱼均为秋季的重要种。

表 8-7　2023 年 3 个季节优势种和重要种变化情况

物种名称	2023年春季	2023年夏季	2023年秋季
尖锥拟蟹守螺	优势种	优势种	优势种
微黄镰玉螺	优势种	—	优势种
长足长方蟹	重要种	重要种	重要种
弧边招潮蟹	优势种	重要种	重要种
弹涂鱼	—	重要种	—
珠带拟蟹守螺	—	—	重要种

(续表)

物种名称	2023年春季	2023年夏季	2023年秋季
天津厚蟹	重要种	—	—
短拟沼螺	重要种	—	—
红树拟蟹螺	—	重要种	—
绯拟沼螺	—	—	重要种
日本刺沙蚕	—	—	重要种
大弹涂鱼	—	—	重要种

2. 不同年份4个季节的优势种和重要种变化

由表8-8可知，2019—2023年各年份春季，优势种和重要种组成与种数略有变化，尖锥拟蟹守螺和微黄镰玉螺几乎均为每年的优势种；随着年份的后延，弧边招潮蟹成为2021—2023年各年份春季的共同优势种。长足长方蟹、珠带拟蟹守螺、弹涂鱼、日本大眼蟹、弧边招潮蟹、扁玉螺、天津厚蟹、长须沙蚕、绯拟沼螺、日本刺沙蚕及弓形革囊星虫为一些年份的重要种，且呈现更替变化中。

表8-8 2019—2023年各年份春季优势种和重要种变化

物种名称	2019年春季	2020年春季	2021年春季	2022年春季	2023年春季
尖锥拟蟹守螺	优势种	优势种	优势种	优势种	优势种
微黄镰玉螺	优势种	优势种	优势种	重要种	优势种
长足长方蟹	重要种	重要种	重要种	重要种	重要种
珠带拟蟹守螺	重要种	重要种	—	—	—
弹涂鱼	重要种	重要种	—	—	—
日本大眼蟹	重要种	—	—	—	—
弧边招潮蟹	—	重要种	优势种	优势种	优势种
扁玉螺	—	重要种	—	—	—
天津厚蟹	—	—	重要种	—	重要种
长须沙蚕	—	—	重要种	—	—
绯拟沼螺	—	—	—	重要种	重要种
日本刺沙蚕	—	—	—	重要种	—
弓形革囊星虫	—	—	—	重要种	—

由表 8-9 可知，2019—2023 年各年份夏季，大型底栖动物群落优势种和重要种组成与种数略有变化，除尖锥拟蟹守螺和长足长方蟹基本为底栖动物群落优势种和重要种外，微黄镰玉螺为 2019 年优势种，至 2020 年变成了重要种，随后在 2020—2023 年夏季不再是优势种或重要种；珠带拟蟹守螺仅在 2019 年夏季成为优势种，在 2021 年和 2022 年夏季成为重要种；除了 2019 年夏季和 2023 年夏季为重要种外，弧边招潮蟹成为 2020—2022 年 3 个年份夏季的优势种；日本大眼蟹为 2019 年夏季和 2020 年夏季的共同优势种；红螯螳臂相手蟹仅为 2020 年夏季的重要种；彩虹明樱蛤仅为 2019 年夏季的重要种；青蚶和弹涂鱼均为 2020 年夏季的重要种，其中弹涂鱼也为 2022 年夏季与 2023 年夏季的重要种；天津厚蟹和红树拟蟹守螺分别为 2021 年夏季和 2023 年夏季的重要种；黑口拟滨螺和彩拟滨螺均为 2022 年夏季的重要种。随着年份后延，大型底栖动物群落优势种和重要种呈现离散的更替变化中。

表 8-9　2019—2023 年各年份夏季优势种和重要种变化

物种名称	2019 年夏季	2020 年夏季	2021 年夏季	2022 年夏季	2023 年夏季
尖锥拟蟹守螺	优势种	优势种	优势种	重要种	优势种
微黄镰玉螺	优势种	重要种	—	—	—
长足长方蟹	优势种	优势种	重要种	重要种	重要种
珠带拟蟹守螺	优势种	—	重要种	重要种	—
弧边招潮蟹	重要种	优势种	优势种	优势种	重要种
日本大眼蟹	重要种	重要种	—	—	—
红螯螳臂相手蟹	—	重要种	—	—	—
彩虹明樱蛤	重要种	—	—	—	—
青蚶	—	重要种	—	—	—
弹涂鱼	—	重要种	—	重要种	重要种
天津厚蟹	—	—	重要种	—	—
黑口拟滨螺	—	—	—	重要种	—
彩拟滨螺	—	—	—	重要种	—
红树拟蟹守螺	—	—	—	—	重要种

由表 8-10 分析可知，尖锥拟蟹守螺是 2018—2023 年每个年份秋季的优势种，微黄镰玉螺则为 2018 年、2019 年、2020 年及 2023 年每个年份秋季的优势种；长足长方蟹为 2018 年与 2019 年 2 个年份秋季的优势种，为 2020 年、

2021年及2023年每个年份秋季的重要种;珠带拟蟹守螺为2020年秋季的优势种,为2023年秋季的重要种;弧边招潮蟹为2020年、2021年及2022年各年份秋季优势种,为2023年秋季重要种;日本大眼蟹与伍氏拟厚蟹均为2018年与2019年两个年份秋季的重要种;青蚶为2019年秋季重要种;弹涂鱼为2018年、2019年、2020年及2022年秋季重要种;红螯螳臂相手蟹为2020年秋季重要种;大弹涂鱼为2020年与2023年秋季重要种;日本刺沙蚕为2022年与2023年秋季重要种;弓形革囊星虫、黑口拟滨螺与绯拟沼螺均为2022年秋季重要种;青蛤为2018年秋季重要种。

表8-10 2018—2023年各年份秋季优势种和重要种变化

物种名称	2018年秋季	2019年秋季	2020年秋季	2021年秋季	2022年秋季	2023年秋季
尖锥拟蟹守螺	优势种	优势种	优势种	优势种	优势种	优势种
微黄镰玉螺	优势种	优势种	优势种	—	—	优势种
长足长方蟹	优势种	优势种	重要种	重要种	—	重要种
珠带拟蟹守螺	—	—	优势种	—	—	重要种
弧边招潮蟹	—	—	优势种	优势种	优势种	重要种
日本大眼蟹	重要种	重要种	—	—	—	—
伍氏拟厚蟹	重要种	重要种	—	—	—	—
青蚶	—	重要种	—	—	—	—
弹涂鱼	重要种	重要种	重要种	—	重要种	—
红螯螳臂相手蟹	—	—	重要种	—	—	—
大弹涂鱼	—	—	重要种	—	—	重要种
日本刺沙蚕	—	—	—	—	重要种	重要种
弓形革囊星虫	—	—	—	—	重要种	—
黑口拟滨螺	—	—	—	—	重要种	—
绯拟沼螺	—	—	—	—	重要种	—
青蛤	重要种	—	—	—	—	—

由表8-11分析可知,尖锥拟蟹守螺是2018—2022年每个年份冬季的优势种,微黄镰玉螺则为2018年、2019年、2021年及2022年每个年份冬季的重要种;弧边招潮蟹为2020年与2021年2个年份冬季优势种,为2018年与2022年2个年份的冬季重要种;青蛤为2020年冬季优势种,为2018年与

2019 年 2 个年份冬季重要种;长足长方蟹仅为 2019 年冬季的重要种;日本大眼蟹与伍氏拟厚蟹均为 2018 年与 2019 年 2 个年份秋季的重要种,青蚶为 2019 年秋季重要种,弹涂鱼为 2018 年、2019 年、2020 年及 2021 年 4 个年份冬季重要种;珠带拟蟹守螺与日本大眼蟹均为 2018 年、2019 年与 2020 年 3 个年份冬季的重要种;弓形革囊星虫、长须沙蚕、大鳍弹涂鱼及粗糙拟滨螺均为 2022 年冬季重要种。

表 8-11　2018—2022 年各年份冬季优势种和重要种变化

物种名称	2018 年冬季	2019 年冬季	2020 年冬季	2021 年冬季	2022 年冬季
尖锥拟蟹守螺	优势种	优势种	优势种	优势种	优势种
弧边招潮蟹	重要种	—	优势种	优势种	—
青蛤	重要种	重要种	优势种	—	—
长足长方蟹	—	重要种	—	—	—
弹涂鱼	重要种	重要种	重要种	重要种	—
微黄镰玉螺	重要种	重要种	—	重要种	重要种
珠带拟蟹守螺	重要种	重要种	重要种	—	—
日本大眼蟹	重要种	重要种	重要种	—	—
弓形革囊星虫	—	—	—	—	重要种
长须沙蚕	—	—	—	—	重要种
大鳍弹涂鱼	—	—	—	—	重要种
粗糙拟滨螺	—	—	—	—	重要种

综上所述,尖锥拟蟹守螺基本为 2018—2023 年各年份各季节的优势种,微黄镰玉螺、弧边招潮蟹、长足长方蟹等种类在 2018—2023 年各年份各季节出现频率较高,且为优势种或重要种,这表明上述腹足类、甲壳类在生境大型底栖动物群落处于重要地位。弹涂鱼、大鳍弹涂鱼、粗糙拟滨螺、青蛤、青蚶、日本大眼蟹、弓形革囊星虫、日本刺沙蚕等滩涂鱼类、双壳类、腹足类、甲壳类及环节动物等种类以优势种或重要种出现,并在大型底栖动物群落中随着年份或季节变化而变化。

秋茄引种前,在 2014 年秋季和 2015 年春季 2 季调查中出现优势种 3 种。即日本大眼蟹和长足长方蟹为 2 季共同优势种,缢蛏为 1 季优势种。秋茄引种前,大型底栖动物优势种以归属软甲纲为主。秋茄种植后前两年,大型底栖动物优势种归属纲以软甲纲为主,腹足纲次之。随着秋茄引种与生长,大型底栖动物优势种转变为以腹足纲为主要归属纲,软甲纲次之,且优势种组成趋于稳定。2016年秋季至2018年夏季,共8季调查中出现优势种7种。其中,尖锥拟蟹守螺为7季共同优势种,长足长方蟹为4季共同优势种,日本大眼蟹为3季共同优势种,珠带拟蟹守螺为3季共同优势种,微黄镰玉螺为2季共同优势种,弹涂鱼为1季优势种,弧边招潮蟹为1季优势种。2018年秋季至2020年夏季,共8季调查中出现优势种6种。其中,尖锥拟蟹守螺为8季共同优势种,微黄镰玉螺为5季共同优势种,长足长方蟹为3季共同优势种,弧边招潮蟹为3季共同优势种,珠带拟蟹守螺为2季共同优势种,青蛤为1季优势种。2020年秋季至2023年秋季,共13季调查出现优势种4种。其中,尖锥拟蟹守螺为12季优势种,弧边招潮蟹为9季共同优势种,微黄镰玉螺为3季优势种,长足长方蟹为2季共同优势种。表明生境由光滩或互花蜜草生境转变为秋茄林生境且渐趋稳定,优势种种数趋少且种类渐趋稳定。

(四)大型底栖动物生物量和丰度

1. 不同年份四季生物量变化

2014年秋季低潮带生物量最大(119.06 g/m²),2015年春季低潮带生物量最大(128.60 g/m²),2016年秋季高潮带生物量最大(277.98 g/m²),2016年冬季高潮带生物量最大(78.41 g/m²)。2017年春季高潮带生物量最大(215.93 g/m²),2017年夏季高潮带生物量最大(173.23 g/m²),2017年秋季低潮带生物量最大(257.20 g/m²),2017年冬季高潮带生物量最大(108.47 g/m²)。2018年春季中潮带生物量最大(54.45 g/m²),2018年夏季低潮带生物量最大(145.47 g/m²),2018年秋季高潮带生物量最大(78.00 g/m²),2018年冬季高潮带生物量最大(62.13 g/m²)。2019年春季高潮带生物量最大(228.12 g/m²),2019年夏季中潮带生物量最大(200.89 g/m²),2019年秋季中潮带生物量最大(321.59 g/m²),2019年冬季低潮带生物量最大(89.00 g/m²)。2020年春季中潮带生物量最大(250.44 g/m²),2020年夏季低潮带生物量最大(333.83 g/m²),2020年秋季中潮带生物量最大(220.92 g/m²),2020年冬季中潮带生物量最大(53.01 g/m²)。2021年春季低潮带生物量最大(247.69 g/m²),2021年夏季中潮带生物量最大(96.98 g/m²),2021年秋季低潮带生物量最大(129.328 g/m²),2021年冬季中潮带生物量最大(99.40 g/m²)。2022年春季高潮带生物量最大(37.50 g/m²),2022年夏季低潮带生物量最大(111.29 g/m²)。2022年秋季低潮带生物量最大(48.47 g/m²),2022年冬季高潮带生物量最大(67.10 g/m²)。2023年春季中潮带生物量最大(70.64 g/m²),2023年夏季中潮带生物量最大(49.00 g/m²),2023年秋季高潮带生物量最大(31.51 g/m²)。

总之,各潮带的生物量总体呈现增长态势。

2. 不同年份四季丰度变化

2014年秋季低潮带丰度最大(96.00 ind./m²);2015年春季低潮带丰度最大(64.80 ind./m²);2016年秋季高潮带丰度最大(185.6 ind./m²),2016年冬季高潮带丰度最大(159.6 ind./m²);2017年春季中潮带丰度最大(182.8 ind./m²),2017年夏季高潮带丰度最大(414.4 ind./m²),2017年秋季低潮带丰度最大(192 ind./m²),2017年冬季高潮带丰度最大(262.8 ind./m²);2018年春季低潮带丰度最大(80.8 ind./m²),2018年夏季中潮带生物量最大(208.8 ind./m²),2018年秋季中潮带丰度最大(172.4 ind./m²),2018年冬季高潮带丰度最大(113.2 ind./m²);2019年春季高潮带丰度最大(459.2 ind./m²),2019年夏季中潮带丰度最大(412 ind./m²),2019年秋季中潮带丰度最大(414.4 ind./m²),2019年冬季低潮带丰度最大(122 ind./m²);2020年春季中潮带丰度最大(856.4 ind./m²),2020年夏季高潮带丰度最大(254.07 ind./m²),2020年秋季低潮带丰度最大(295.47 ind./m²),2020年冬季高潮带丰度最大(38.40 ind./m²);2021年春季低潮带丰度最大(197.33 ind./m²),2021年夏季高潮带丰度最大(78.93 ind./m²),2021年秋季低潮带丰度最大(67.20 ind./m²),2021年冬季高潮带丰度最大(30.93 ind./m²);2022年春季中潮带丰度最大(50.13 ind./m²),2022年夏季中潮带丰度最大(38.01 ind./m²),2022年秋季低潮带丰度最大(73.33 ind./m²),2022年冬季高潮带丰度最大(19.20 ind./m²);2023年春季中潮带丰度最大(124.80 ind./m²),2023年夏季高潮带丰度最大(48.00 ind./m²),2023年秋季高潮带丰度最大(54.40 ind./m²)。总之,各潮带的丰度总体呈现增长态势。

3. 不同年份同一季节生物量变化

2015年至2023年各年份春季不同潮带生物量比较结果如下:高潮带生物量总体呈现先上升后下降态势,2019年春季生物量最大;2015年至2023年春季中潮带生物量先上升后下降,2020年春季生物量最大;2015年至2023年春季低潮带生物量先下降后上升再下降,2021年春季生物量最大。

2017年夏季至2023年夏季不同潮带生物量比较结果如下:高潮带的生物量总体呈现先上升后下降态势,2020年夏季生物量最大;2017年至2023年夏季中潮带的生物量先上升后下降,2020年夏季生物量最大;2018年至2023年夏季低潮带的也呈现先上升后下降趋势,2020年夏季生物量最大;2018年至2023年生物量同样呈现先上升后下降趋势,2020年夏季生物量最大。

2014年秋季至2022年秋季不同潮带生物量比较结果如下:高潮带生物

量总体呈现先上升后下降态势,2016年秋季生物量最大;2014年到2022年秋季中潮带的生物量先上升后下降,2019年秋季生物量最大;2019年到2022年秋季低潮带生物量先下降后上升,2017年秋季生物量最大。

2016年冬季至2022年冬季不同潮带生物量比较结果如下:高潮带生物量总体呈现先下降后升高态势,2017年冬季生物量最大;2016年至2022年冬季中潮带呈现波浪式变化,2021年冬季生物量最大;2016年至2022年冬季低潮带生物量呈现波浪式变化,2021年冬季生物量最大。

4. 不同年份同一季节丰度变化

2015年春季至2023年春季不同潮带丰度比较结果如下:秋茄种植前大型底栖动物丰度远小于秋茄种植后。总体而言,高潮带丰度总体呈现先上升后下降态势,2019年春季丰度最大;2015年至2023年春季中潮带丰度总体呈现先上升后下降态势,2020年春季丰度最大;2015年至2023年低潮带丰度总体呈现先上升后下降态势,2020年春季丰度最大;2015年至2023年丰度总体呈现先上升后下降态势,2020年春季丰度最大。

2017年夏季至2023年夏季不同潮带丰度比较结果如下:2017年至2023年夏季高潮带丰度总体呈下降趋势,2017年夏季丰度最大;2017年夏季中潮带丰度呈现先上升后下降的趋势,2019年夏季丰度最大;2017年低潮带丰度呈现先上升后下降的趋势,2020年夏季丰度最大;2017年至2023年夏季丰度总体呈现先上升后下降的趋势。

2014年秋季至2023年秋季不同潮带丰度比较结果如下:秋茄种植前,丰度远小于秋茄种植后丰度。总体而言,2014年至2023年秋季高潮带丰度呈现先上升后下降趋势,2020年秋季丰度最大;2014年至2023年秋季中潮带丰度呈现先上升后下降趋势,2019年秋季丰度最大;2014年至2023年秋季低潮带丰度呈现先上升后下降趋势,2020年秋季丰度最大;2021年秋季主要受大规模生境改造影响而呈现丰度较秋茄种植后5年有明显降低。

2016年冬季至2022年冬季不同潮带丰度比较结果如下:2016年至2022年高潮带丰度总体上逐年下降,2017年冬季丰度最大;2016年至2022年中潮带丰度逐年下降,2017年冬季丰度最大;2016年至2022年冬季低潮带丰度逐年下降,2017年冬季丰度最大;2016年至2022年总体上丰度逐年下降,2019年冬季丰度最大。

(五)物种多样性

1. 各潮带物种Shannon-Wiener(H')指数值排序

2014年秋季,高潮带(2.4)＞中潮带(2.23)＞低潮带(2.08);2015年春

季,低潮带(1.97)＞中潮带(1.73)＞高潮带(1.31);2016年秋季,中潮带(2.51)＞高潮带(2.47)＞低潮带(1.51);2017年春季,中潮带(2.16)＞高潮带(2.11)＞低潮带(1.37);2018年秋季,低潮带(1.56)＞中潮带(1.23)＞高潮带(0.81);2018年冬季,中潮带(1.76)＞低潮带(1.47)＞高潮带(0.41);2019年春季,中潮带(1.64)＞低潮带(0.99)＞高潮带(0.68);2019年夏季,低潮带(1.51)＞中潮带(1.37)＞高潮带(0.75);2019年秋季,中潮带(1.34)＞低潮带(1.20)＞高潮带(0.46);2019年冬季,低潮带(1.22)＞高潮带(0.42)＞中潮带(0.20);2020年春季,中潮带(1.63)＞低潮带(0.91)＞高潮带(0.78);2020年夏季,高潮带(1.60)＞中潮带(1.35)＞低潮带(1.32);2020年冬季,高潮带(2.95)＞中潮带(2.31)＞低潮带(2.19);2021年春季,低潮带(2.03)＞中潮带(1.99)＞高潮带(1.96);2021年夏季,高潮带(2.45)＞低潮带(2.30)＞中潮带(1.99);2021年秋季,高潮带(3.29)＞低潮带(2.85)＞中潮带(2.39);2021年冬季,低潮带(2.00)＞高潮带(1.98)＞中潮带(1.39);2022年春季,高潮带(2.62)＞低潮带(2.41)＞中潮带(2.26);2022年夏季,高潮带(2.09)＞低潮带(1.83)＞中潮带(1.61);2022年秋季,低潮带(1.89)＞中潮带(1.77)＞高潮带(1.70);2022年冬季(1.51)＞高潮带(1.46)＞低潮带(1.45);2023年春季,高潮带(1.79)＞低潮带(1.43)＞中潮带(1.32);2023年夏季,中潮带(1.93)＞高潮带(1.91)＞低潮带(1.86);2023年秋季,低潮带(1.72)＞高潮带(1.67)＞中潮带(1.20)。

2. 各潮带物种均匀度指数值(J')排序

2014年秋季,中潮带(0.79)＞高潮带(0.74)＞低潮带(0.64);2015年春季,中潮带(0.72)＞低潮带(0.71)＞高潮带(0.7);2016年秋季,中潮带(0.8)＞高潮带(0.75)＞低潮带(0.63);2017年春季,高潮带(0.78)＞中潮带(0.74)＞低潮带(0.6);2018年秋季,低潮带(0.68)＞中潮带(0.48)＞高潮带(0.31);2018年冬季,中潮带(0.73)＞低潮带(0.61)＞高潮带(0.18);2019年春季,中潮带(0.66)＞低潮带(0.45)＞高潮带(0.28);2019年夏季,低潮带(0.69)＞中潮带(0.59)＞高潮带(0.34);2019年秋季,低潮带(0.55)＞中潮带(0.54)＞高潮带(0.21);2019年冬季,低潮带(2.13)＞高潮带(1.86)＞中潮带(0.85);2020年春季,中潮带(0.66)＞低潮带(0.40)＞高潮带(0.33);2020年夏季,高潮带(0.62＞低潮带(0.55))＞中潮带(0.54);2020年冬季,高潮带(0.85)＞低潮带(0.78)＞中潮带(0.73);2021年春季,中潮带(0.60)＞高潮带(0.57)＞低潮带(0.55);2021年夏季,高潮带(0.87)＞低潮带(0.77)＞中潮带(0.63);2021年秋季,高潮带(0.86)＞低潮带(0.79)＞中潮带(0.76);2021年冬季,高潮带(0.85)＞低潮带(0.77)＞中

潮带(0.70);2022年春季,高潮带(0.87)＞低潮带(0.76)＞中潮带(0.65);2022年夏季,高潮带(0.91)＞中潮带(0.83)＞低潮带(0.80);2022年秋季,高潮带(0.87)＞低潮带(0.86)＞中潮带(0.71);2022年冬季,中潮带(0.94)＞低潮带(0.81)＞高潮带(0.75);2023年春季,高潮带(0.78)＞低潮带(0.65)＞中潮带(0.53);2023年夏季,中潮带(0.93)＞低潮带(0.89)＞高潮带(0.78);2023年秋季,高潮带(0.95)＞低潮带(0.88)＞中潮带(0.62)。

3. 物种丰富度指数值(D)排序

2014年秋季,高潮带(5.4)＞低潮带(4.6)＞中潮带(3.32);2015年春季,高潮带(3.37)＞中潮带(2.67)＞低潮带(1.92);2016年秋季,高潮带(3.97)＞中潮带(3.66)＞低潮带(1.9);2017年春季,中潮带(2.9)＞高潮带(2.23)＞低潮带(1.69);2018年秋季,中潮带(2.19)＞中潮带(1.98)＞低潮带(1.82);2018年冬季,中潮带(1.64)＞低潮带(0.99)＞高潮带(0.68);2019年春季,中潮带(2.16)＞高潮带(1.56)＞低潮带(1.22);2019年夏季,低潮带(1.51)＞高潮带(1.36)＞中潮带(1.30);2019年秋季,中潮带(1.93)＞高潮带(1.28)＞低潮带(1.15);2019年冬季,低潮带(2.19)＞高潮带(1.58)＞中潮带(0.63);2020年春季,低潮带(1.96)＞中潮带(1.78)＞高潮带(0.91);2020年夏季,高潮带(2.11)＞中潮带(1.88)＞低潮带(1.87);2020年冬季,高潮带(2.79)＞中潮带(2.31)＞低潮带(1.89);2021年春季,低潮带(2.30)＞高潮带(1.98)＞中潮带(1.75);2021年夏季,高潮带(1.97)＞低潮带(1.95)＞中潮带(1.86);2021年秋季,高潮带(3.32)＞低潮带(2.66)＞中潮带(2.31);2021年冬季,低潮带(1.49)＞高潮带(1.26)＞中潮带(0.93);2022年春季,中潮带(2.60)＞低潮带(2.17)＞高潮带(2.10);2022年夏季,高潮带(2.65)＞低潮带(2.53)＞中潮带(1.66);2022年秋季,中潮带(2.98)＞低潮带(2.00)＞高潮带(1.66);2022年冬季,高潮带(2.08)＞低潮带(1.77)＞中潮带(1.74);2023年春季,中潮带(2.31)＞高潮带(2.16)＞低潮带(1.90);2023年夏季,中潮带(2.54)＞高潮带(2.23)＞中潮带(2.15);2023年秋季,低潮带(2.17)＞高潮带(1.95)＞中潮带(1.55)。

综上所述,2014—2023年,高潮带、中潮带、低潮带三个潮带的物种多样性三个指数 Shannon-Wiener 多样性指数值(H')、均匀度指数值(J')及丰富度指数值(D)总体上呈现高潮带均低于中、低潮带。究其原因,为随着秋茄生长逐步成林,滩涂加速淤积和板结导致大型底栖动物向中、低潮带迁移所致。总体而言,高潮带与低潮带总体呈现高于中潮带且上升的趋势。生态学参数变化特征总体上表明,2021年10月开始的生境改造对中潮带的生态扰动比低潮带和高潮带的影响较严重,随后这种扰动的影响有一定程度缓解。

(六) ABC 曲线

如图 8-2 所示,秋茄种植前,2014 年秋季和 2015 年春季,大型底栖动物群落物种 ABC 曲线的丰度曲线几乎整条都位于生物量曲线之下,且两曲线分布间距较大,2014 年秋为 $W=-0.104$,2015 年春为 $W=-0.083$,说明该大型底栖动物群落受到较严重的干扰。

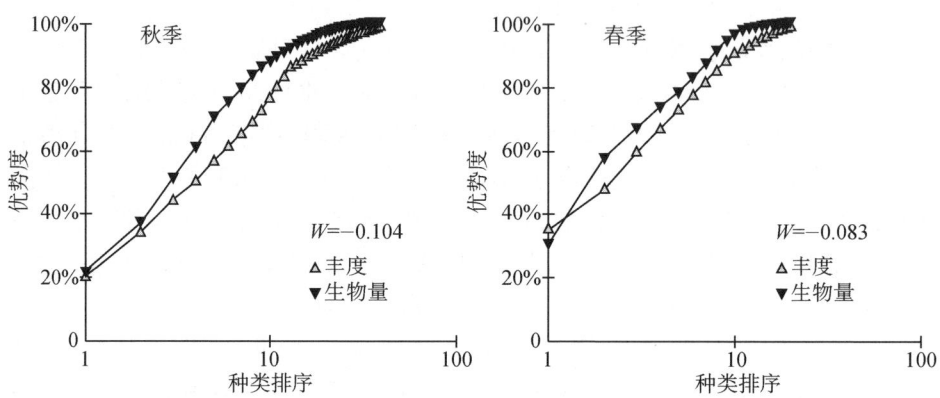

图 8-2 2014 年秋季(左)和 2015 年春季(右)潮间带大型底栖动物群落 ABC 曲线

如图 8-3 所示,两曲线皆为交叉状态,秋茄种植前,2014 年秋季高潮带大型底栖动物群落 $W=-0.134$,表明群落受到重度干扰;种植秋茄后,2016 年秋季高潮带大型底栖动物群落 $W=-0.034$,W 值接近 0,表明群落受到中度干扰。

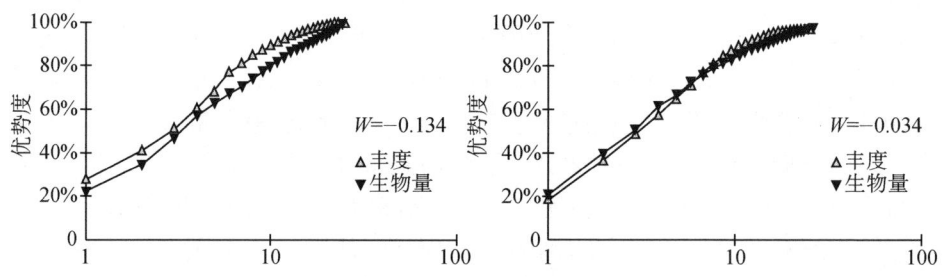

图 8-3 2014 年秋季(左)和 2016 年秋季(右)高潮带大型底栖动物群落 ABC 曲线

如图 8-4 所示,两曲线皆为交叉状态,种植秋茄前,2014 年秋季中潮带大型底栖动物群落 $W=-0.126$,表明群落受到重度干扰;种植秋茄后,2016 年秋季中潮带大型底栖动物群落 $W=-0.064$,W 值接近 0,表明群落受到中度干扰。

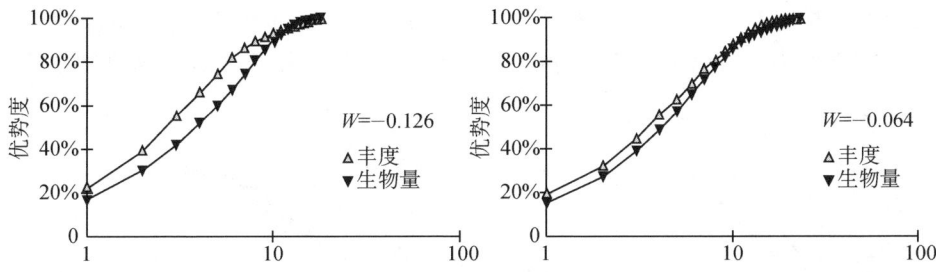

图 8-4 2014 年秋季(左)和 2016 年秋季(右)中潮带大型底栖动物群落 ABC 曲线

如图 8-5 所示,两曲线皆为交叉状态,种植秋茄前,2014 年秋季低潮带大型底栖动物群落 $W=-0.206$,表明动物群落受到严重干扰;种植秋茄后,2016 年秋季低潮带大型底栖动物群落 $W=-0.1$,W 值接近 0,表明群落受到中度干扰。

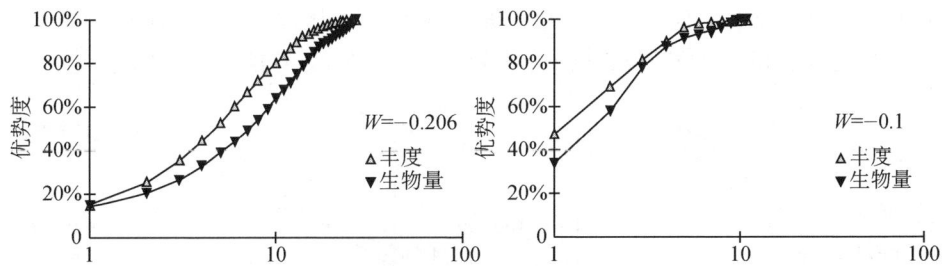

图 8-5 2014 年秋季(左)和 2016 年秋季(右)低潮带大型底栖动物群落 ABC 曲线

如图 8-6 所示,两曲线皆为交叉状态,秋茄种植前,2015 年春季高潮带大型底栖动物群落 $W=0.018$,表明群落较稳定;秋茄种植后,2017 年春季高潮带大型底栖动物群落 $W=0.078$,表明群落较稳定。两年春季 W 值接近 0,但均为正值,表明群落总体较稳定。

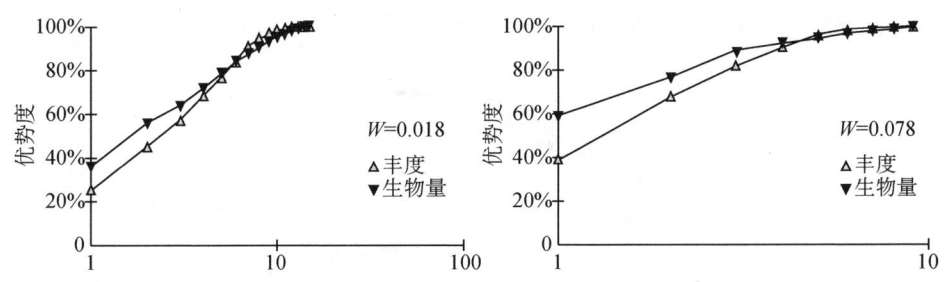

图 8-6 2015 年春季(左)和 2017 年春季(右)高潮带大型底栖动物群落 ABC 曲线

如图 8-7 所示,两曲线皆为交叉状态,秋茄种植前,2015 年春季中潮带大型

底栖动物群落 $W=-0.183$,表明群落受到严重干扰而不稳定;秋茄种植后,2017 年春季中潮带大型底栖动物群落 $W=0.03$,W 值接近于 0,表明群落总体较稳定。

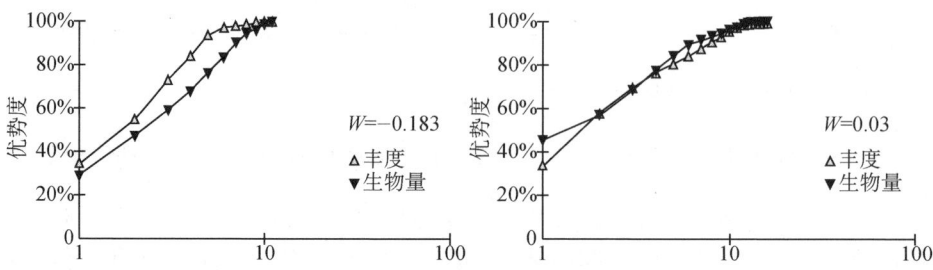

图 8-7　2015 年春季(左)和 2017 年春季(右)中潮带大型底栖动物群落 ABC 曲线

如图 8-8 所示,两曲线呈现交叉状态,秋茄种植前,2015 年春季低潮带大型底栖动物群落 $W=-0.166$,表明群落受到严重干扰而不稳定;秋茄种植后,2017 年春季低潮带大型底栖动物群落 $W=-0.122$,表明群落受到重度干扰。

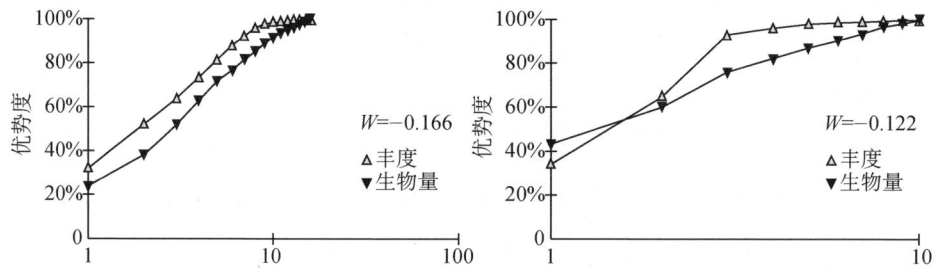

图 8-8　2015 年春季(左)和 2017 年春季(右)低潮带大型底栖动物群落 ABC 曲线

如图 8-9 所示,生物量曲线和丰度曲线的起点相接近,优势度差距不明显,而之后丰度曲线的优势度超过生物量曲线,最后出现相交,表明 2018 年秋季群落受到了中度干扰(W 值为 -0.043)。

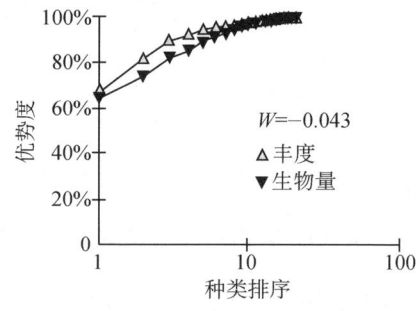

图 8-9　2018 年秋季大型底栖动物群落 ABC 曲线

如图 8-10 所示，生物量曲线的起点略低于丰度曲线，优势度差距不明显，而之后生物量曲线与丰度曲线逐渐重合并出现交叉现象，说明 2018 年冬季群落受到了中度干扰（W 值为 -0.012）。

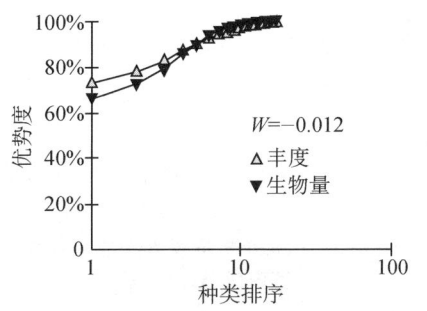

图 8-10　2018 年冬季大型底栖动物群落 ABC 曲线

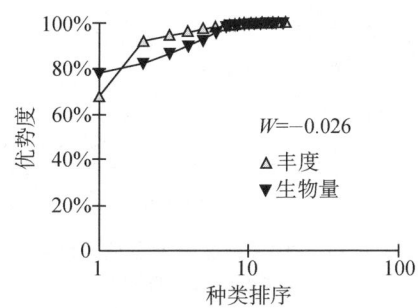

图 8-11　2019 年春季大型底栖动物群落 ABC 曲线

如图 8-11 所示，2019 年春季群落生物量曲线的起点高于丰度曲线，生物总体个体大、数量少所致，而之后丰度曲线与生物量曲线逐渐重合并出现交叉现象，表明春季群落受到了中度干扰（W 值为 -0.026）。

如图 8-12 所示，2019 年夏季群落生物量曲线和丰度曲线的起点相接近，优势度差距不明显，而之后丰度曲线的优势度超过生物量曲线，最后出现相交，表明夏季群落受到了中度干扰（W 值为 -0.096）。

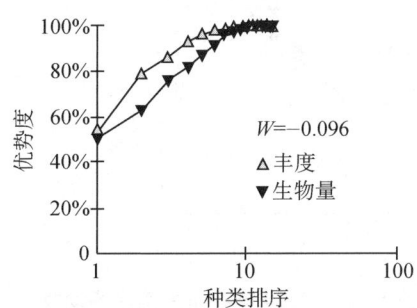

图 8-12　2019 年夏季大型底栖动物群落的 ABC 曲线

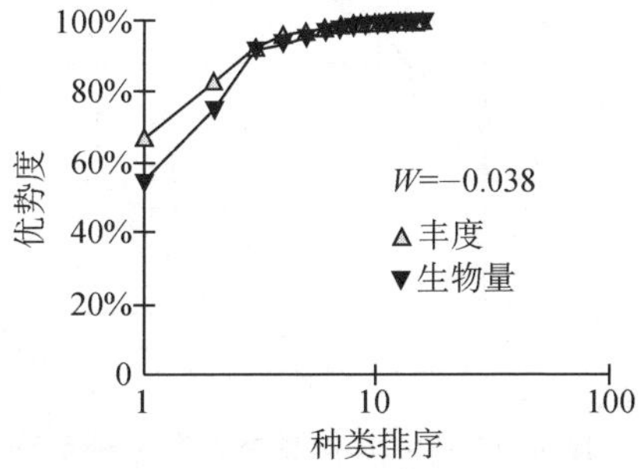

图 8-13　2019 年秋季大型底栖动物群落的 ABC 曲线

如图 8-13 所示，生物量曲线的起点略低于丰度曲线，2019 年秋季生物总体个体小、数量多，其优势度差距不明显，而之后生物量曲线与丰度曲线逐渐重合并出现交叉现象，表明秋季群落受到了中度干扰（W 值为 -0.038）。

如图 8-14 所示，生物量曲线的起点低于丰度曲线，2019 年冬季生物总体个体小、数量多，而之后生物量曲线与丰度曲线逐渐重合并出现交叉现象，说明冬季群落受到了中度干扰(W 值为 -0.07)。

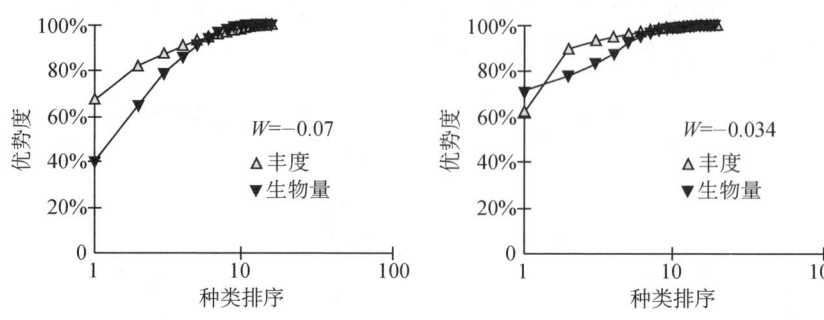

图 8-14　2019 年冬季大型底栖动物群落的 ABC 曲线

图 8-15　2020 年春季大型底栖动物群落的 ABC 曲线

如图 8-15 所示,生物量曲线的起点高于丰度曲线,2020 年春季生物总体个体大、数量少,而之后丰度曲线与生物量曲线逐渐重合并出现交叉现象,说明春季群落受到了中度干扰(W 值为 -0.034)。

如图 8-16 所示,生物量曲线的起点低于丰度曲线,2020 年夏季生物总体个体小、数量多,而之后生物量曲线与丰度曲线逐渐重合并出现交叉现象,表明夏季群落受到了中度干扰(W 值为 -0.044)。

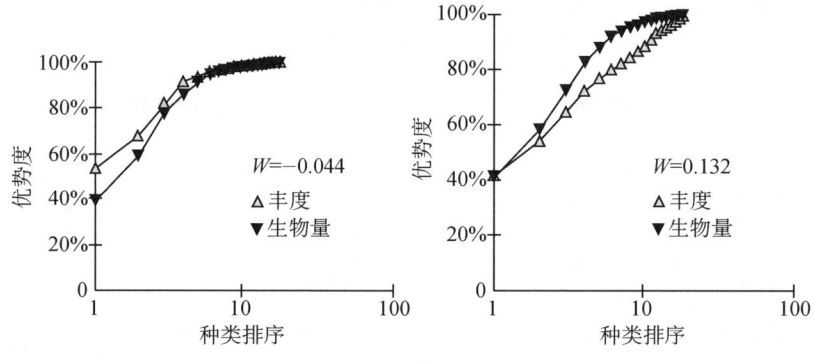

图 8-16　2020 年夏季大型底栖动物群落 ABC 曲线

图 8-17　2020 年冬季大型底栖动物群落 ABC 曲线

如图 8-17 所示,为 2020 年冬季大型底栖动物群落 ABC 曲线。其生物量曲线和丰度曲线的起点相接近,优势度差距不明显,而之后生物量曲线的优势度超过丰度曲线,最后出现相交,说明冬季群落处于稳定状态(W 值为 0.132)。

如图 8-18 所示,为 2021 年春季大型底栖动物群落 ABC 曲线。其生物量曲线的起点略低于丰度曲线,这说明 2020 年春季生物总体个体稍小、数量稍多,而之后生物量曲线与丰度曲线逐渐重合并出现交叉现象,说明春季群落受到了中度干扰(W 值为 -0.048)。

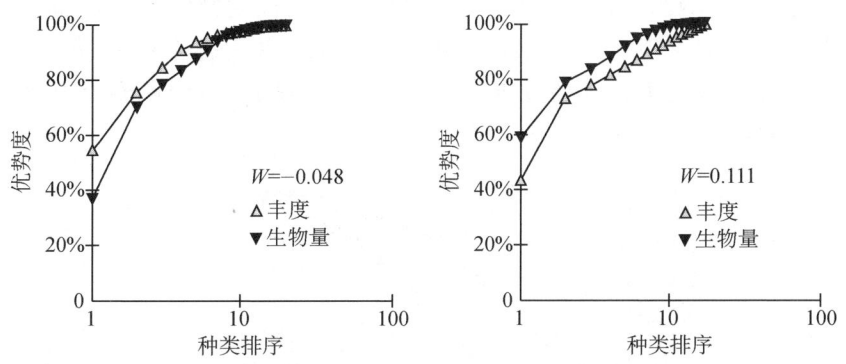

图 8-18　2021 年春季大型底栖动物　　图 8-19　2021 年夏季大型底栖动物
　　　　　群落 ABC 曲线　　　　　　　　　　　　群落 ABC 曲线

如图 8-19 所示,为 2021 年夏季沿浦湾大型底栖动物群落 ABC 曲线。其生物量曲线的起点高于丰度曲线,这说明夏季的生物总体个体大、数量少,而之后生物量曲线的优势度超过丰度曲线,最后出现相交,说明夏季群落处于稳定状态(W 值为 0.111)。

如图 8-20 所示,为 2021 年秋季沿浦湾大型底栖动物群落 ABC 曲线。其生物量曲线的起点高于丰度曲线,这说明秋季的生物总体个体大、数量少,而之后生物量曲线的优势度超过丰度曲线,最后出现相交,说明秋季群落处于稳定状态(W 值为 0.213)。

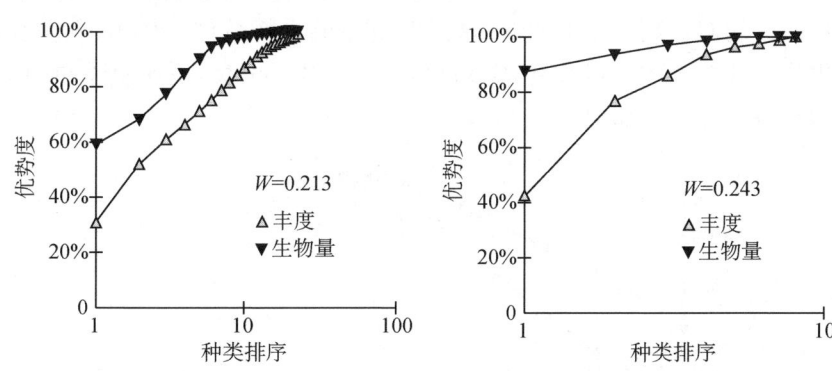

图 8-20　2021 年秋季大型底栖动物　　图 8-21　2021 年冬季大型底栖动物
　　　　　群落 ABC 曲线　　　　　　　　　　　　群落 ABC 曲线

如图 8-21 所示,为 2021 年冬季沿浦湾大型底栖动物群落 ABC 曲线。其生物量曲线的起点高于丰度曲线,这说明冬季的生物总体个体大、数量少,而之后生物量曲线的优势度超过丰度曲线,最后出现相交,说明冬季群落处于稳定状态(W 值为 0.243)。

如图 8-22 所示,为 2022 年春季沿浦湾大型底栖动物群落 ABC 曲线。其生物量曲线的起点高于丰度曲线,这说明春季的生物总体个体大、数量少,而之后生物量曲线的优势度超过丰度曲线,最后出现相交,说明春季群落处于稳定状态(W 值为 0.193)。

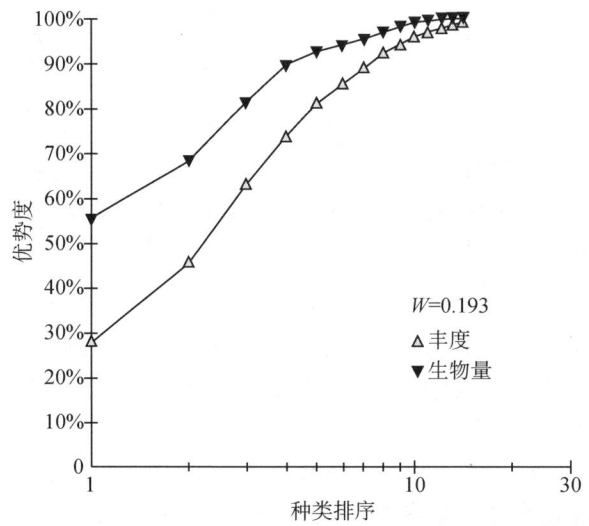

图 8-22　2022 年春季大型底栖动物群落 ABC 曲线

如图 8-23 所示,为 2022 年夏季沿浦湾大型底栖动物群落 ABC 曲线。其生物量曲线的起点高于丰度曲线,这说明夏季的生物总体个体大、数量少,而之后生物量曲线的优势度超过丰度曲线,最后出现相交,说明夏季群落处于稳定状态(W 值为 0.226)。

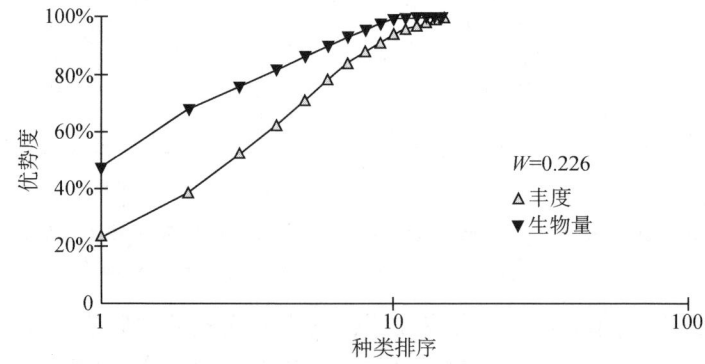

图 8-23　2022 年夏季大型底栖动物群落 ABC 曲线

如图 8-24 所示,为 2022 年秋季沿浦湾大型底栖动物群落 ABC 曲线。其生物量曲线的起点高于丰度曲线,这说明秋季的生物总体个体大、数量少,而之后生物量曲线的优势度超过丰度曲线,最后出现相交,说明秋季群落处于稳定状态(W 值为 0.13)。

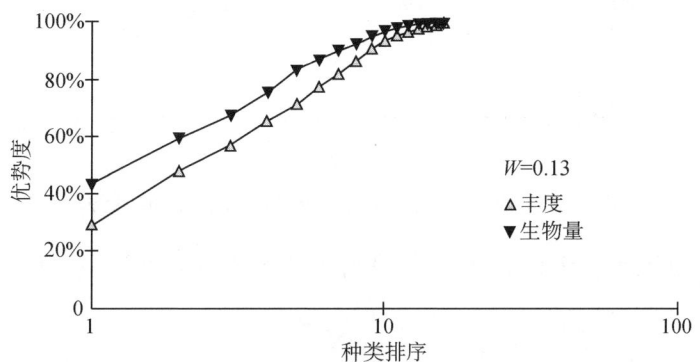

图 8-24　2022 年秋季大型底栖动物群落 ABC 曲线

如图 8-25 所示,为 2022 年冬季沿浦湾大型底栖动物群落 ABC 曲线。其生物量曲线的起点高于丰度曲线,这说明冬季的生物总体个体大、数量少,而之后生物量曲线的优势度超过丰度曲线,最后出现相交,说明冬季群落处于稳定状态(W 值为 0.116)。

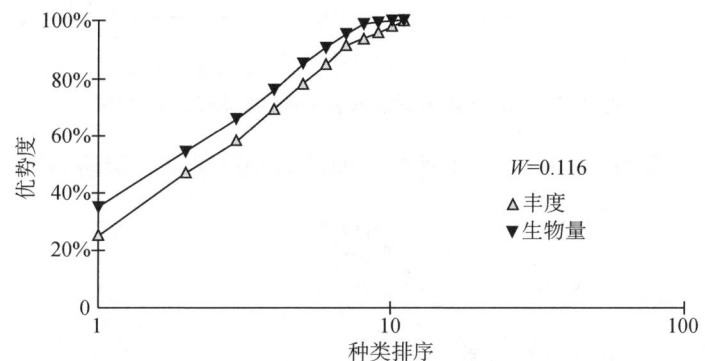

图 8-25　2022 年冬季大型底栖动物群落 ABC 曲线

如图 8-26 所示,为 2023 年春季沿浦湾大型底栖动物群落 ABC 曲线。其生物量曲线的起点和丰度曲线重合,而之后生物量曲线和丰度曲线逐渐重合至相交,说明春季群落处于中度干扰状态(W 值为 -0.025)。

如图 8-27 所示,为 2023 年夏季沿浦湾大型底栖动物群落 ABC 曲线。其生物量曲线的起点和丰度曲线重合,而之后生物量曲线和丰度曲线经历第一

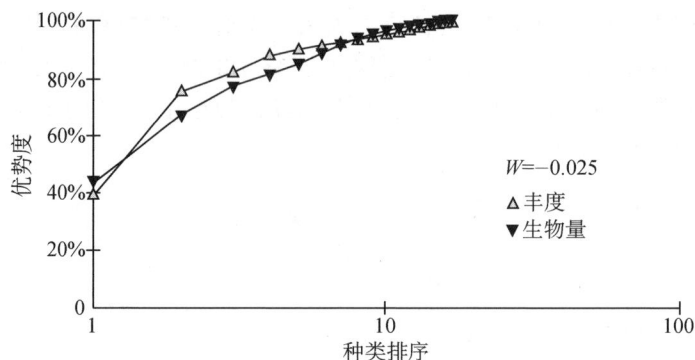

图 8-26　2023 年春季大型底栖动物群落 ABC 曲线

次相交后,逐渐重合至相交,说明夏季群落处于较稳定状态(W 值为 0.038)。

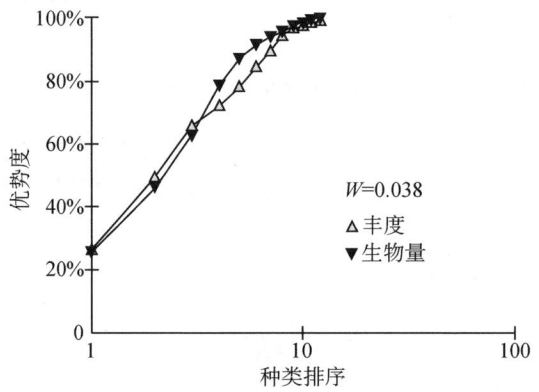

图 8-27　2023 年夏季大型底栖动物群落 ABC 曲线

如图 8-28 所示,为 2023 年秋季沿浦湾大型底栖动物群落 ABC 曲线。其

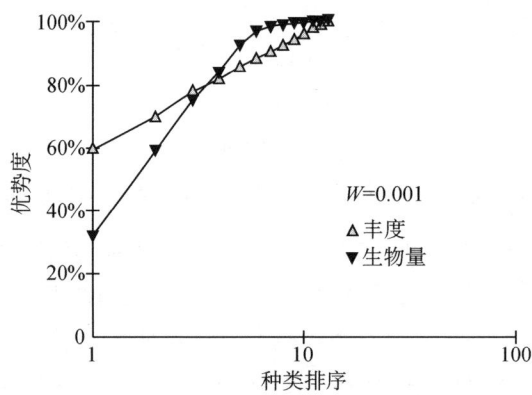

图 8-28　2023 年秋季大型底栖动物群落 ABC 曲线

丰度曲线的起点高于生物量曲线,之后经过第一次重合后逐渐相交,说明秋季群落处于较稳定状态（W 值为 0.001）。

综上所述,高、中、低三个潮带的大型底栖动物群落稳定性受到 2021 年 10 月开始的生境改造影响程度存在差异。除部分季节群落受到了中度干扰外,其余季节群落均处于较稳定或稳定状态。表明随着秋茄的生长,沿浦湾大型底栖动物群落总体上已逐渐趋向稳定状态。

(七) 生态位

1. 生态位宽度

鉴于大型底栖动物群落中优势种和重要种的数量和重量分别占各个季次所调查鉴定出的总数量和总重量的百分比均在 80% 以上,在群落中占着较大的优势,特将大型底栖动物的优势种和重要种归为主要种类,并进行生态位分析。

2018 年秋季,大型底栖动物主要种类的生态位宽度值变化范围为 0.260～3.454,其中尖锥拟蟹守螺的生态位宽度最大,伍氏拟厚蟹的生态位宽度最小;2018 年冬季,大型底栖动物主要种类的生态位宽度值变化范围为 0.314～3.252,其中尖锥拟蟹守螺的生态位宽度最大,青蛤的生态位宽度最小。

2019 年春季,大型底栖动物主要种类的生态位宽度值变化范围为 0.543～3.924,其中尖锥拟蟹守螺的生态位宽度最大,日本大眼蟹的生态位宽度最小;2019 年夏季,大型底栖动物主要种类的生态位宽度值变化范围为 0.848～3.786,其中微黄镰玉螺的生态位宽度最大,弧边招潮蟹的生态位宽度最小;2019 年秋季,大型底栖动物主要种类的生态位宽度值变化范围为 0.744～3.471,其中尖锥拟蟹守螺的生态位宽度最大,弹涂鱼的生态位宽度最小;2019 年冬季,大型底栖动物主要种类的生态位宽度值变化范围为 1.024～3.156,其中尖锥拟蟹守螺生态位宽度最大,日本大眼蟹生态位宽度最小。

2020 年春季,大型底栖动物主要种类的生态位宽度值变化范围为 0.386～3.658,其中尖锥拟蟹守螺的生态位宽度最大,弹涂鱼的生态位宽度最小;2020 年夏季,大型底栖动物主要种类的生态位宽度值变化范围为 0.454～4.074,其中尖锥拟蟹守螺的生态位宽度最大,青蛤的生态位宽度最小;2020 年冬季,大型底栖动物的生态位宽度值变化范围为 0.64～2.35,分为广生态位种(尖锥拟蟹守螺 1 种,$B_i \geqslant 2.35$)、中生态位种(弧边招潮蟹、弹涂鱼 2 种,$1.70 \leqslant B_i < 2.35$)及窄生态位种(红树拟蟹守螺、青蛤、长须沙蚕、长

足长方蟹 4 种，$0<B_i<1.70$)三种。

2021 年春季，大型底栖动物的生态位宽度值变化范围为 0.64~2.55，分为广生态位种(弧边招潮蟹、尖锥拟蟹守螺 2 种，$B_i \geqslant 2.01$)、中生态位种(天津厚蟹、长须沙蚕、弹涂鱼、微黄镰玉螺及长足长方蟹 5 种，$1.33 \leqslant B_i < 2.01$)及窄生态位种(大鳍弹涂鱼、红螯螳臂相手蟹、日本鼓虾及鲜明鼓虾 4 种，$0<B_i<1.33$)；2021 年夏季，大型底栖动物的生态位宽度值变化范围为 0.64~2.33，分为广生态位种(弧边招潮蟹、尖锥拟蟹守螺 2 种，$B_i \geqslant 2.12$)、中生态位种(天津厚蟹、长足长方蟹、珠带拟蟹守螺 3 种，$1.01 \leqslant B_i < 2.12$)及窄生态位种(弓形革囊星虫、日本刺沙蚕 2 种，$0<B_i<1.01$)；2021 年秋季，大型底栖动物的生态位宽度值变化范围为 0.41~2.18，分为广生态位种(弧边招潮蟹、长足长方蟹、尖锥拟蟹守螺 3 种，$B_i \geqslant 1.73$)、中生态位种(大弹涂鱼、红螯螳臂相手蟹、日本鼓虾 3 种，$1.04 \leqslant B_i < 1.73$)和窄生态位种(弹涂鱼、绯拟沼螺、黑口拟滨螺、微黄镰玉螺 4 种，$0<B_i<1.04$)；2022 年冬季，大型底栖动物的生态位宽度值变化范围为 0.87~2.07，分为 3 类，即广生态位种(弧边招潮蟹与尖锥拟蟹守螺 2 种，$B_i \geqslant 2.01$)、中生态位种(弹涂鱼 1 种，$1.75 \leqslant B_i < 2.01$)和窄生态位种(微黄镰玉螺 1 种，$0<B_i<1.75$)。

2022 年春季，大型底栖动物的生态位宽度值变化范围为 0.64~2.17，分为广生态位种(脊椎拟蟹守螺、弧边招潮蟹 2 种，$B_i \geqslant 1.98$)、中生态位种(绯拟沼螺、微黄镰玉螺、泥虾、长足长方蟹、日本刺沙蚕 5 种，$0.95 \leqslant B_i < 1.37$)和窄生态位种(弹涂鱼、红螯螳臂相手蟹、弓形革囊星虫 3 种，$0<B_i<0.95$)；2022 年夏季，大型底栖动物的生态位宽度值变化范围为 1.26~2.57，分为广生态位种(弹涂鱼、弧边招潮蟹、黑口拟滨螺、彩拟蟹守螺 4 种，$B_i \geqslant 1.97$)、中生态位种(珠带拟蟹守螺，$1.47 \leqslant B_i < 1.97$)及窄生态位种(尖锥拟蟹守螺、长足长方蟹 2 种，$0<B_i<1.47$)；2022 年秋季，大型底栖动物的生态位宽度值变化范围为 1.00~2.66，分为广生态位种(长足长方蟹、弓形革囊星虫、日本刺沙蚕、弧边招潮蟹、尖锥拟蟹守螺 5 种，$B_i \geqslant 2.33$)、中生态位种(弹涂鱼，$1.38 \leqslant B_i < 2.33$)和窄生态位种(微黑口拟滨螺、黄镰玉螺、丝异须虫，$0<B_i<1.38$)；2022 年冬季，大型底栖动物的生态位宽度值变化范围为 1.00~2.77，分为广生态位种(粗糙拟滨螺、长须沙蚕 2 种，$B_i \geqslant 2.66$)、中生态位种(尖锥拟蟹守螺、微黄镰玉螺 2 种，$1.47 \leqslant B_i < 2.66$)和窄生态位种(大鳍弹涂鱼、弓形革囊星虫、黑口拟滨螺 3 种，$0<B_i<1.47$)。

2023 年春季，大型底栖动物的生态位宽度值变化范围为 1.00~2.89，分为广生态位种(微黄镰玉螺、弧边招潮蟹 2 种，$B_i \geqslant 2.32$)、中生态位种(尖锥拟蟹守螺、弹涂鱼、珠带拟蟹守螺、长足长方蟹、黑口拟滨螺、天津厚蟹 6 种，

$1.8 \leqslant B_i < 2.32$)和窄生态位种(绯拟沼螺、泥螺 2 种，$0 < B_i < 1.8$)；2023 年夏季，大型底栖动物的生态位宽度值变化范围为 0.56～1.39，可分为广生态位种(红树拟蟹守螺和尖锥拟蟹守螺 2 种，$B_i \geqslant 1.35$)、中生态位种(红螯螳臂相手蟹和长足长方蟹 2 种，$1.35 < B_i \leqslant 1.07$)和窄生态位种(绯拟沼螺、弧边招潮蟹、弹涂鱼、弓形革囊星虫和微黄镰玉螺 5 种，$0 < B_i \leqslant 0.69$)；2023 年秋季，大型底栖动物的生态位宽度值变化范围为 1.01～1.76，可分为广生态位种(微黄镰玉螺、绯拟沼螺和大弹涂鱼 3 种，$B_i \geqslant 1.56$)、中生态位种(尖锥拟蟹守螺、长足长方蟹和珠带拟蟹守螺 3 种，$1.56 < B_i \leqslant 1.33$)和窄生态位种(日本刺沙蚕和弧边招潮蟹 2 种，$0 < B_i \leqslant 1.05$)。

2. 生态位重叠

鉴于大型底栖动物群落中优势种和重要种的数量和重量分别占各个季次所调查鉴定出的总数量和总重量的百分比均在 80% 以上，在群落中占着较大的优势，特将大型底栖动物的优势种和重要种归为主要种类，并进行生态位重叠分析。

2018 年秋季沿浦湾大型底栖动物主要种类的种对共 15 对，其生态位重叠范围为 0.012～0.855，而生态位重叠值最大的种对为弹涂鱼-长足长方蟹，最小的种对日本大眼蟹-伍式拟厚蟹；2018 年冬季沿浦湾大型底栖动物主要种类的种对共 21 对，其生态位重叠范围为 0.024～0.800，而生态位重叠值最大的种对为弹涂鱼-微黄镰玉螺，最小的种对为日本大眼蟹-长足长方蟹。

2019 年春季沿浦湾大型底栖动物主要种类的种对共 15 对，其生态位重叠范围为 0.211～0.765，而生态位重叠值最大的种对为长足长方蟹-珠带拟蟹守螺，最小的种对为尖锥拟蟹守螺-珠带拟蟹守螺；2019 年夏季沿浦湾大型底栖动物主要种类的种对共 21 对，其生态位重叠范围为 0.118～0.732，而生态位重叠值最大的种对为长足长方蟹-青蛤，最小的种对为弹涂鱼-尖锥拟蟹守螺；2019 年秋季沿浦湾大型底栖动物主要种类的种对共 15 对，其生态位重叠范围为 0.271～0.800，而生态位重叠值最大的种对尖锥拟蟹守螺-长足长方蟹，最小的种对为长足长方蟹-珠带拟蟹守螺；2019 年冬季沿浦湾大型底栖动物主要种类的种对共 15 对，其生态位重叠范围为 0.006～0.443，而生态位重叠值最大的种对为尖锥拟蟹守螺-微黄镰玉螺，最小的种对为弹涂鱼-长足长方蟹。

2020 年春季沿浦湾大型底栖动物主要种类的种对共 21 对，其生态位重叠范围为 0.000～0.926，而生态位重叠值最大的种对为日本大眼蟹-青蛤，最小的种对为弹涂鱼-日本大眼蟹；2020 年夏季沿浦湾大型底栖动物主要种类的种对共 21 对，其生态位重叠范围为 0.078～0.765，而生态位重叠值最大的种对为长足长方蟹-青蛤,最小的种对为尖锥拟蟹守螺-青蛤;2020年大型底栖动物主要种类的种对共10对,种对间生态位重叠值最小的种对为长足长方蟹-弹涂鱼及长足长方蟹-青蛤,最大的种对为尖锥拟蟹守螺-青蛤。

三、结论

(一) 物种组成

大型底栖动物群落物种组成等因生境变化呈现更替现象,群落的优势种、重要种、常见种和一般种也存在这一变化态势。

(二) 丰度和生物量

大型底栖动物丰度与生物量均呈现季节变化的趋势特征,低潮带也不再是呈现生物量与丰度最小值潮带。这可能是由于秋茄林的生长,秋茄植株根系变得更加发达,使得高潮带滩涂土壤出现一定程度淤积与板结现象,一些大型底栖动物种类开始向中、低潮带迁移栖息,这也正是秋茄林强大生态功能向低潮带辐射的体现。

(三) 物种多样性

在高潮带、中潮带、低潮带三个潮带,大型底栖动物群落物种多样性的Shannon-Wiener指数值(H')、均匀度指数值(J')及丰富度指数值(D)总体呈现高潮带与低潮带高于中潮带且总体呈现上升的趋势。这可能与高潮带秋茄林区出现淤积与硬化板结,以及中潮带基本均为贝类养殖等自然和人为干扰,而低潮带多为紫菜养殖,构建了良好的生境有关。

(四) 群落受干扰程度

在沿浦湾高、中、低三个潮带,大型底栖动物群落稳定性除受到自然因素干扰有关外,还受到了贝类养殖人为干扰,以及2021年蓝湾项目实施的生境改造等重度干扰有关。因此,群落一定阶段总体呈现处于受人为轻度、中度或重度干扰状态。但是随着秋茄的生长,秋茄林生态功能的逐渐强大,沿浦湾大型底栖动物群落趋向稳定状态。

(五) 生态位

物种生态位重叠度越高,相互之间正向或负向关系越显著,建议今后在大型底栖动物群落底播增殖开展资源修复与合理利用时,可趋利避害,在维护大型底栖动物群落稳定的同时,适当开发利用经济种类资源。

(六) 群落稳定性

随着秋茄引种、生长、开花、结果与自我繁衍,秋茄林区与光滩区无缝衔接为一体的生境更替了原有的互花米草和光滩为一体的生境格局,大型底栖动物群落种类组成、结构及分布格局也渐趋稳定,生态系统也逐渐呈现稳定态势。

第九章
沿浦湾秋茄生长调查与研究

> 浙江海洋大学红树林生态团队开展了秋茄林种植前与种植后连续多年的秋茄生长监测,基于监测所获得的秋茄生长实测数据进行研究,揭示了沿浦湾秋茄早期生长特征及其与沉积物环境因子之间的关系,并探讨了今后进一步建设、保护、管理红树林及产业开发科学技术问题。

一、秋茄监测

(一) 样地布设

如图9-1所示,根据沿浦湾的实际情况将秋茄林区分为4个区域,依次为向陆林区、中间林区、向海林区和互花米草区,共布设7块样地,A、B、C、D、E为福建九龙江保护区种源(以下简称"九龙江"),F样地为福建云霄种源(以下简称"云霄"),G样地种源来自广东深圳福田国家保护区(以下简称"福田保护区")。A、F和G样地离堤岸约50 m,作为向陆林区样地;B样地离堤岸约150 m,作为比邻潮沟的中间林区样地;C样地离堤岸约150 m,作为中间林区样地;D区离秋茄林区外缘约50 m,作为向海林区的样地;E样地离岸约50 m,作为原互花米草被清除后种植秋茄的样地。采用《红树林建设技术规程》(LY/T 1938—2011)、《困难立地红树林造林技术规程》(LY/T 2972—2018)和《秋茄造林技术规程》(DB35/T 1619—2016)进行栽种建设。基于数据统计和沿浦湾秋茄的栽种丰度要求设置样地为3 m×3 m,采用标志桩法分别在每个样地的四个角垂直插入四根长约2.0 m的标志毛竹桩框定样地位置,监测冲淤动态以修正株高和基径的生长量。

2018年秋季至2020年春季,在7个样地开展对秋茄的株高、基径和叶片数量测定。同时,在样地4个角的标志桩进行定期定点现场测定标志桩暴露在滩面以上的高度,统计每个样地4个角的毛竹标志桩露滩高度平均值

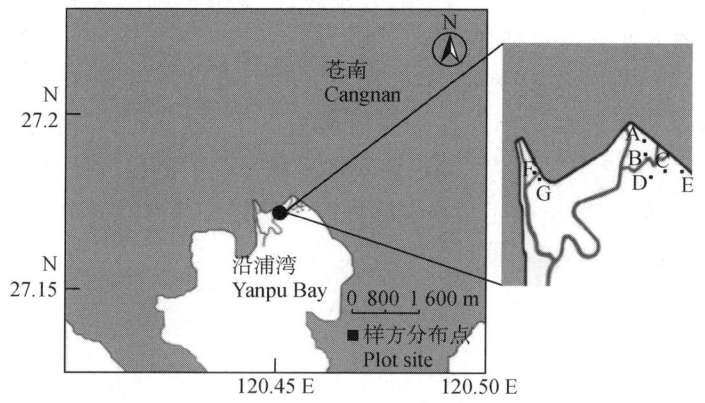

图 9-1 沿浦湾秋茄调查样地设置

注:图中各样地附近的白底黑色的弯曲线表示滩涂河道或潮沟,图中的"样方"即为秋茄生长监测的"样地"。

(M_0),之后再同样测定、计算 7 个样地各 4 个角的标志桩顶端距滩面垂直距离的平均值(M_x),M_0 与 M_x 的差值分别为该时段的冲淤变化值,正值为淤积,负值表示冲刷。株高和基径用皮尺实测,单位为 cm。

(二) 现场计数与测定

每个断面选择生境特征较为典型的秋茄样地(3 m×3 m)1 个,共 8 个样地,调查时现场计数秋茄叶片数量,测定株高、基径和分枝数等数据。

(三) 冲淤监测

由于红树林区客观上存在不同程度的冲淤情况,秋茄生长的监测值客观上会受到冲淤情况的影响,因此在每个样地的 4 个角插上标志桩,用以监测滩涂冲淤程度,以便修正秋茄生长的测定值。在埋设标志桩时,用重锤敲打标志桩顶部,直至插入底质的硬底层,以保障标志桩不受海流冲击移位和下陷。每次测量并记录标志桩顶部至滩涂表面的高度,前后 2 季度测定的高度差即为样地所在滩涂在前后两次测量期间滩涂的冲淤高度。

(四) 数据处理

1. 秋茄生长监测

(1) 株高:从植株基部至主茎顶部即主茎生长点之间的距离,单位为 cm。
(2) 基径:树高距地面约十分之一处的树干直径,单位为 cm。

(3) 分枝数:测量每一植株上的分枝数目,无分枝则记为 1。

2. 株高与基径还原计算

如图 9-2 所示,根据文献(来洪运等,2021)株高与基径还原计算具体采用方法:树干自上而下沿中心线剖面模拟为一个三角形,Y_1 和 X_1 表示前次测量的株高和基径,Y_2 和 X_2 表示后次在淤积情况下测量的株高和基径,h 表示冲淤高度,而 Y 和 X 表示后次实际株高和基径。各参数的单位均为 cm。

株高与基径实际生长值计算如式(9-1)、式(9-2):

$$X = Y \cdot X_2 / Y_2 \tag{9-1}$$

$$Y = Y_2 + h \tag{9-2}$$

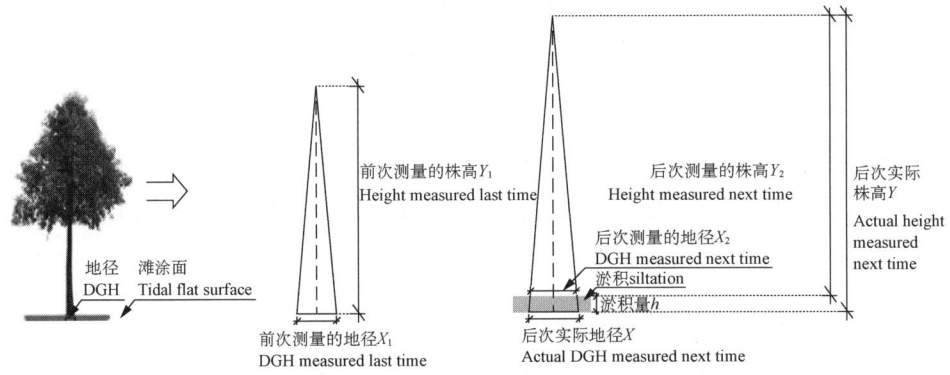

图 9-2 沿浦湾秋茄株高、基径还原计算示意

3. 沉积物对秋茄生长影响关系处理

通过 IBM SPSS Statistics 26 软件对 2018 年春季和 2020 年春季的 10 个沉积物的监测数据进行 KOM(Kaiser-Meyer-Olkin)检验,选择主成分分析(PCA)的处理方式对 2018 年春季至 2020 年春季沉积物数据进行分析。

二、秋茄生长监测与研究

(一) 2018—2020 年共计 4 季次生长实测

2018 年秋季,沿浦湾秋茄林样地监测结果,其中 A 样地株高范围为 27~69 cm,平均株高为 45.49±23.51 cm;分枝数范围为 1~3 条,平均分枝数为 1.59±1.41 条;基径范围为 0.8~3 cm,平均基径为 2.1±1.3 cm。B 样地株高范围为 51~73 cm,平均株高为 62.60±11.6 cm;分枝数范围为 1~5 条,平均分枝数为 1.58±3.42 条;基径范围为 2~4 cm,平均基径为 3.14±

1.14 cm。C样地株高范围为36~57.5 cm,平均株高为48.71±12.71 cm;分枝数范围为1~4条,平均分枝数为1.77±2.23条;基径范围为2~4 cm,平均基径为2.89±1.11 cm。D样地株高范围为51~77 cm,平均株高为59.38±17.62 cm;分枝数范围为1~5条,平均分枝数为2.08±2.92条;基径范围为2~4 cm,平均基径为2.81±1.19 cm。E样地株高范围为29~50.1 cm,平均株高为36.86±13.24 cm;分枝数均为1条;基径范围为1.3~2.5 cm,平均基径为1.97±0.67 cm。F样地株高范围为62~91 cm,平均株高为74.81±16.19 cm;分枝数范围为1~3条,平均分枝数为1.33±1.67条;基径范围为1.4~4.1 cm,平均基径为2.73±1.37 cm。G样地株高范围为70~92 cm,平均株高为79.92±12.08 cm;分枝数范围为1~2条,平均分枝数为1.08±0.92条;基径范围为2.1~5.1 cm,平均基径为3.44±1.66 cm。

2019年春季,沿浦湾秋茄林样地监测结果,其中A样地株高范围为52~68.5 cm,平均株高为61.98±6.05 cm;分枝数范围为3~8条,平均分枝数为5.2±1.92条;基径范围为1~2.4 cm,平均基径为1.8±0.51 cm。B样地株高范围为53~73 cm,平均株高为61.19±6.14 cm;分枝数范围为1~6条,平均分枝数为2.76±1.38条;基径范围为1.5~3.2 cm,平均基径为2.18±0.45 cm。C样地株高范围为55~72 cm,平均株高为59.56±4.23 cm;分枝数范围为1~6条,平均分枝数为2.906±1.29条;基径范围为1.8~4.2 cm,平均基径为3.01±0.87 cm。D样地株高范围为63~85 cm,平均株高为69.08±8.54 cm;分枝数范围为2~5,平均分枝数为3.33±1.23;基径范围为2.7~6 cm,平均基径为3.98±0.94 cm。E样地株高范围为28.5~49 cm,平均株高为36.3±5.95 cm;分枝数均为2~6,平均分枝数为3.69±1.11条;基径范围为1.8~2.5 cm,平均基径为2.11±0.21 cm。F样地株高范围为70.2~101 cm,平均株高为84.13±8.69 cm;分枝数范围为1~6条,平均分枝数为1.63±1.19条;基径范围为2.4~5 cm,平均基径为3.60±0.70 cm。G样地株高范围为70~93 cm,平均株高为81.9±9.59 cm;分枝数范围为1~3条,平均分枝数为1.2±0.63条;基径范围为1.8~5 cm,平均基径为3.22±1.03 cm。

2019年秋季,沿浦湾秋茄林样地监测结果,其中A样地株高范围为66.5~160.3 cm,平均株高为89.95±18.50 cm;分枝数范围为1~8条,平均分枝数为3.86±1.64条;基径范围为1.9~6 cm,平均基径为4.05±1.03 cm。B样地株高范围为71~110 cm,平均株高为96.00±12.32 cm;分枝数范围为2~7条,平均分枝数为3.53±1.33条;基径范围为3.5~8 cm,

平均基径为 5.73±1.33 cm。C 样地株高范围为 49~100 cm,平均株高为 73.06±16.59 cm;分枝数范围为 1~6 条,平均分枝数为 2.31±1.38 条;基径范围为 2.1~8 cm,平均基径为 4.52±1.57 cm。D 样地株高范围为 63~76 cm,平均株高为 70.44±4.13 cm;分枝数范围为 1~3 条,平均分枝数为 1.78±0.83 条;基径范围为 2.2~6.2 cm,平均基径为 3.71±1.22 cm。E 样地株高范围为 24~98 cm,平均株高为 47.29±21.99 cm;分枝数均为 1~6 条,平均分枝数为 1.82±1.47 条;基径范围为 1.6~3.5 cm,平均基径为 2.37±0.62 cm。F 样地株高范围为 60~102 cm,平均株高为 79.90±10.24 cm;分枝数范围为 1~9 条,平均分枝数为 4.22±2.18 条;基径范围为 2.5~8 cm,平均基径为 4.61±1.37 cm。G 样地株高范围为 64~96 cm,平均株高为 79.32±8.82 cm;分枝数范围为 1~9 条,平均分枝数为 5.03±2.04 条;基径范围为 3~6 cm,平均基径为 4.5±0.83 cm。

2020 年春季,沿浦湾秋茄林样地监测结果,其中 A 样地株高范围为 55~99 cm,平均株高为 81.13±10.23 cm;分枝数范围为 1~12 条,平均分枝数为 6.31±2.68 条;基径范围为 2~7 cm,平均基径为 4.73±1.25 cm。B 样地株高范围为 15~85 cm,平均株高为 49.94±17.34 cm;分枝数范围为 1~9 条,平均分枝数为 2.63±2.35 条;基径范围为 0.4~2.4 cm,平均基径为 1.34±0.54 cm。C 样地株高范围为 49~110 cm,平均株高为 81.96±11.96 cm;分枝数范围为 1~10 条,平均分枝数为 6.46±2.24 条;基径范围为 2~8 cm,平均基径为 4.34±1.40 cm。D 样方株高范围为 61~95 cm,平均株高为 79.8±8.49 cm;分枝数范围为 1~10 条,平均分枝数为 5.13±2.56 条;基径范围为 2.6~4 cm,平均基径为 3.27±0.32 cm。E 样地株高范围为 29~84 cm,平均株高为 48.95±16.51 cm;分枝数均为 1~7 条,平均分枝数为 2.10±1.89 条;基径范围为 1.5~3.5 cm,平均基径为 2.36±0.71 cm。F 样方株高范围为 84.4~140 cm,平均株高为 110.08±14.37 cm;分枝数范围为 2~6 条,平均分枝数为 3.83±1.10 条;基径范围为 5~9 cm,平均基径为 6.57±0.89 cm。G 样地株高范围为 38~134 cm,平均株高为 96.19±18.01 cm;分枝数范围为 1~4 条,平均分枝数为 1.38±0.73 条;基径范围为 1~7 cm,平均基径为 4.31±1.52 cm。

(二)秋茄林滩涂冲淤特征

由表 9-1 分析可知,2017—2019 年 8 个季节时段的 7 个样地季节间段呈现淤积或侵蚀特征,总体上淤积重于冲刷。以 C 样地为例,从 2017 年秋季至 2019 年秋季冲淤整体呈现冲刷与淤积交替变化的特征。2017 年秋季至冬季,7个样地中只有D样地和E样地处于侵蚀状态,其余5个样地均处于淤积状态。2018年夏季至秋季的只有F样地和G样地处于侵蚀状态,其余5个样地均处于淤积状态,且A样地淤积最为严重(10.53 cm);2019年春季至秋季只有B样地处于侵蚀状态,其余6个样地则呈现淤积特征。

表9-1　2017—2019年7个样地在8个季节间段的冲淤情况　（单位:cm）

样方	秋季→	冬季→	春季→	夏季→	秋季→	冬季→	春季→	秋季
A	1.62↑	2.23↑	−2.03↓	10.53↑	−7.50↓	−2.60↓	3.04↑	5.29↑
B	0.87↑	−3.95↓	4.41↑	5.67↑	−4.13↓	4.56↑	−5.68↓	1.75↑
C	1.22↑	−1.87↓	−3.67↓	6.17↑	−6.12↓	4.27↑	3.22↑	3.22↑
D	−0.80↓	−1.40↓	−7.55↓	1.95↑	5.55↑	−5.02↓	5.27↑	−2.00↓
E	−2.13↓	4.08↑	−1.95↓	2.17↑	−0.17↓	−4.45↓	3.25↑	0.80↑
F	2.95↑	2.90↑	4.25↑	−5.08↓	−6.55↓	4.42↑	1.94↑	4.83↑
G	3.33↑	−4.40↓	6.60↑	−4.04↓	−4.29↓	3.15↑	3.12↑	3.47↑

注:表中"↑"表示淤积,"↓"表示冲刷,"→"表示季节间段。

(三) 秋茄生长

1. 秋茄生长测定值还原

基于冲淤量,利用相似三角形原理进行还原计算株高和基径的实际值,并计算季节间时段的秋茄增长量,见表9-2、表9-3。

表9-2　2017年秋季至2019年春季7个样地秋茄株高季节间段增长量

（单位:cm）

样方	秋季→	冬季→	春季→	夏季→	秋季→	冬季→	春季
A	2.92↑	4.70↑	—	—	—	—	—
B	2.82↑	4.48↑	9.84↑	7.14↑	2.88↑	4.91↑	10.92↑
C	3.71↑	5.41↑	6.60↑	8.73↑	3.27↑	4.68↑	12.82↑
D	2.51↑	4.55↑	3.09↑	5.00↑	3.66↑	3.73↑	9.63↑
E	2.21↑	2.54↑	3.13↑	3.23↑	2.15↑	—	—
F	3.18↑	5.89↑	7.80↑	6.16↑	5.23↑	4.38↑	13.54↑
G	3.82↑	4.94↑	7.61↑	5.85↑	5.99↑	5.41↑	10.44↑

注:"—"表示受到2018年"玛利亚"台风影响秋茄消失而未测,"↑"表示增长,"→"表示季节间段。

表9-3　2017年秋季至2019年春季各样地秋茄基径季节间段增长量

(单位：cm)

样方	秋季→	冬季→	春季→	夏季→	秋季→	冬季→	春季
A	0.24↑	0.39↑	—	—	—	—	—
B	0.20↑	0.29↑	0.34↑	0.38↑	0.23↑	0.21↑	0.61↑
C	0.22↑	0.26↑	0.50↑	0.47↑	0.35↑	0.41↑	0.63↑
D	0.22↑	0.28↑	0.32↑	0.35↑	0.24↑	0.31↑	0.44↑
E	0.21↑	0.27↑	0.32↑	0.33↑	0.21↑	—	—
F	0.27↑	0.33↑	0.55↑	0.36↑	0.23↑	0.30↑	0.92↑
G	0.20↑	0.39↑	0.50↑	0.35↑	0.20↑	0.26↑	0.74↑

注："—"表示受到2018年台风"玛利亚"影响秋茄消失而未测，"↑"表示增长，"→"表示季节间段。

2. 7个样地的秋茄生长差异性

由表9-4分析可知，F样地的平均株高最大(79.90 cm)。A样地的平均株高与D样地、E样地、F样地和G样地差异均显著，与B样地和C样地差异均不显著；B样地与C样地、E样地、F样地和G样地差异均显著，与D样地差异不显著；C样地与E样地、F样地和G样地差异均显著，与D样地差异不显著；D样地与E样地、F样地和G样地差异均显著；E样地与F样地和G样地差异均极显著；F样地与G样地差异极显著。

表9-4　7个样地秋茄株高多重比较

样地	平均数(cm)	A	B	C	D	E	F	G
A	76.21±1.49	1	—	—	—	—	—	—
B	63.54±0.90	0.113	1	—	—	—	—	—
C	78.32±1.00	0.211	0.224*	1	—	—	—	—
D	70.44±1.16	0.103*	0.043	−0.024	1	—	—	—
E	47.29±0.77	0.001*	0.174*	0.230*	0.022*	1	—	—
F	79.90±0.73	0.225*	0.237*	0.249*	0.153*	0.245**	1	—
G	77.06±1.26	0.253*	0.185*	0.216*	0.228*	0.190*	0.478**	1

注："**"表示在0.01的显著性水平上相关性明显(双尾检验)；"*"表示在0.05的显著性水平上相关性明显(双尾检验)。

由表9-5分析可知，F样地的秋茄平均基径最大(4.39 cm)。A样地的平均基径与D样地、E样地、F样地和G样地差异均显著，与B样地、C样地和E

样地差异均不显著;B样地与C样地差异极显著,与E样地、F样地和G样地差异均显著,与D样地差异不显著;C样地与E样地、F样地和G样地差异均显著,与D样地差异不显著;D样地与E样地、F样地和G样地差异均显著;E样地与F样地和G样地差异均极显著;F样地与G样地差异极显著。

表 9-5 7 个样地秋茄各样地基径多重比较

样地	平均数(cm)	A	B	C	D	E	F	G
A	4.05±0.05	1	—	—	—	—	—	—
B	3.49±0.06	0.108	1	—	—	—	—	—
C	4.28±0.07	0.182	0.360**	1	—	—	—	—
D	3.71±0.05	0.120*	−0.066	−0.170	1	—	—	—
E	2.66±0.02	−0.060*	0.100*	0.018*	0.096*	1	—	—
F	4.39±0.02	0.131*	0.145*	0.192*	0.143*	0.278**	1	—
G	4.10±0.04	0.246*	0.069*	0.113*	0.180*	0.243*	0.477**	1

注:"**"表示在 0.01 的显著性水平上相关性明显(双尾检验);"*"代表在 0.05 的显著性水平上相关性明显(双尾检验)。

由表 9-6 分析可知,F 样地的平均叶片数最大(84.3 片)。A 样地与 D 样地、E 样地、F 样地和 G 样地差异均较为显著,与 B 样地、C 样地和 E 样地差异均不显著;B 样地与 C 样地、E 样地、F 样地和 G 样地差异均显著,与 D 样地差异不显著;C 样地与 E 样地、F 样地和 G 样地差异均显著,与 D 样地差异不显著;D 样地与 E 样地、F 样地和 G 样地差异均显著;E 样地与 F 样地和 G 样地差异均极显著;F 样地与 G 样地差异极显著。

表 9-6 7 个样地秋茄叶片数多重比较

样地	平均值(片)	A	B	C	D	E	F	G
A	58.12±1.59	1	—	—	—	—	—	—
B	68.01±1.22	0.045	1	—	—	—	—	—
C	68.98±1.30	−0.050	0.081*	1	—	—	—	—
D	48.31±1.83	−0.096*	0.044	0.063	1	—	—	—
E	44.82±0.59	0.088*	0.195*	0.126*	0.202*	1	—	—
F	84.38±0.49	0.085*	0.033	−0.017	0.096*	0.136**	1	—
G	64.13±0.79	0.041*	−0.031*	−0.035*	0.063*	−0.019**	0.121*	1

注:"**"代表在 0.01 的显著性水平上相关性明显(双尾检验);"*"代表在 0.05 的显著性水平上相关性明显(双尾检验)。

(四) 秋茄生长模型

1. 生长模型

曾有学者提出过植物株高研究模型,来洪运等(2021)提出以引种福建九龙江的 5 个样地秋茄植株株高与基径及叶片数关系为例,研究得出株高(Y)关于基径(X_1)和叶片数(X_2)的二元线性回归模型为 $Y = -2.941 + 26.785X_1 + 0.047X_2$ ($R^2 = 0.872, p < 0.01$),非线性回归模型 $Y = -356.815 + 26.396X_1 + 340.407X_2^{0.01}$ ($MS = 0.875, p < 0.01$);株高(Y)与基径(X_1)的一元线性回归模型为 $Y = -48.961 + 89.203X_1 - 23.88X_1^2 + 2.548X_1^3$ ($R^2 = 0.941, p < 0.01$),非线性回归模型 $Y = 289.888X_1/(8.913 + X_1)$ ($MS = 3.626, p < 0.01$),并且以立方关系模型拟合效果较好。这与李娜等(2014)对广东省沿岸 8 个代表性区域的 11 种红树植物生长因子之间的关系研究结果相同,这说明浙江苍南的亚热带气候差异对秋茄株高关于基径、叶片数关系回归的影响很小,以往学者提出株高回归模型对浙南地区秋茄依然适用,同时也在一定程度上表明在温州引种福建九龙江的秋茄是可行的。

2. 不同样地秋茄生长差异

云霄种源样地的秋茄平均株高、基径和叶片数均较福田保护区的大,表明云霄种源较适合引种在沿浦湾,这可能与云霄地理位置及气候较福田保护区更接近沿浦湾有关。九龙江种源样地的秋茄平均株高、基径和叶片数也均较福田保护区的大,表明九龙江种源也同样适合引种在沿浦湾。虽然云霄纬度较九龙江略低,但是两者长势差不多,因此云霄和九龙江两个种源几乎均适合引种在沿浦湾。

向陆样地 A 的平均株高、基径和叶片数较向海样地 D 的大,且两样地之间的株高、基径和叶片数差异均显著,这可能与样地 D 受到潮水胁迫和藤壶等污损生物的影响较大有关,这与郭欣等(2018)的研究结论相一致。非潮沟边的样地 C 较比邻潮沟的中间林区样地 B 的秋茄生长好,两个样地的基径差异极显著,这可能由于生境不同,即样地 B 的一边是潮沟,另一边是秋茄林,受到波浪的影响较样地 C 的大。成家隆等(2015)研究了水东湾不同生长位置的生长差异性也得出了相似的结论。互花米草区的样地 E 较向陆林区样地 A 的秋茄生长差,与样地 A 的株高、基径和叶片数差异显著。虽然这两个样地离岸距离几乎相同,但是样地 E 部分互花米草,发达的根系尚未完全腐烂,生境较为干硬,从而影响秋茄扎根生长;而样地 A 秋茄栽种前不存在互花米草,生境较样地 E 差异大,这就导致了两个样地秋茄生长的显著差异。另外,样地 E 的秋茄在存活、生长的同时,部分互花米草依然复活入侵,与秋茄争夺阳光、肥分等,从而影响秋茄的存活生长;据 Wu 等(2015)研究发现,互花米草的浸提液具有化感作用,可以使其在入侵过程中更有竞争力,这也可能影响样地 E 秋茄的存活生长。

三、结论

(一) 秋茄种植滩涂选划要求

浙江南部引种秋茄的滩涂高程以 1.9 m 以上,2.3 m 左右为宜。滩涂以淤泥质底质为宜,地质结构以淤泥、淤泥质黏土、黏土等。要求滩涂平缓宽广、水文动力较弱,以亚热带区为宜,北扩需要引种经过耐寒驯化的种苗或胚轴,种植区选择盐度 20 左右的海域滩涂区,潮沟丰富区较为适宜。

(二) 秋茄种植与初期阶段管护

秋茄在潮沟边缘造林需适当进行生境改造,减小潮流的冲击。在互花米草区栽种前除了多轮清除互花米草外,还应考虑其浸提液具有化感作用的影响,以清除互花米草一段较长时间后再栽种秋茄为宜。另外,在向海林区边缘造林时做好防护设施,减小潮水胁迫和藤壶等污损生物的影响。

(三) 秋茄引种种苗选购要求

种苗采购应选择与拟栽种秋茄气候较接近的种源地为宜,选购时需选择健康的无病虫害胚轴与杯苗,并且在种植前需进行防疫检疫处理。

(四) 秋茄保护与管理要求

在秋茄管护过程中要及时清除互花米草等杂草与各种垃圾,做好大潮汛、台风、寒害及病虫害的监测和管理。

第十章
沿浦湾滩涂沉积物调查与研究

> 浙江海洋大学红树林生态团队基于多年来的调查与研究得出,秋茄的栽种对滩涂的沉积物环境质量存在复杂的影响,对不同的因子影响过程、机理、作用呈现不同的特征。本章内容基于沿浦湾秋茄栽种前与栽种后生长过程中沉积物原位采样,针对沉积物的含量变化检测结果进行分析,探讨沉积物状况及其变化趋势与成因机制。

一、调查研究内容及方法

(一) 调查内容

为了调查沿浦湾滩涂沉积物的环境质量,通过对沿浦湾红树林生态系统的沉积物、间隙水、表层水的理化性质进行动态监测,从而揭示沉积物、间隙水的环境特征及其变化趋势。

(二) 调查方法

1. 调查时间与频次

2014—2024 年,针对沉积物及其间隙水、表层水进行调查。调查范围为沿浦湾秋茄种植区域及其外推的中潮带和低潮带。

2. 调查断面布设

如图 10-1 和表 10-1 所示,设置了断面 A、断面 B、断面 C、断面 D 及断面 E 共 5 条断面,调查断面布设严格按照《海洋调查规范》《海洋监测规范》设置。在这 5 条断面的高潮带、中潮带和低潮带 3 个潮带进行沉积物采样,拿回实验室进行检测与分析。在秋茄种植后,于 5 条断面的高潮带及秋茄种植前采样原位划定的 7 个 3 m×3 m 秋茄生长监测样地进行沉积物采样,秋茄种植前、后沉积物采样保持原位,其余中、低潮带沉积物、间隙水及表层水在不同季次也均进行采样。

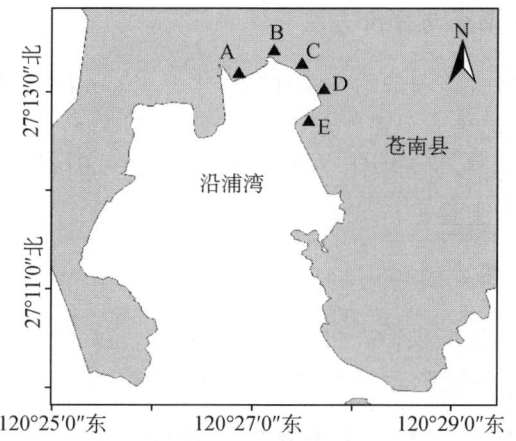

图 10-1　沿浦湾潮间带沉积物调查断面分布

表 10-1　大型底栖动物调查断面经度和纬度

断面	站位	经度(E)	纬度(N)
A	YPW1 高	120.453 929 66	27.221 768 20
	YPW1 中	120.453 415 20	27.220 763 95
	YPW1 低	120.452 579 56	27.219 459 64
B	YPW2 高	120.456 964 41	27.221 019 77
	YPW2 中	120.456 475 84	27.220 048 01
	YPW2 低	120.455 896 65	27.219 026 90
C	YPW3 高	120.459 664 15	27.219 145 43
	YPW3 中	120.458 603 57	27.218 341 56
	YPW3 低	120.457 615 25	27.217 625 86
D	YPW4 高	120.461 026 65	27.217 357 25
	YPW4 中	120.460 049 71	27.216 806 61
	YPW4 低	120.458 929 12	27.216 180 31
E	YPW5 高	120.462 059 93	27.214 981 38
	YPW5 中	120.461 268 45	27.214 550 68
	YPW5 低	120.460 093 79	27.214 050 25

注：YPWA 表示沿浦湾断面 A，YPWB 表示沿浦湾断面 B，YPWC 表示沿浦湾断面 C，YPWD 表示沿浦湾断面 D，YPWE 表示沿浦湾断面 E。表中的"高""中""低"依次表示"高潮带""中潮带""低潮带"。

(三)沉积物调查与评价方法

除中、低潮带外,高潮带站位采样时于 3 m×3 m 的样地中进行表层泥样采集,样地内随机选择 5 个采样点,取其表层 0~10 cm 的表层泥样,取来的样品立即放入洁净的聚乙烯袋中(>250 g),随后放入内有冰块的车载冰箱中,低温避光保存运回实验室。

(四)数据分析

在实验室内进行沉积物有机碳、总汞、砷、铜、锌、铅、铬、镉、总氮、总磷和粒度共 11 个参数的检测,项目及方法标准见表 10-2。

表 10-2 沉积物检测项目及方法

检测项目	分析方法	仪器名称及型号	仪器自编号
总汞	《海洋监测规范 第5部分:沉积物分析》(5.1原子荧光法)(GB 17378.5—2007)	AFS-9230 双道原子荧光光度计	100031
砷	《海洋监测规范 第5部分:沉积物分析》(11.1原子荧光法)(GB 17378.5—2007)		
有机碳	《海洋监测规范 第5部分:沉积物分析》(18.1重铬酸钾氧化-还原容量法)(GB 17378.5—2007)	—	—
总磷	《海洋沉积物总磷过硫酸钾氧化—流动注射比色法作业指导书》(ZMEEMSZD-JC52—2014)(参考 USEPA365.1-1978)	QuAAtro 营养盐自动分析仪	201090
总氮	《海洋监测规范 第5部分:沉积物分析》(附录 D 总氮——凯式滴定法)(GB 17378.5—2007)	K1100 凯氏定氮仪	201125
粒度	《海洋调查规范 第8部分:海洋地质地球物理调查》(6.3.2.3 激光法)(GB/T 12763.8—2007)	MicrotracS3500 激光粒度仪	201131
镉	《海洋监测规范 第5部分:沉积物分析》(8.1无火焰原子吸收分光光度法)(GB 17378.5—2007)	ZEEnit650P 原子吸收分光光度计	100039
铜、锌、铅、铬	《海洋沉积物重金属电感耦合等离子发射光谱法作业指导书》(ZMEEMSZD-JC50(7)-2014)(参考 USEPA6010B-1996)	Agilent 720 型电感耦合等离子发射光谱仪	100027

潮间带沉积物质量标准采用《海洋沉积物质量》相关标准要求进行评价,见表10-3。一般地,某因子符合沉积物评价标准并满足功能区使用要求时,沉积物参数标准指数≤1;某因子超过了沉积物评价标准,已不能满足功能区使用要求时,标准指数>1。若污染程度越严重,则对应的标准指数值越大。

表 10-3 海洋沉积物质量标准

序号	项目	指标		
		第一类	第二类	第三类
1	汞 Hg($\times 10^{-6}$)≤	0.20	0.50	1.00
2	镉 Cd($\times 10^{-6}$)≤	0.50	1.50	5.00
3	铅 Pb($\times 10^{-6}$)≤	60.0	130.0	250.0
4	锌 Zn($\times 10^{-6}$)≤	150.0	350.0	600.0
5	铜 Cu($\times 10^{-6}$)≤	35.0	100.0	200.0
6	铬 Cr($\times 10^{-6}$)≤	80.0	150.0	270.0
7	砷 As($\times 10^{-6}$)≤	20.0	65.0	93.0
8	有机碳 C($\times 10^{-2}$)≤	2.0	3.0	4.0

二、沉积物环境质量评价

(一) 2014年秋季与2016年秋季调查结果

如表10-4、表10-5所列,依次为沿浦湾2014年秋季和2016年秋季10个沉积物检测因子及其测定值。

在2014年5月的沉积物样品中,铜符合二类标准,其余8个因子均符合一类标准;在2016年10月的底泥样品中,汞、砷、石油类、有机碳、锌、铅、镉7个因子符合一类标准,铜和铬则符合二类标准。2014年和2016年沉积物汞、砷、铬、镉、锌、铬6个因子含量均有上升趋势,尤以镉、铬等因子的含量上升趋势显著,仅石油类、铜、铅3个因子含量呈下降趋势。

表 10-4 2014年秋季沿浦湾沉积物情况

样品号	总汞 (mg/kg)	砷 (mg/kg)	铜 (mg/kg)	锌 (mg/kg)	铅 (mg/kg)	铬 (mg/kg)	镉 (mg/kg)	有机碳
YPWA高	0.062	12.6	39	113	36.8	64.2	0.122	0.804%

(续表)

样品号	总汞(mg/kg)	砷(mg/kg)	铜(mg/kg)	锌(mg/kg)	铅(mg/kg)	铬(mg/kg)	镉(mg/kg)	有机碳
YPWA 中	0.059	13.8	40	114	37.2	64.3	0.12	0.682%
YPWA 低	0.062	13	41.4	120	39.1	66.4	0.136	0.737%
YPWB 高	0.061	12.5	41.8	122	38.3	70	0.118	0.678%
YPWB 中	0.058	13.4	40.1	115	36.5	63.8	0.117	0.66%
YPWB 低	0.058	13.2	40.2	118	36.3	64.4	0.106	0.701%
YPWC 高	0.062	12.6	47	119	37.7	66.5	0.121	0.725%
YPWC 中	0.059	13.2	43.4	124	39.8	66.6	0.119	0.748%
YPWC 低	0.065	13.2	39.1	113	35.8	60.6	0.113	0.73%
YPWD 高	0.062	12.2	39.8	115	35.5	61.8	0.12	0.553%
YPWD 中	0.058	13.3	41	119	36.4	64.7	0.112	0.718%
YPWD 低	0.062	13.2	40.7	116	37	62.7	0.097	0.706%
YPWE 高	0.059	12	39.4	115	37.5	63.8	0.137	0.692%
YPWE 中	0.063	13.3	39.4	113	35.1	61.1	0.107	0.753%
YPWE 低	0.063	12.8	39.5	115	35.3	59.8	0.104	0.638%

注：YPWA 表示沿浦湾断面 A，YPWB 表示沿浦湾断面 B，YPWC 表示沿浦湾断面 C，YPWD 表示沿浦湾断面 D，YPWE 表示沿浦湾断面 E。表中的"高""中""低"依次表示"高潮带""中潮带""低潮带"。

表 10-5　2016 年秋季沿浦湾沉积物情况

样品号	总汞(mg/kg)	砷(mg/kg)	铜(mg/kg)	锌(mg/kg)	铅(mg/kg)	铬(mg/kg)	镉(mg/kg)	总磷(mg/kg)	总氮(mg/kg)	有机碳
YPWA 高	0.066	14.5	39	135	32	138	0.06	597	1.16×10^3	0.8%
YPWA 中	0.059	13.8	37	121	18	89	0.22	618	1.17×10^3	0.87%
YPWA 低	0.061	14.2	38	129	19	126	0.3	631	1.15×10^3	0.788%
YPWB 高	0.057	13.7	38	126	4	94	0.3	607	1.18×10^3	0.808%
YPWB 中	0.058	13.1	36	120	18	94	0.24	617	1.05×10^3	0.752%
YPWB 低	0.059	13.9	37	126	17	93	0.28	626	1.13×10^3	0.788%
YPWC 高	0.063	13.6	36	126	9.8	129	0.35	585	1.12×10^3	0.79%
YPWC 中	0.060	13.6	36	123	26	99	0.28	619	1.09×10^3	0.783%

(续表)

样品号	总汞 (mg/kg)	砷 (mg/kg)	铜 (mg/kg)	锌 (mg/kg)	铅 (mg/kg)	铬 (mg/kg)	镉 (mg/kg)	总磷 (mg/kg)	总氮 (mg/kg)	有机碳
YPWC 低	0.07	14.5	38	127	26	100	0.38	622	1.17×10^3	0.837%
YPWD 高	0.069	13.5	38	130	26	107	0.31	613	1.12×10^3	0.794%
YPWD 中	0.060	13.7	38	128	17	105	0.4	625	1.18×10^3	0.786%
YPWD 低	0.061	14.5	37	126	11	106	0.28	626	1.15×10^3	0.807%
YPWE 高	0.061	12.9	34	114	25	86	0.19	638	1.16×10^3	0.86%
YPWE 中	0.062	14.3	38	129	37	107	0.23	642	1.14×10^3	0.798%
YPWE 低	0.061	14.2	38	131	9.3	124	0.29	625	1.12×10^3	0.787%

注：YPWA 表示沿浦湾断面 A，YPWB 表示沿浦湾断面 B，YPWC 表示沿浦湾断面 C，YPWD 表示沿浦湾断面 D，YPWE 表示沿浦湾断面 E。表中的"高""中""低"依次表示"高潮带""中潮带""低潮带"。

（二）沉积物测定结果比较

2017 年夏季沉积物调查结果列入表 10-6 中，与 2016 年、2018 年、2019 年及 2020 年各断面各因子调查结果进行对比分析。

表 10-6　2017 年夏季沿浦湾沉积物情况

样品号	总汞 (mg/kg)	砷 (mg/kg)	铜 (mg/kg)	锌 (mg/kg)	铅 (mg/kg)	铬 (mg/kg)	镉 (mg/kg)	总磷 (mg/kg)	总氮 (mg/kg)	有机碳
YPWA 高	0.056	14.9	38.4	115	35.5	61.6	0.11	632	1.28×10^3	0.744%
YPWA 中	0.063	16	41.5	123	36.8	67.8	0.113	629	1.21×10^3	0.765%
YPWA 低	0.064	13.6	39.8	125	36.7	63.9	0.12	623	1.28×10^3	0.805%
YPWB 高	0.061	8.49	38.2	111	34.9	61.5	0.105	614	1.18×10^3	0.718%
YPWB 中	0.074	11.1	39.1	112	35.7	62.5	0.098	623	1.20×10^3	0.788%
YPWB 低	0.062	15.4	37.9	117	35.2	59.6	0.109	637	1.19×10^3	0.687%
YPWC 高	0.06	14.3	38.6	119	36.9	62	0.124	629	1.22×10^3	0.809%
YPWC 中	0.063	10.3	39.2	118	36	63.2	0.112	626	1.17×10^3	0.716%
YPWC 低	0.063	15.3	39.4	117	35.1	63	0.106	629	1.19×10^3	0.666%
YPWD 高	0.063	15.9	39.3	128	36.5	63.9	0.119	614	1.19×10^3	0.763%
YPWD 中	0.076	13.2	36.2	113	34.8	58.3	0.135	624	1.15×10^3	0.79%

(续表)

样品号	总汞(mg/kg)	砷(mg/kg)	铜(mg/kg)	锌(mg/kg)	铅(mg/kg)	铬(mg/kg)	镉(mg/kg)	总磷(mg/kg)	总氮(mg/kg)	有机碳
YPWD 低	0.064	15.2	40.2	126	37.7	64.3	0.128	626	1.22×10^3	0.813%
YPWE 高	0.07	16.7	38.2	115	35.1	61.7	0.106	626	1.22×10^3	0.726%
YPWE 中	0.067	16.7	35.8	118	34.5	55.5	0.118	622	1.22×10^3	0.776%
YPWE 低	0.072	16.9	38.2	120	35.7	62.3	0.106	632	1.17×10^3	0.725%

注：YPWA 表示沿浦湾断面 A，YPWB 表示沿浦湾断面 B，YPWC 表示沿浦湾断面 C，YPWD 表示沿浦湾断面 D，YPWE 表示沿浦湾断面 E。表中的"高""中""低"依次表示"高潮带""中潮带""低潮带"。

1. 总汞

断面 A 高潮带汞含量高于 2017 年，低于 2016 年、2018 年、2019 年和 2020 年；断面 B 在种植秋茄前汞含量高于 2016 年和 2018 年，低于 2019 年和 2020 年；断面 C 在种植秋茄前汞含量高于 2017 年，低于 2016 年、2018 年、2019 年和 2020 年；断面 D 在种植秋茄前汞含量低于 2016 年、2017 年、2018 年、2019 年和 2020 年；断面 E 在种植秋茄前汞含量高于 2019 年，低于 2016 年、2017 年、2018 年和 2020 年。总体而言，秋茄种植前 5 条断面高潮带汞含量均值均低于秋茄种植后。

断面 A 中潮带汞含量与 2016 年和 2018 年相等，低于 2017 年、2019 年和 2020 年；断面 B 在种植秋茄前汞含量与 2016 年和 2018 年相等，低于 2017 年、2019 年和 2020 年；断面 C 在种植秋茄前汞含量与 2016 年和 2018 年相等，低于 2017 年、2019 年和 2020 年；断面 D 在种植秋茄前汞含量均低于秋茄种植后含量；断面 E 在种植秋茄前汞含量高于 2016 年、2018 年和 2020 年，低于 2017 年和 2019 年。总体而言，秋茄种植前 5 条断面中潮带汞含量均值均低于秋茄种植后。

断面 A 低潮带汞含量高于 2016 年、2018 年和 2020 年，低于 2017 年和 2019 年；断面 B 在种植秋茄前汞含量均低于秋茄种植后；断面 C 在种植秋茄前汞含量高于 2017 年，低于 2016 年、2018 年、2019 年和 2020 年；断面 D 在种植秋茄前汞含量高于 2016 年和 2018 年，低于 2017 年、2019 年和 2020 年；断面 E 在种植秋茄前汞含量高于 2016 年、2018 年和 2019 年，低于 2017 年和 2020 年。总体而言，秋茄种植前 5 条断面低潮带汞含量均值均低于秋茄种植后。

2. 砷

断面 A 高潮带砷含量高于 2019 年，低于 2016 年、2017 年、2018 年和

2020 年;断面 B 在种植秋茄前砷含量高于 2017 年和 2019 年,低于 2016 年、2018 年和 2020 年;断面 C 在种植秋茄前砷含量高于 2019 年,低于 2016 年、2017 年、2018 年和 2020 年;断面 D 在种植秋茄前砷含量高于 2019 年,低于 2016 年、2017 年、2018 年和 2020 年;断面 E 在种植秋茄前砷含量高于 2019 年,低于 2016 年、2017 年、2018 年和 2020 年。总体而言,秋茄种植前 5 条断面高潮带砷含量均值低于秋茄种植后的 2016 年、2017 年、2018 年和 2020 年,高于 2019 年。

断面 A 中潮带砷含量高于 2019 年,低于 2017 年、2018 年和 2020 年,等于 2016 年;断面 B 在种植秋茄前砷含量高于 2016 年、2017 年和 2019 年,低于 2018 年和 2020 年;断面 C 在种植秋茄前砷含量高于 2017 年和 2019 年,低于 2016 年、2018 年和 2020 年;断面 D 在种植秋茄前砷含量高于 2017 年和 2019 年,低于 2016 年、2018 年和 2020 年;断面 E 在种植秋茄前砷含量高于 2019 年和 2020 年,低于 2016 年、2017 年和 2018 年。总体而言,秋茄种植前 5 条断面中潮带汞含量均值低于秋茄种植后的 2016 年、2017 年和 2018 年,高于 2019 年和 2020 年。

断面 A 低潮带砷含量高于 2019 年和 2020 年,低于 2016 年、2017 年、2018 年和 2020 年;断面 B 在种植秋茄前砷含量高于 2019 年,低于 2016 年、2017 年和 2018 年;断面 C 在种植秋茄前砷含量高于 2019 年,低于 2016 年、2017 年、2018 年和 2020 年;断面 D 在种植秋茄前砷含量高于 2019 年,低于 2016 年、2017 年、2018 年和 2020 年;断面 E 在种植秋茄前砷含量高于 2019 年,低于 2016 年、2017 年、2018 年和 2020 年。总体而言,秋茄种植前 5 条断面低潮带砷含量均值低于秋茄种植后的 2016 年、2017 年、2018 年和 2020 年,高于 2019 年。

3. 铜

断面 A 高潮带铜含量高于 2017 年、2018 年、2019 年和 2020 年,等于 2016 年;断面 B 在种植秋茄前铜含量高于 2016 年、2017 年、2018 年、2019 年和 2020 年;断面 C 在种植秋茄前铜含量高于 2016 年、2017 年、2018 年、2019 年和 2020 年;断面 D 在种植秋茄前铜含量高于 2016 年、2017 年、2018 年、2019 年和 2020 年;断面 E 在种植秋茄前铜含量高于 2016 年、2017 年、2018 年、2019 年和 2020 年。总体而言,秋茄种植前 5 条断面高潮带铜含量均值均低于秋茄种植后含量。

断面 A 中潮带铜含量高于 2016 年、2018 年、2019 年和 2020 年,等于 2017 年;断面 B 在种植秋茄前铜含量高于 2016 年、2017 年、2018 年、2019 年和 2020 年;断面 C 在种植秋茄前铜含量高于 2016 年、2017 年、2018 年、

2019年和2020年；断面D在种植秋茄前铜含量高于2016年、2017年、2018年、2019年和2020年；断面E在种植秋茄前铜含量高于2016年、2017年、2018年、2019年和2020年。总体而言，秋茄种植前5条断面中潮带铜含量均值均低于秋茄种植后的含量。

在种植秋茄前，断面A低潮带铜含量高于2016年、2017年、2018年、2019年和2020年；断面B在种植秋茄前铜含量高于2016年、2017年、2019年和2020年，低于2018年；断面C在种植秋茄前铜含量高于2016年、2017年、2019年和2020年，低于2018年；断面D在种植秋茄前铜含量高于2016年、2017年、2018年、2019年和2020年；断面E在种植秋茄前铜含量高于2016年、2017年、2019年和2020年，低于2018年。总体而言，秋茄种植前5条断面低潮带铜含量均值低于秋茄种植后的2018年，高于2016年、2017年、2019年和2020年。

4. 锌

断面A高潮带锌含量高于2019年，低于2016年、2017年、2018年和2020年；断面B在种植秋茄前锌含量高于2017年、2018年和2019年，低于2016年和2020年；断面C在种植秋茄前锌含量高于2018年和2019年，低于2016年和2020年，等于2017年；断面D在种植秋茄前锌含量高于2018年和2019年，低于2016年、2017年和2020年；断面E在种植秋茄前锌含量高于2016年和2019年，低于2018年和2020年，等于2017年。总体而言，秋茄种植前5条断面高潮带锌含量高于秋茄种植后的2018年和2019年，低于2016年、2017年和2020年。

断面A中潮带锌含量高于2019年，低于2016年、2017年和2020年，等于2018年；断面B在种植秋茄前锌含量高于2017年和2018年，低于2016年、2019年和2020年；断面C在种植秋茄前锌含量高于2016年、2017年、2018年和2019年，低于2020年；断面D在种植秋茄前锌含量高于2017年、2018年和2019年，低于2016年和2020年；断面E在种植秋茄前锌含量高于2019年，低于2016年、2017年、2018年和2020年。总体而言，秋茄种植前5条断面中潮带锌含量均值高于秋茄种植后的为2017年、2018年和2019年，低于2016年和2020年。

断面A低潮带锌含量高于2019年，低于2016年、2017年、2018年和2020年；断面B在种植秋茄前锌含量高于2017年、2018年和2019年，低于2016年和2020年；断面C在种植秋茄前锌含量高于2019年，低于2016年、2017年、2018年和2020年；断面D在种植秋茄前锌含量高于2019年，低于2016年、2017年、2018年和2020年；断面E在种植秋茄前锌含量高于

2019年,低于2016年、2017年、2018年和2020年。总体而言,秋茄种植前5条断面低潮带锌含量均值高于秋茄种植后的为2019年,低于秋茄种植后的为2016年、2017年、2018年和2020年。

5. 铅

断面A高潮带铅含量高于2016年、2017年和2019年,低于2018年和2020年;断面B在种植秋茄前铅含量高于2016年、2017年、2019年和2020年,低于2018年;断面C在种植秋茄前铅含量高于2016年、2017年、2019年和2020年,低于2018年;断面D在种植秋茄前铅含量高于2016年,低于2017年、2018年、2019年和2020年;断面E在种植秋茄前铅含量高于2016年、2017年和2019年,低于2018年和2020年。总体而言,秋茄种植前5条断面高潮带铅含量均值高于秋茄种植后的为2016年、2017年、2019年和2020年,低于秋茄种植后的为2018年。

断面A中潮带铅含量高于2016年、2017年和2019年,低于2018年和2020年;断面B在种植秋茄前铅含量高于2016年和2017年,低于2018年、2019年和2020年;断面C在种植秋茄前铅含量高于2016年、2017年、2018年、2019年和2020年;断面D在种植秋茄前铅含量高于2016年、2017年和2020年,低于2018年和2019年;断面E在种植秋茄前铅含量高于2017年,低于2016年、2018年、2019年和2020年。总体而言,秋茄种植前5条断面中潮带铅含量均值高于秋茄种植后的为2016年、2017年和2020年,低于秋茄种植后的为2018年和2019年。

断面A低潮带铅含量高于2016年、2017年、2018年、2019年和2020年;断面B在种植秋茄前铅含量高于2016年、2017年和2020年,低于2018年和2019年;断面C在种植秋茄前铅含量高于2016年、2017年和2020年,低于2018年和2019年;断面D在种植秋茄前铅含量高于2016年和2019年,低于2017年、2018年和2020年;断面E在种植秋茄前铅含量高于2016年,低于2017年、2018年、2019年和2020年。总体而言,秋茄种植前5条断面低潮带铅含量均值高于秋茄种植后的为2016年、2017年、2019年和2020年,低于秋茄种植后的为2018年。

6. 铬

断面A高潮带铬含量高于2017年、2019年和2020年,低于2016年和2018年;断面B在种植秋茄前铬含量高于2017年、2018年、2019年和2020年,低于2016年;断面C在种植秋茄前铬含量高于2017年、2019年和2020年,低于2016年和2018年;断面D在种植秋茄前铬含量低于2016年、2017年、2018年、2019年和2020年;断面E在种植秋茄前铬含量高于

2017年和2019年,低于2016年、2018年和2020年。总体而言,秋茄种植前5条断面铬含量均值高于秋茄种植后的为2017年和2019年,低于秋茄种植后的为2016年、2018年和2020年。

断面A中潮带铬含量高于2019年和2020年,低于2016年、2017年和2018年;断面B在种植秋茄前铬含量高于2017年和2020年,低于2016年、2018年和2019年;断面C在种植秋茄前铬含量高于2017年和2019年,低于2016年、2018年和2020年;断面D在种植秋茄前铬含量高于2017年、2019年和2020年,低于2016年和2018年;断面E在种植秋茄前铬含量高于2017年和2020年,低于2016年、2018年和2019年。总体而言,秋茄种植前5条断面中潮带铬含量均值高于秋茄种植后的为2017年、2019年和2020年,低于秋茄种植后的为2016年和2018年。

断面A低潮带铬含量高于2017年、2019年和2020年,低于2016年和2018年;断面B在种植秋茄前铬含量高于2017年和2019年,低于2016年、2018年和2020年;断面C在种植秋茄前铬含量低于2016年、2017年、2018年、2019年和2020年;断面D在种植秋茄前铬含量高于2019年和2020年,低于2016年、2017年和2018年;断面E在种植秋茄前铬含量低于2016年、2017年、2018年、2019年和2020年。总体而言,秋茄种植前5条断面低潮带铬含量均值高于秋茄种植后的为2017年、2019年和2020年,低于秋茄种植后的为2016年和2018年。

7. 镉

断面A高潮带镉含量高于2016年、2017年、2018年和2019年,低于2020年;断面B在种植秋茄前镉含量高于2017年、2018年和2019年,低于2016年和2020年;断面C在种植秋茄前镉含量高于2018年和2019年,低于2016年、2017年和2020年;断面D在种植秋茄前镉含量高于2017年、2018年和2019年,低于2016年和2020年;断面E在种植秋茄前镉含量高于2017年、2018年和2019年,低于2016年和2020年。总体而言,秋茄种植前5条断面高潮带镉含量均值高于秋茄种植后的为2017年、2018年和2019年,低于秋茄种植后的为2016年和2020年。

断面A中潮带镉含量高于2017年、2018年和2019年,低于2016年和2020年;断面B在种植秋茄前镉含量高于2017年和2019年,低于2016年、2018年和2020年;断面C在种植秋茄前镉含量高于2017年、2018年和2019年,低于2016年和2020年;断面D在种植秋茄前镉含量高于2019年,低于2016年、2017年、2018年和2020年;断面E在种植秋茄前镉含量高于2017年、2018年和2019年,低于2016年和2020年。总体而言,秋茄种植前

5 条断面中潮带镉含量均值高于秋茄种植后的为 2019 年,低于秋茄种植后的为 2016 年、2017 年、2018 年和 2020 年。

断面 A 低潮带镉含量高于 2017 年、2018 年和 2019 年,低于 2016 年和 2020 年;断面 B 在种植秋茄前镉含量高于 2019 年,低于 2016 年、2017 年、2018 年和 2020 年;断面 C 在种植秋茄前镉含量高于 2017 年和 2019 年,低于 2016 年、2018 年和 2020 年;断面 D 在种植秋茄前镉含量低于 2016 年、2017 年、2018 年、2019 年和 2020 年;断面 E 在种植秋茄前镉含量高于 2019 年,低于 2016 年、2017 年、2018 年和 2020 年。总体而言,秋茄种植前 5 条断面低潮带镉含量均值高于秋茄种植后的为 2019 年,低于秋茄种植后的为 2016 年、2017 年、2018 年和 2020 年。

8. 有机碳

断面 A 高潮带在种植秋茄前有机碳含量高于 2016 年、2017 年和 2018 年,低于 2019 年和 2020 年;断面 B 在种植秋茄前有机碳含量低于 2016 年、2017 年、2018 年、2019 年和 2020 年;断面 C 在种植秋茄前有机碳含量低于 2016 年、2017 年、2018 年、2019 年和 2020 年;断面 D 在种植秋茄前有机碳含量低于 2016 年、2017 年、2018 年、2019 年和 2020 年;断面 E 在种植秋茄前有机碳含量低于 2016 年、2017 年、2018 年、2019 年和 2020 年。总体而言,秋茄种植前 5 条断面高潮带有机碳含量均值低于秋茄种植后的为 2016 年、2017 年、2018 年、2019 年和 2020 年。

断面 A 中潮带有机碳含量低于 2016 年、2017 年、2018 年、2019 年和 2020 年;断面 B 在种植秋茄前有机碳含量高于 2019 年,低于 2016 年、2017 年、2018 年和 2020 年;断面 C 在种植秋茄前有机碳含量高于 2017 年,低于 2016 年、2018 年、2019 年和 2020 年;断面 D 在种植秋茄前有机碳含量低于 2016 年、2017 年、2018 年、2019 年和 2020 年;断面 E 在种植秋茄前有机碳含量低于 2016 年、2017 年、2018 年、2019 年和 2020 年。总体而言,秋茄种植前 5 条断面中潮带有机碳含量均值低于秋茄种植后的为 2016 年、2017 年、2018 年、2019 年和 2020 年。

断面 A 低潮带有机碳含量高于 2017 年,低于 2016 年、2018 年、2019 年和 2020 年;断面 B 在种植秋茄前有机碳含量高于 2017 年、2019 年,低于 2016 年、2018 年和 2020 年;断面 C 在种植秋茄前有机碳含量高于 2017 年,低于 2016 年、2018 年、2019 年和 2020 年;断面 D 在种植秋茄前有机碳含量低于 2016 年、2017 年、2018 年、2019 年和 2020 年;断面 E 在种植秋茄前有机碳含量低于 2016 年、2017 年、2018 年、2019 年和 2020 年。总体而言,秋茄种植前 5 条断面低潮带有机碳含量均值低于秋茄种植后的为 2016 年、2017 年、

2018年、2019年和2020年。

综上所述,秋茄种植初期,由于秋茄根系对重金属元素具有较强的富集作用,但是其吸收能力有限,因而沉积物中重金属元素含量还存在不降反升的现象。沉积物中有机碳含量总体上呈现上升趋势。随着秋茄林长大,秋茄吸收重金属元素和增加碳汇功能出现逐渐增强趋势,沉积物中重金属元素含量会出现降低态势,而有机碳含量则始终保持上升趋势。

(三)间隙水环境质量

2020年冬季间隙水温度范围为9.4~12.3℃,均值为10.47℃;溶解氧范围为0.54~11.39(mg/L),均值为3.28(mg/L);电导率范围为16 709~32 268(S/cm),均值为27 384(S/cm);盐度范围为14.16~28.75,均值为23.99;氨氮范围为0.002 4~0.108 5(mg/L),均值为0.047 8(mg/L);亚硝酸盐范围为0.002~0.014(mg/L),均值为0.005 9(mg/L);硝酸盐范围为0.153 9~2.813 3(mg/L),均值为0.513 1(mg/L);活性磷酸盐范围为0.002 4~0.087 6(mg/L),均值为0.025 5(mg/L)。

2021年春季间隙水温度范围为21.9~24.6℃,均值为22.66℃;溶解氧范围为0.14~1.71(mg/L),均值为0.57(mg/L);电导率范围为16 670~56 963(S/cm),均值为252 093(S/cm);盐度范围为10.41~40.32,均值为16.36;氨氮范围为0~1.305 1(mg/L),均值为0.085 9(mg/L);亚硝酸盐范围为0.008 4~0.445 3(mg/L),均值为0.111 2(mg/L);硝酸盐范围为0.079 4~2.758 4(mg/L),均值为1.126 4(mg/L);活性磷酸盐范围为0.002 2~0.199 1(mg/L),均值为0.039 3(mg/L)。

2021年夏季间隙水温度范围为27.7~30.9℃,均值为28.84℃;溶解氧范围为0.25~1.40(mg/L),均值为0.54(mg/L);电导率范围为18 706~40 066(S/cm),均值为30 292(S/cm);盐度范围为10.38~22.59,均值为17.29;氨氮范围为0.021 1~0.198 2(mg/L),均值为0.111 4(mg/L);亚硝酸盐范围为0.008 6~0.048(mg/L),均值为0.026 9(mg/L);硝酸盐范围为0~29.121 5(mg/L),均值为10.075 7(mg/L);活性磷酸盐范围为0~0.175 6(mg/L);均值为0.019 2(mg/L)。

2021年秋季间隙水温度范围为20.7~24.5℃,均值为23.48℃;溶解氧范围为0.33~1.91(mg/L),均值为0.83(mg/L);电导率范围为20 187~35 122(S/cm),均值为27 751(S/cm);盐度范围为12.25~22.49,均值为17.19;氨氮范围为0~0.012(mg/L),均值为0.001 9(mg/L);亚硝酸盐范围为0.007 2~0.032 6(mg/L),均值为0.015 1(mg/L);硝酸盐范围为0~

37.151 6(mg/L)，均值为 10.926 7(mg/L)；活性磷酸盐范围为 0.030 7～0.089 7(mg/L)，均值为 0.060 6(mg/L)。

2021年冬季间隙水温度范围为 14.0～16.0℃，均值为 15.03℃；溶解氧范围为 0.63～4.39(mg/L)，均值为 2.01(mg/L)；电导率范围为 4 033～35 166(S/cm)，均值为 26 327(S/cm)；盐度范围为 2.67～22.18，均值为 16.64；氨氮范围为 0.003 4～0.188 9(mg/L)，均值为 0.105 3(mg/L)；亚硝酸盐范围为 0.006 2～0.053 3(mg/L)，均值为 0.012 5(mg/L)；硝酸盐范围为 2.030 9～14.073 1(mg/L)，均值为 7.612 4(mg/L)；活性磷酸盐范围为 0～0.050 3(mg/L)，均值为 0.006 6(mg/L)。

2022年春季间隙水温度范围为 18.9～21.5℃，均值为 20.03℃；溶解氧范围为 0.44～2.74(mg/L)，均值为 1.36(mg/L)；电导率范围为 31 446～40 359(S/cm)，均值为 35 135(S/cm)；盐度范围为 19.62～25.83，均值为 22.18；氨氮范围为 0.007 7～0.159 2(mg/L)，均值为 0.061 6(mg/L)；亚硝酸盐范围为 0.007 8～0.032 7(mg/L)，均值为 0.015 5(mg/L)；硝酸盐范围为 0～12.040 6(mg/L)，均值为 5.050 8(mg/L)；活性磷酸盐范围为 0～0.189 9(mg/L)，均值为 0.027 9(mg/L)。

2022年夏季间隙水温度范围为 24.2～35.2℃，均值为 31.55℃；溶解氧范围为 0.36～4.38(mg/L)，均值为 1.65(mg/L)；电导率范围为 20 187～92 200(S/cm)，均值为 54 825(S/cm)；盐度范围为 16.4～56.4，均值为 32.73；氨氮范围为 0.000 0～0.060 9(mg/L)，均值为 0.038 6(mg/L)；亚硝酸盐范围为 0.000 0～0.037 0(mg/L)，均值为 0.006 8(mg/L)；硝酸盐范围为 0.000 0～0.921 4(mg/L)，均值为 0.517 6(mg/L)；活性磷酸盐范围为 0.000 0～0.886 7(mg/L)，均值为 0.138 8(mg/L)。

2022年秋季间隙水温度范围为 17.1～19.2℃，均值为 18.14℃；溶解氧范围为 0.28～2.59(mg/L)，均值为 1.27(mg/L)；电导率范围为 29 600～43 450(S/cm)，均值为 35 176(S/cm)；盐度范围为 21.7～32.4，均值为 25.94；氨氮范围为 0.000 0～0.186 2(mg/L)，均值为 0.059 2(mg/L)；亚硝酸盐范围为 0.000 0～0.186 2(mg/L)，均值为 0.058 1(mg/L)；硝酸盐范围为 0.000 0～0.180 9(mg/L)，均值为 0.024 9(mg/L)；活性磷酸盐范围为 0.030 7～0.089 7(mg/L)，均值为 0.060 5(mg/L)。

2022年冬季间隙水温度范围为 9.4～16.7℃，均值为 11.3℃；溶解氧范围为 0.59～7.54(mg/L)，均值为 3.00(mg/L)；电导率范围为 17 150～32 030(S/cm)，均值为 27 891(S/cm)；盐度范围为 14.6～31.37，均值为 25.02；氨氮范围为 0.000 0～0.065 6(mg/L)，均值为 0.047 0(mg/L)；亚硝酸

盐范围为 0.000 0～0.023 5(mg/L),均值为 0.003 8(mg/L);硝酸盐范围为 0.014 5～0.986 0(mg/L),均值为 0.655 2(mg/L);活性磷酸盐范围为 0.000 0～0.175 6(mg/L),均值为 0.027 3(mg/L)。

2023 年春季间隙水温度范围为 19.9～25.8℃,均值为 23.3℃;溶解氧范围为 0.02～2.79(mg/L),均值为 1.22(mg/L);电导率范围为 27 600～44 200(S/cm),均值为 35 515(S/cm);盐度范围为 16.8～29.6,均值为 23.24;氨氮范围为 0.040 2～0.058 7(mg/L),均值为 0.050 3(mg/L);亚硝酸盐范围为 0.000 0～0.004 3(mg/L),均值为 0.001 2(mg/L);硝酸盐范围为 0.575 0～0.925 1(mg/L),均值为 0.762 2(mg/L);活性磷酸盐范围为 0.000 0～0.199 1(mg/L),均值为 0.046 5(mg/L)。

2023 年夏季间隙水温度范围为 27.4～33.2℃,均值为 30.4℃;溶解氧范围为 0.04～6.41(mg/L),均值为 1.59(mg/L);电导率范围为 2 269～54 500(S/cm),均值为 34 953(S/cm);盐度范围为 1.1～30.4,均值为 20.19;氨氮范围为－0.048 1～0.052 8(mg/L),均值为 0.026 6(mg/L);亚硝酸盐范围为－0.001 4～0.037 0(mg/L),均值为 0.007 3(mg/L);硝酸盐范围为－3.131 7～13.975 8(mg/L),均值为 0.744 1(mg/L);活性磷酸盐范围为 0.002 6～0.258 4(mg/L),均值为 0.050 1(mg/L)。

2023 年秋季间隙水温度范围为 22.8～24.1℃,均值为 23.18℃;溶解氧范围为 0.82～49.5(mg/L),均值为 11.91(mg/L);电导率范围为 18 230～41 050(S/cm),均值为 31 766(S/cm);盐度范围为 11.2～81.4,均值为 24.47;氨氮范围为－0.498 1～0.054 1(mg/L),均值为 0.008 2(mg/L);亚硝酸盐范围为 0.003 3～0.016 1(mg/L),均值为 0.007 9(mg/L);硝酸盐范围为 0.056～1.398(mg/L),均值为 0.502 7(mg/L);活性磷酸盐范围为 0.020 7～0.163 2(mg/L),均值为 0.055 3(mg/L)。

综上所述,2020 年浙江省生态环境状况公报显示沿浦湾附近海域在 2020 年春季及夏季皆属于Ⅲ类水质,在 2020 年秋季属于Ⅳ类水质。间隙水环境质量与 2020 年浙江省生态环境状况公报中报告水环境质量大致相符,海水主要超标指标为无机氮、活性磷酸盐,少量样品溶解氧、化学需氧量或 pH 值超标。2021 年浙江省生态环境状况公报显示沿浦湾附近海域在 2021 年春季属于劣Ⅳ类水质,在 2021 年夏季属于Ⅱ类水质,在 2021 年秋季属于Ⅲ类水质。间隙水环境指标值均呈现明显季节变化,与 2021 年浙江省生态环境状况公报中报告水环境质量大致相符,海水主要超标指标为无机氮、活性磷酸盐;2022 年浙江省生态环境状况公报显示沿浦湾附近海域在 2022 年春季属于Ⅱ类水质,在 2022 年夏季属于Ⅰ类水质,在 2022 年秋季属于Ⅳ类水质。间隙水环境指标值均呈现明显季节变化,与2022年浙江省生态环境状况公报中报告水环境质量总体相符。海水主要超标指标为无机氮和活性磷酸盐。

溶解氧季节含量由小到大排序为2021年夏季＜2021年春季＜2021年秋季＜2023年春季＜2022年秋季＜2022年春季＜2023年夏季＜2022年夏季＜2021年冬季＜2022年冬季＜2020年冬季＜2023年秋季,年份含量由小到大排序为2021年＜2022年＜2020年＜2023年,2021年季节含量由小到大排序为夏季＜春季＜秋季＜冬季,2022年季节含量由小到大排序为秋季＜春季＜夏季＜冬季,2023年季节含量由小到大排序为春季＜夏季＜秋季。

盐度含量由小到大排序为2021年春季＜2021年冬季＜2021年秋季＜2021年夏季＜2023年夏季＜2022年春季＜2023年春季＜2020年冬季＜2023年秋季＜2022年冬季＜2022年秋季＜2022年夏季,年份含量由小到大排序为2021年＜2023年＜2020年＜2022年,2021年季节含量由小到大排序为春季＜冬季＜秋季＜夏季,2022年季节含量由小到大排序为春季＜冬季＜秋季＜夏季,2023年季节含量由小到大排序为夏季＜春季＜秋季。

氨氮含量由小到大排序为2021年秋季＜2023年秋季＜2023年夏季＜2022年夏季＜2020年冬季＜2022年冬季＜2023年春季＜2022年秋季＜2022年春季＜2021年春季＜2021年冬季＜2021年夏季,年份含量由小到大排序为2023年＜2020年＜2022年＜2021年,2021年季节含量由小到大排序为秋季＜春季＜冬季＜夏季,2022年季节含量由小到大排序为夏季＜冬季＜秋季＜春季,2023年季节含量由小到大排序为秋季＜夏季＜春季。

亚硝酸盐含量由小到大排序为2023年春季＜2022年冬季＜2020年冬季＜2022年夏季＜2023年夏季＜2023年秋季＜2021年冬季＜2021年秋季＜2022年春季＜2022年秋季＜2021年夏季＜2021年春季,年份含量由小到大排序为2023年＜2020年＜2022年＜2021年,2021年季节含量由小到大排序为冬季＜秋季＜夏季＜春季,2022年季节含量由小到大排序为冬季＜夏季＜春季＜秋季,2023年季节含量由小到大排序为春季＜夏季＜秋季。

硝酸盐含量由小到大排序为2023年秋季＜2020年冬季＜2022年夏季＜2022年秋季＜2022年冬季＜2023年夏季＜2023年春季＜2021年春季＜2022年春季＜2021年冬季＜2021年夏季＜2021年秋季,年份含量由小到大排序为2020年＜2023年＜2022年＜2021年,2021年季节含量由小到大排序为春季＜冬季＜夏季＜秋季,2022年季节含量由小到大排序为夏季＜秋季＜冬季＜春季,2023年季节含量由小到大排序为秋季＜夏季＜春季。

活性磷酸盐含量由小到大排序为2021年冬季＜2021年夏季＜2022年冬季＜2020年冬季＜2022年春＜2021年春季＜2023年春季＜2023年夏季＜

2023年秋季＜2021年秋季＜2022年秋季＜2022年夏季。年份含量由小到大排序为2020年＜2021年＜2022年＜2023年，2021年季节含量由小到大排序为冬季＜夏季＜春季＜秋季，2022年季节含量由小到大排序为冬季＜春季＜秋季＜夏季，2023年季节含量由小到大排序为春季＜夏季＜秋季。

（四）地累积指数法

2020年冬季沿浦湾沉积物中重金属的地累积指数：6种重金属的污染程度总体上大小排序：镉＜砷＜汞＜铅＜锌＜铜。汞的I_{geo}范围为-0.887～-0.065，均值为-0.250；砷的I_{geo}范围为-0.978～-0.105，均值为-0.460；铜的I_{geo}范围为-0.042～$0.005\,9$，均值为0.011；锌的I_{geo}范围为-0.212～-0.099，均值为-0.163；铅的I_{geo}范围为-0.344～-0.181，均值为-0.248；镉的I_{geo}范围为-0.848～-0.461，均值为-0.632。总体而言，2020年冬季所有站位均未受到汞、砷、铅、锌和镉的污染；铜的地累积指数均值略高于最低阈值，表明多数站位未受到铜的污染或少数站位有铜的轻微污染。

2021年春季沿浦湾沉积物中重金属的地累积指数：6种重金属的污染程度总体上大小排序：砷＜锌＜镉＜铜＜铅＜汞。汞的I_{geo}范围为-2.225～1.374，均值为0.721；砷的I_{geo}范围为-0.485～-0.094，均值为-0.303；铜的I_{geo}范围为-0.181～0.222，均值为0.014；锌的I_{geo}范围为-0.431～0.001，均值为-0.234；铅的I_{geo}范围为-0.133～0.190，均值为0.026；镉的I_{geo}范围为-0.416～0.059，均值为-0.199。总体而言，2021年春季所有站位均未受到砷、锌和镉的污染；铜和铅的地累积指数均值略高于最低阈值，表明多数站位未受到或少数站位受到铜和铅的轻微污染；汞的均值地累积指数稍高于最低阈值，表明多数站位受到汞的轻度污染。

2021年夏季沿浦湾沉积物中重金属的地累积指数：6种重金属的污染程度总体上大小排序：镉＜锌＜砷＜铅＜铜＜汞。汞的I_{geo}范围为-0.610～0.806，均值为0.066；砷的I_{geo}范围为-1.010～-0.017，均值为-0.286；铜的I_{geo}范围为-0.042～0.059，均值为0.011；锌的I_{geo}范围为-0.386～-0.176，均值为-0.289；铅的I_{geo}范围为-0.339～-0.211，均值为-0.286；镉的I_{geo}范围为-1.256～-0.794，均值为-1.043。总体而言，2021年夏季所有站位均未受到铅、砷、锌和镉的污染；铜和汞的地累积指数均值略高于最低阈值，表明多数站位未受到或少数站位受到铜和汞的轻微污染。

2021年秋季沿浦湾沉积物中重金属的地累积指数结果：6种重金属的污染程度总体上大小顺序：砷＜锌＜镉＜铅＜铜＜汞。汞的I_{geo}范围为-1.455～1.539，均值为0.470；砷的I_{geo}范围为-0.505～-0.115，均值为-0.248；铜的I_{geo}范围为$-0.049\sim0.267$，均值为0.098；锌的I_{geo}范围为$-0.303\sim0.027$，均值为-0.142；铅的I_{geo}范围为$-0.049\sim0.131$，均值为0.048；镉的I_{geo}范围为$-0.255\sim-0.001$，均值为-0.124。总体而言，2021年秋季所有站位均未受到砷、锌和镉的污染；铜和铅的地累积指数均值略高于最低阈值，表明多数站位未受到或少数站位受到铜和铅的轻微污染；汞的均值地累积指数稍高于最低阈值，表明多数站位受到汞的轻度污染。

2021年冬季沿浦湾沉积物中重金属的地累积指数结果：6种重金属的污染程度总体上大小顺序：砷＜锌＜镉＜铅＜铜＜汞。汞的I_{geo}范围为$-2.065\sim1.494$，均值为0.528；砷的I_{geo}范围为$-0.577\sim-0.172$，均值为-0.390；铜的I_{geo}范围为$-0.163\sim0.165$，均值为-0.003；锌的I_{geo}范围为$-0.399\sim-0.056$，均值为-0.237；铅的I_{geo}范围为$-0.164\sim0.113$，均值为-0.037；镉的I_{geo}范围为$-0.482\sim0.270$，均值为-0.129。总体而言，2021年冬季所有站位均未受到铅、铜、砷、锌和镉的污染；汞的均值地累积指数稍高于最低阈值，表明多数站位受到汞的轻度污染。

2022年春季沿浦湾沉积物中重金属的地累积指数结果：6种重金属的污染程度总体上大小顺序：砷＜镉＜锌＜铜＜铅＜汞。汞的I_{geo}范围为$-0.821\sim1.367$，均值为0.193；砷的I_{geo}范围为$-0.329\sim-0.039$，均值为-0.191；铜的I_{geo}范围为$-0.032\sim0.236$，均值为0.086；锌的I_{geo}范围为$-0.236\sim0.019$，均值为-0.110；铅的I_{geo}范围为$-0.032\sim0.210$，均值为0.093；镉的I_{geo}范围为$-0.532\sim0.009$，均值为-0.140。总体而言，2022年春季所有站位砷、锌和镉均未受到污染；铜和铅的地累积指数均值略高于最低阈值，表明多数站位未受到或少数站位受到铜和铅的轻微污染；汞的均值地累积指数稍高于最低阈值，表明多数站位受到汞的轻度污染。

2022年夏季沉积物中重金属的地累积指数：6种重金属的污染程度总体上大小排序：镉＜砷＜锌＜铜＜铅＜汞。汞的I_{geo}范围为$-0.585\sim1.930$，均值为0.720；砷的I_{geo}范围为$-0.418\sim-0.170$，均值为-0.281；铜的I_{geo}范围为$-0.139\sim0.0063$，均值为-0.017；锌的I_{geo}范围为$-0.306\sim-0.099$，均值为-0.205；铅的I_{geo}范围为$-0.069\sim0.097$，均值为0.020；镉的I_{geo}范围为$-0.751\sim-0.097$，均值为-0.236。总体而言，2022年夏季所有站位均未受到砷、锌和镉的污染，部分站位受到铜的轻度污染；铅的地累积指数均值略高于最低阈值，表明多数站位未受到铅的轻度污染。汞的均值地累积指数高于最低阈值，表明多数站位受到汞的轻度污染。

2022年秋季湾沉积物中重金属的地累积指数：6种重金属的污染程度总体上大小排序：镉＜砷＜锌＜铜＜铅＜汞。汞的I_{geo}范围为$0.594\sim1.911$，均值为 1.252;砷的 I_{geo} 范围为 $-0.395 \sim -0.179$,均值为 -0.292;铜的 I_{geo} 范围为 $-0.086 \sim 0.011$,均值为 -0.038;锌的 I_{geo} 范围为 $-0.281 \sim -0.199$,均值为 -0.223;铅的 I_{geo} 范围为 $-0.035 \sim 0.041$,均值为 -0.0003;镉的 I_{geo} 范围为 $-0.815 \sim -0.129$,均值为 -0.263。总体而言,2022 年秋季所有站位均未受到砷、锌和镉的污染,部分站位受到铜的轻度污染;铅的地累积指数均值略高于最低阈值,表明多数站位未受到铅的轻度污染;汞的均值地累积指数高于最低阈值,表明多数站位受到汞的轻度污染。

2022 年冬季沉积物中重金属的地累积指数:6 种重金属的污染程度总体上大小排序:镉<砷<锌<铜<铅<汞。汞的 I_{geo} 范围为 $0.388 \sim 2.097$,均值为 1.328;砷的 I_{geo} 范围为 $-0.452 \sim -0.151$,均值为 -0.288;铜的 I_{geo} 范围为 $-0.122 \sim 0.047$,均值为 -0.046;锌的 I_{geo} 范围为 $-0.269 \sim -0.143$,均值为 -0.218;铅的 I_{geo} 范围为 $-0.042 \sim 0.041$,均值为 0.053;镉的 I_{geo} 范围为 $-0.651 \sim -0.141$,均值为 -0.242。总体而言,2022 年冬季所有站位均未受到砷、锌和镉的污染,部分站位受到铜的轻度污染;铅的地累积指数均值略高于最低阈值,表明多数站位未受到铅的轻度污染。汞的均值地累积指数高于最低阈值,表明多数站位受到汞的轻度污染。

2023 年春季沉积物中重金属的地累积指数结果:6 种重金属的污染程度总体上大小顺序:镉<砷<锌<铜<铅<汞。汞的 I_{geo} 范围为 $-0.532 \sim 1.862$,均值为 0.750;砷的 I_{geo} 范围为 $-0.452 \sim -0.199$,均值为 -0.285;铜的 I_{geo} 范围为 $-0.062 \sim 0.031$,均值为 -0.026;锌的 I_{geo} 范围为 $-0.257 \sim 0.099$,均值为 -0.190;铅的 I_{geo} 范围为 $-0.059 \sim 0.079$,均值为 0.002;镉的 I_{geo} 范围为 $-0.751 \sim -0.411$,均值为 -0.578。总体而言,2023 年春季所有站位均未受到砷、铜、锌和镉的污染,部分站位受到铜的轻度污染;铅的地累积指数均值略高于最低阈值,表明多数站位未受到铅的轻度污染;汞的均值地累积指数高于最低阈值,表明多数站位受到汞的轻度污染。

2023 年夏季沉积物中重金属的地累积指数结果:6 种重金属的污染程度总体上大小顺序:砷<锌<镉<铜<铅<汞。汞的 I_{geo} 范围为 $-0.204 \sim 1.331$,均值为 0.666;砷的 I_{geo} 范围为 $-0.434 \sim -0.169$,均值为 -0.291;铜的 I_{geo} 范围为 $-0.123 \sim 0.032$,均值为 -0.030;锌的 I_{geo} 范围为 $-0.253 \sim -0.117$,均值为 -0.184;铅的 I_{geo} 范围为 $-0.174 \sim 0.061$,均值为 -0.013;镉的 I_{geo} 范围为 $-0.171 \sim -0.090$,均值为 -0.130。总体而言,2023 年夏季所有站位均未受到砷、铜、锌和镉的污染,小部分站位受到铜的轻度污染;铅的地累积指数均值约等于最低阈值,表明多数站位未受到铅的轻度污染;汞的均值地累积指数高于最低阈值,表明多数站位受到汞的轻度污染。

2023年秋季沉积物中重金属的地累积指数结果：6种重金属的污染程度总体上大小顺序：砷＜锌＜镉＜铅＜铜＜汞。汞的I_{geo}范围为－0.506～0.582，均值为0.207；砷的I_{geo}范围为－0.461～－0.167，均值为－0.300；铜的I_{geo}范围为－0.030～0.173，均值为0.019；锌的I_{geo}范围为－0.252～－0.057，均值为－0.199；铅的I_{geo}范围为－0.101～0.092，均值为－0.040；镉的I_{geo}范围为－0.461～－0.086，均值为－0.156。总体而言，2023年秋季所有站位均未受到砷、铜、锌、铅和镉的污染，极少部分站位受到铅的轻度污染；铜的地累积指数均值略低于最低阈值，表明大多数站位未受到铜的轻度污染；汞的均值地累积指数高于最低阈值，表明多数站位受到汞的轻度污染。

综上所述，2020年冬季至2023年秋季所有站位均未受到砷、镉和锌的污染，少数站位受到铅的轻度污染，部分站位受到铜的轻度污染，多数站位受到汞的轻度污染。2020年冬季未受到汞的污染，少数站位受到铜的轻微污染；2021年夏季少数站位受到汞和铜的污染；2021年冬季多数站位受到汞的轻度污染，未受到其他重金属的污染；2021年春季和秋季、2022年春季到2023年秋季少数站位受到铜和铅的轻微污染，多数站位受到汞的轻度污染。

（五）潜在生态危害指数法

2020年冬季，研究得出潜在生态危害指数RI值的范围为87.68～117.39，均值为106.28，所有站位都低于最低阈值（150），表明重金属污染引起的潜在生态风险较低。

2021年春季，研究得出潜在生态危害指数RI值的范围为90.58～232.67，均值为180.31，大多站位都略高于最低阈值（150），表明重金属污染引起的潜在生态风险为中低等水平。

2021年夏季，研究得出潜在生态危害指数RI值的范围为89.38～156.94，均值为114.61，大多数站位都低于最低阈值（150），表明重金属污染引起的潜在生态风险较低。

2021年秋季，研究得出潜在生态危害指数RI值的范围为92.09～241.51，均值为167.20，大多数站位都略高于最低阈值（150），表明重金属污染引起的潜在生态风险为中低等水平。

2021年冬季，研究得出潜在生态危害指数RI值的范围为78.84～254.44，均值为166.65，大多数站位都略高于最低阈值（150），表明重金属污染引起的潜在生态风险为中低等水平。

2022年春季，研究得出潜在生态危害指数RI值的范围为107.95～226.74，均值为146.66，所有站位都低于最低阈值（150），表明重金属污染引起的潜在生态风险较低。

2022年夏季，研究得出潜在生态危害指数 RI 值的范围为 105.91～285.94，均值为 172.92，大多数站位略高于最低阈值(150)，表明重金属污染引起的潜在生态风险为中低等水平。

2022年秋季，研究得出潜在生态危害指数 RI 值的范围为 149.28～281.02，均值为 206.04，100%站位均高于最低阈值(150)，表明重金属污染引起的潜在生态风险为中等水平。

2022年冬季，研究得出潜在生态危害指数 RI 值的范围为 134.77～313.64，均值为 220.05，大多数站位均高于最低阈值(150)，表明重金属污染引起的潜在生态风险为中等水平。

2023年春季，研究得出潜在生态危害指数 RI 值的范围为 99.64～274.94，均值为 176.90，大多数站位均略高于最低阈值(150)，表明重金属污染引起的潜在生态风险为中低等水平。

2023年夏季，研究得出潜在生态危害指数 RI 值的范围为 111.39～212.33，均值为 161.66，大多数站位均略高于最低阈值(150)，表明重金属污染引起的潜在生态风险为中低等水平。

2023年秋季，研究得出潜在生态危害指数 RI 值的范围为 101.28～155.69，均值为 131.61，大多数站位都低于最低阈值(150)，表明重金属污染引起的潜在生态风险较低。

综上所述，总生态风险在 2020 年冬季、2021 年夏季、2022 年春季和 2023 年秋季都属于低等生态风险；在 2021 年春季、秋季和冬季、2022 年夏季、2023 年春季和夏季属于中低水平生态风险；在 2022 年秋季和冬季属于中等水平生态风险。究其原因，首先，可能是 2021 年 10 月开始的生境改造产生的扰动存在一定影响。其次，也可能是受到附近的福建福鼎沙埕化工区排放的重金属等污染物随潮流输送进沿浦湾的影响。最后，还可能是因马站平原大面积种养殖业使用农药，如杀虫剂、除草剂和杀菌剂等化学物质随地表径流进入沿浦湾所致。

(六) 沉积物及其间隙水各因子相关性

2020 年冬季沿浦湾红树林沉积物及其间隙水中各指标相关性分析：温度和电导率呈显著相关关系($p<0.05$)；溶解氧和电导率呈极显著相关关系($p<0.01$)，溶解氧和盐度呈极显著相关关系($p<0.01$)，溶解氧和亚硝酸盐呈极显著相关关系($p<0.01$)；电导率和盐度呈极显著相关关系($p<0.01$)，电导率和亚硝酸盐呈极显著相关关系($p<0.01$)；盐度和亚硝酸盐呈极显著

相关关系($p<0.01$);汞和砷呈极显著相关关系($p<0.01$),汞和有机碳呈显著相关关系($p<0.05$);砷和有机碳呈显著相关关系($p<0.05$);铜和铅呈极显著相关关系($p<0.01$);锌和铅呈极显著相关关系($p<0.01$)。

2021年春季沿浦湾红树林沉积物及其间隙水中各指标相关性分析:溶解氧和 D50 呈极显著相关关系($p<0.01$);溶解氧和铅呈显著相关关系($p<0.05$),溶解氧和有机碳呈显著相关关系($p<0.05$);电导率和盐度呈极显著相关关系($p<0.01$),电导率和汞呈显著相关关系($p<0.05$);盐度和汞呈显著相关关系($p<0.05$);氨氮和有机碳呈显著相关关系($p<0.05$);亚硝酸盐和硝酸盐呈极显著相关关系($p<0.01$),亚硝酸盐和镉呈著相关关系($p<0.05$),亚硝酸盐和有机碳呈极显著相关关系($p<0.01$);硝酸盐和铜呈显著相关关系($p<0.05$),硝酸盐和锌呈显著相关关系($p<0.05$),硝酸盐和镉呈极显著相关关系($p<0.01$),硝酸盐和有机碳呈极显著相关关系($p<0.01$);无机磷和 D50 呈显著相关关系($p<0.05$),无机磷和砷呈极显著相关关系($p<0.01$),无机磷和铜呈极显著相关关系($p<0.01$),无机磷和锌呈极显著相关关系($p<0.01$),无机磷和铅呈极显著相关关系($p<0.01$);D50 和锌呈显著相关关系($p<0.05$),D50 和铅呈显著相关关系($p<0.05$);砷和铜呈极显著相关关系($p<0.01$),砷和锌呈极显著相关关系($p<0.01$),砷和铅呈极显著相关关系($p<0.01$),砷和镉呈极显著相关关系($p<0.01$),砷和有机碳呈显著相关关系($p<0.05$);铜和锌呈极显著相关关系($p<0.01$),铜和铅呈极显著相关关系($p<0.01$),铜和镉呈极显著相关关系($p<0.01$),铜和有机碳呈显著相关关系($p<0.05$);锌和铅呈极显著相关关系($p<0.01$),锌和镉呈极显著相关关系($p<0.01$),锌和有机碳呈显著相关关系($p<0.05$);铅和镉呈极显著相关关系($p<0.01$),铅和有机碳呈显著相关关系($p<0.05$);镉和有机碳呈显著相关关系($p<0.05$)。

2021年夏季沿浦湾红树林沉积物及其间隙水中各指标相关性分析:温度和 D50 呈极显著相关关系($p<0.01$),温度和砷呈显著相关关系($p<0.05$);溶解氧和砷呈显著相关关系($p<0.05$);电导率和盐度呈极显著相关关系($p<0.01$);亚硝酸盐和硝酸盐呈显著相关关系($p<0.05$),亚硝酸盐和汞呈显著相关关系($p<0.05$);汞和锌呈显著相关关系($p<0.05$);锌和铅呈极显著相关关系($p<0.01$)。

2021年秋季沿浦湾红树林沉积物及其间隙水中各指标相关性分析:温度和汞呈显著相关关系($p<0.05$);溶解氧和盐度呈极显著相关关系($p<0.01$),溶解氧和氨氮呈显著相关关系($p<0.05$),溶解氧和 D50 呈显著相关关系($p<0.05$),溶解氧和铜呈显著相关关系($p<0.05$);电导率和盐度呈极

显著相关关系($p<0.01$);亚硝酸盐和硝酸盐呈显著相关关系($p<0.05$);硝酸盐和无机磷呈极显著相关关系($p<0.01$);硝酸盐和D50呈极显著相关关系($p<0.01$);无机磷和铜呈显著相关关系($p<0.05$);砷和铜呈极显著相关关系($p<0.01$),砷和锌呈极显著相关关系($p<0.01$),砷和铅呈显著相关关系($p<0.05$);铜和锌呈显著极相关关系($p<0.01$),铜和铅呈显著相关关系($p<0.01$);锌和铅呈极显著相关关系($p<0.01$);铅和镉呈显著相关关系($p<0.05$)。

2021年冬季沿浦湾红树林沉积物及其间隙水中各指标相关性分析:温度和D50呈显著相关关系($p<0.05$);电导率和盐度呈极显著相关关系($p<0.01$);汞和铅呈显著相关关系($p<0.05$),汞和镉呈显著相关关系($p<0.05$);砷和铜呈极显著相关关系($p<0.01$),砷和锌呈极显著相关关系($p<0.01$);铜和锌呈极显著相关关系($p<0.01$),铜和镉呈显著相关关系($p<0.05$);锌和铅呈显著相关关系($p<0.05$),锌和镉呈显著相关关系($p<0.05$);铅和镉呈极显著相关关系($p<0.01$);镉和有机碳呈显著相关关系($p<0.05$)。

2022年春季沿浦湾红树林沉积物及其间隙水中各指标相关性分析:电导率和盐度呈极显著相关关系($p<0.01$),电导率和D50呈极显著相关关系($p<0.01$),电导率和有机碳呈显著相关关系($p<0.05$);盐度和D50呈极显著相关关系($p<0.01$),盐度和有机碳呈显著相关关系($p<0.05$);亚硝酸盐和无机磷呈显著相关关系($p<0.05$),亚硝酸盐和D50呈显著相关关系($p<0.05$);砷和铜呈极显著相关关系($p<0.01$),砷和锌呈极显著相关关系($p<0.01$),砷和铅呈极显著相关关系($p<0.01$),砷和镉呈显著相关关系($p<0.05$);铜和锌呈极显著相关关系($p<0.01$),铜和铅呈极显著相关关系($p<0.01$),铜和镉呈极显著相关关系($p<0.01$);锌和铅呈极显著相关关系($p<0.01$),锌和镉呈极显著相关关系($p<0.01$);铅和镉呈极显著相关关系($p<0.01$)。

2022年夏季沉积物及其间隙水中各指标相关性分析:铜和砷呈极显著相关关系($p<0.01$);锌和砷呈极显著相关关系($p<0.01$),铅和砷呈极显著相关关系($p<0.01$),锌和铜呈极显著相关关系($p<0.01$),铅和铜呈极显著相关关系($p<0.01$),镉和铜呈显著相关关系($p<0.05$);铅和锌呈极显著相关关系($p<0.01$),镉和锌呈显著相关关系($p<0.05$),硝酸盐和活性磷酸盐呈显著相关关系($p<0.05$),温度和溶解氧呈显著相关关系($p<0.05$);电导率和盐度呈极显著相关关系($p<0.01$);亚硝酸盐和硝酸盐呈极显著相关关系($p<0.01$);氨氮和硝酸盐呈极显著相关关系($p<0.01$);氨氮和亚硝酸盐呈极显著相关关系($p<0.01$);D50和硝酸盐呈显著相关关系($p<0.05$)。

2022年秋季沉积物及其间隙水中各指标相关性分析:锌和铜呈显著相关关系($p<0.05$);铅和铜呈显著相关关系($p<0.05$),镉和铜呈显著相关关系($p<0.05$);铅和锌呈极显著相关关系($p<0.01$),铅和镉呈极显著相关关系($p<0.01$);活性磷酸盐和汞呈极显著相关关系($p<0.01$);溶解氧和砷呈显著相关关系($p<0.05$);氨氮和镉呈显著相关关系($p<0.05$);D50和溶解氧呈显著相关关系($p<0.05$),亚硝酸盐和硝酸盐呈极显著相关关系($p<0.01$);亚硝酸盐和氨氮呈显著相关关系($p<0.05$)。

2022年冬季沉积物及其间隙水中各指标进行相关性分析,锌和铜呈极显著相关关系($p<0.01$),铅和铜呈极显著相关关系($p<0.01$);铅和锌呈极显著相关关系($p<0.01$);镉和铅呈显著相关关系($p<0.05$);电导率和盐度呈极显著相关关系($p<0.01$),亚硝酸盐和铅呈极显著相关关系($p<0.01$);氨氮和铅呈显著相关关系($p<0.05$);D50和镉呈显著相关关系($r=0.55$,$p<0.05$);D50和温度呈显著相关关系($p<0.05$);亚硝酸盐和硝酸盐呈显著相关关系($p<0.05$);氨氮和硝酸盐呈极显著相关关系($p<0.01$);氨氮和亚硝酸盐呈极显著相关关系($p<0.01$)。

2023年春季沉积物及其间隙水中各指标相关性分析,有机碳和汞呈显著相关关系($p<0.05$);锌和铜呈极显著相关关系($p<0.01$),铅和铜呈极显著相关关系($p<0.01$),铅和锌呈极显著相关关系($p<0.01$),镉和锌呈显著相关关系($p<0.05$);温度和盐度呈显著相关关系($p<0.05$);电导率和盐度呈极显著相关关系($p<0.01$);硝酸盐和亚硝酸盐呈显著相关关系($p<0.05$);氨氮和亚硝酸盐呈极显著相关关系($p<0.01$)。

2023年夏季沉积物及其间隙水中各指标相关性分析,镉和砷呈显著相关关系($p<0.05$);锌和铜呈极显著相关关系($p<0.01$);铅和锌呈极显著相关关系($p<0.01$);温度和砷呈显著相关关系($p<0.05$);盐度和溶解氧呈极显著相关关系($p<0.01$);电导率和溶解氧呈极显著相关关系($p<0.01$);电导率和盐度呈极显著相关关系($p<0.01$);氨氮和亚硝酸盐呈极显著相关关系($p<0.01$)。

2023年秋季沉积物及其间隙水中各指标进行相关性分析,有机碳和汞呈显著相关关系($p<0.05$);温度和汞呈极显著相关关系($p<0.01$);铜和砷呈显著相关关系($p<0.05$);锌和砷呈极显著相关关系($p<0.01$);铅和砷呈极显著相关关系($p<0.01$);锌和铜呈极显著相关关系($p<0.01$);铜和铅呈显著相关关系($p<0.05$);溶解氧和铜呈极显著相关关系($p<0.01$);盐度和铜呈极显著相关关系($p<0.01$);温度和铜呈显著相关关系($p<0.05$);铅和锌呈极显著相关关系($p<0.01$);盐度和锌呈极显著相关关系($p<0.01$);盐度

和铅呈显著相关关系（$p<0.05$）；温度和有机碳呈极显著相关关系（$p<0.01$）；硝酸盐和活性磷酸盐呈显著相关关系（$p<0.05$）；盐度和溶解氧呈极显著相关关系（$p<0.01$）；温度和溶解氧呈显著相关关系（$p<0.05$）；电导率和盐度呈极显著相关关系（$p<0.01$）。

综上所述，沉积物的重金属元素之间具有不同程度的相关性，间隙水与沉积物的对应因子两两之间关系总体不显著。重金属元素在生境中的沉积和迁移方式相似，沿浦湾周边存在化工、农业等污染物源头及其输入路径。因此，沿浦湾的生态平衡维护与生态环境治理与修复任重而道远。

（七）大型底栖动物与沉积物关系

2020年冬季，根据大型底栖动物优势种、重要种的丰度与沉积物及间隙水环境因子之间的相关性分析图，弧边招潮蟹和弹涂鱼均与盐度、电导率和中值粒径呈正相关关系，均与溶解氧、铜和铅呈负相关关系；长足长方蟹与温度和硝酸盐均呈正相关关系，与中值粒径、氨氮和镉均呈负相关关系；青蛤和尖锥拟蟹守螺均与砷、汞、硝酸盐和温度呈正相关关系，均与无机磷、锌、有机碳、亚硝酸盐、镉和氨氮呈负相关关系。这表明盐度、电导率、溶解氧、无机磷和锌对冬季底栖动物丰度影响较大。

2021年春季，根据大型底栖动物优势种、重要种的丰度与沉积物及间隙水环境因子之间的相关性分析图，弧边招潮蟹、弹涂鱼和天津厚蟹均与溶解氧、温度、有机碳和氨氮呈负相关关系；微黄镰玉螺和尖锥拟蟹守螺均与盐度、电导率、铜、砷、镉、锌与铅呈正相关关系，均与汞呈现负相关关系；长须沙蚕与汞、亚硝酸盐和硝酸盐均呈正相关关系，与无机磷、铅、镉、锌均呈负相关关系；长足长方蟹与氨氮、有机碳、无机磷和温度均呈正相关关系。这表明盐度、电导率、铅、汞、镉、无机磷、温度、氨氮、有机碳和溶解氧对春季底栖动物丰度影响较大。

2021年夏季，根据大型底栖动物优势种、重要种的丰度与沉积物及间隙水环境因子之间的相关性分析图，弧边招潮蟹、珠带拟蟹守螺、长足长方蟹均与温度、盐度和电导率呈正相关关系，均与铅、砷、氨氮和溶解氧呈负相关关系；天津厚蟹与铜呈正相关关系，与汞、硝酸盐、亚硝酸盐和有机碳均呈负相关关系；尖锥拟蟹守螺与汞、亚硝酸盐和镉呈正相关关系，与铜呈负相关关系。这表明盐度、电导率、温度、氨氮、铅、砷、亚硝酸盐、氨氮和溶解氧对夏季底栖动物丰度影响较大。

2021年秋季，根据大型底栖动物优势种、重要种的丰度与沉积物及间隙水环境因子之间的相关性分析图，红螯螳臂相手蟹和大弹涂鱼均与盐度、硝酸盐、氨氮和溶解氧呈负相关关系；弧边招潮蟹和长足长方蟹均与砷、铅、锌和镉呈正相关关系，均与电导率呈负相关关系；尖锥拟蟹守螺与中值粒径和有机碳均呈正相关关系，与无机磷、亚硝酸盐、溶解氧和硝酸盐均呈负相关关系。这表明盐度、氨氮、有机碳、溶解氧、亚硝酸盐、硝酸盐、无机磷、砷、铅、锌和中值粒径对秋季底栖动物丰度影响较大。

2021年冬季，根据大型底栖动物优势种、重要种的丰度与沉积物及间隙水环境因子之间的相关性分析图，红螯螳臂相手蟹和大弹涂鱼均与中值粒径呈正相关关系，均与盐度、硝酸盐、无机磷、亚硝酸盐、氨氮、溶解氧呈负相关关系；弧边招潮蟹与有机碳呈正相关关系，与铜、锌、铅、砷和硝酸盐均呈负相关关系；尖锥拟蟹守螺与亚硝酸盐呈正相关关系，与温度、氨氮和中值粒径均呈负相关关系；弹涂鱼与温度和中值粒径均呈正相关关系，与盐度和电导率均呈负相关关系；微黄镰玉螺与铜、锌、铅、砷和硝酸盐均呈正相关关系，与有机碳呈负相关关系。这表明铜、锌、铅、砷、硝酸盐、温度、氨氮、中值粒径和亚硝酸盐对秋季底栖动物丰度影响较大。

2022年春季，根据大型底栖动物优势种、重要种的丰度与沉积物及间隙水环境因子之间的相关性分析图，绯拟沼螺和长足长方蟹均与硝酸盐、亚硝酸盐、汞和镉呈正相关关系，均与有机碳呈负相关关系；弧边招潮蟹和日本刺沙蚕均与有机碳呈正相关关系，均与硝酸盐、亚硝酸盐、汞和镉呈负相关关系；尖锥拟蟹守螺与中值粒径呈正相关关系，与温度和溶解氧均呈负相关关系；微黄镰玉螺与铅、锌和无机磷均呈负相关关系；弓形革囊星虫与温度呈正相关关系，与中值粒径呈负相关关系。这表明硝酸盐、亚硝酸盐、汞、镉、中值粒径、温度、铅和锌对秋季底栖动物丰度影响较大。

2022年夏季，根据大型底栖动物优势种、重要种的丰度与沉积物及间隙水环境因子之间的相关性分析图，黑口拟滨螺和尖锥拟蟹守螺均与盐度、电导率呈正相关关系，均与硝酸盐、锌、铜、铅和汞呈负相关关系；长足长方蟹与有机碳和亚硝酸盐均呈正相关关系，与活性磷酸盐、氨氮、溶解氧、砷和温度均呈负相关关系；珠带拟蟹守螺与硝酸盐、铜、镉、铅和汞呈正相关关系，与电导率和盐度均呈负相关关系；彩拟蟹守螺与活性磷酸盐、氨氮、温度、砷和溶解氧均呈正相关关系，与亚硝酸盐和有机碳均呈负相关关系；弹涂鱼与镉、汞、铜、铅、锌和硝酸盐均呈正相关关系，与电导率和盐度均呈负相关关系；弧边招潮蟹与镉、汞、铜、铅、锌和硝酸盐均呈正相关关系，与电导率和盐度均呈负相关关系。这表明盐度、电导率、硝酸盐、氨氮、温度、砷、溶解氧对夏季底栖动物丰度影响较大。

2022年秋季，根据大型底栖动物优势种、重要种的丰度与沉积物及间隙水环境因子之间的相关性分析图,弹涂鱼和黑口拟滨螺均与镉、汞、铜、铅、锌、有机碳和硝酸盐呈正相关关系;弓形革囊星虫和日本刺沙蚕均与砷呈正相关关系,均与温度、盐度、电导率、活性磷酸盐、亚硝酸盐、氨氮和溶解氧呈现负相关关系;弧边招潮蟹与汞、镉、锌、铜、铅、有机碳和硝酸盐均呈负相关关系;尖锥拟蟹守螺与氨氮、亚硝酸盐、溶解氧、活性磷酸盐、盐度、温度和电导率均呈正相关关系,与砷均呈负相关关系。这表明盐度、温度、活性磷酸盐、氨氮、亚硝酸盐、镉、铜、锌、砷、铅和溶解氧对秋季底栖动物丰度影响较大。

2022年冬季,根据大型底栖动物优势种、重要种的丰度与沉积物及间隙水环境因子之间的相关性分析图,弓形革囊星虫、粗糙拟滨螺和长须沙蚕均与汞、锌、铜、砷呈正相关关系,均与温度呈负相关关系;大鳍弹涂鱼和弧边招潮蟹均与溶解氧、亚硝酸盐、活性磷酸盐、镉和盐度呈正相关关系,均与硝酸盐、氨氮、电导率和铅呈负相关关系;微黄镰玉螺和尖锥拟蟹守螺均与镉、溶解氧、活性磷酸盐、亚硝酸盐和盐度呈负相关关系。这表明温度、盐度、硝酸盐、铜、汞、氨氮、镉、砷和活性磷酸盐对冬季底栖动物丰度影响较大。

2023年春季,根据大型底栖动物优势种、重要种的丰度与沉积物及间隙水环境因子之间的相关性分析图,短拟沼螺与硝酸盐、活性磷酸盐和汞均呈正相关关系,与锌、铅、铜、砷、溶解氧和有机碳均呈负相关关系;弧边招潮蟹与锌、铅、铜、砷、溶解氧和有机碳均呈正相关关系,与硝酸盐、活性磷酸盐和汞均呈负相关关系;天津厚蟹和尖锥拟蟹守螺均与亚硝酸盐、电导率和盐度呈正相关关系,均与氨氮、镉和温度呈负相关关系;长足长方蟹与氨氮、镉和温度均呈正相关关系,与盐度、电导率和亚硝酸盐均呈负相关关系。这表明温度、盐度、活性磷酸盐、溶解氧和汞对春季底栖动物丰度影响较大。

2023年夏季,根据大型底栖动物优势种、重要种的丰度与沉积物及间隙水环境因子之间的相关性分析图,弹涂鱼和长足长方蟹均与硝酸盐、活性磷酸盐、D50值、汞和温度呈正相关关系,均与亚硝酸盐、镉、铅、锌、砷、溶解氧、铜、有机碳和氨氮呈负相关关系;弧边招潮蟹与亚硝酸盐、镉、D50值、温度、铅、锌、砷、溶解氧和镉均呈正相关关系,与活性磷酸盐、硝酸盐、氨氮、汞和有机碳均呈负相关关系;尖锥拟蟹守螺与硝酸盐、氨氮、有机碳和铜均呈正相关关系,与温度、活性磷酸盐、D50值、镉、溶解氧、砷、铅和锌均呈负相关关系。这表明硝酸盐、亚硝酸盐、活性磷酸盐、温度、铅、锌、溶解氧和氨氮对夏季底栖动物丰度影响较大。

2023年秋季,根据大型底栖动物优势种、重要种的丰度与沉积物及间隙水环境因子之间的相关性分析图,珠带拟蟹守螺与硝酸盐、有机碳、活性磷酸盐和D50值均呈正相关关系,与镉、电导率、汞、铜、铅、锌、氨氮、盐度和溶解氧均呈负相关关系；日本刺沙蚕与硝酸盐、盐度、溶解氧、镉、电导率、汞、铜、铅、锌和氨氮均呈正相关关系，与有机碳、活性磷酸盐、D50 值、亚硝酸盐和温度均呈负相关关系；微黄镰玉螺与镉、有机碳、活性磷酸盐、D50 值、亚硝酸盐和温度均呈正相关关系，与电导率、盐度、砷、硝酸盐和氨氮均呈负相关关系；尖锥拟蟹守螺与电导率、镉、活性磷酸盐、D50 值、有机碳和盐度均呈正相关关系，与溶解氧、汞、铜、铅、锌和氨氮均呈负相关关系；弧边招潮蟹与硝酸盐、温度、D50 值、氨氮和亚硝酸盐均呈正相关关系，与电导率、活性磷酸盐、活性磷酸盐、溶解氧、镉、盐度、汞、砷、铅、锌和铜均呈负相关关系；大弹涂鱼、长足长方蟹和绯拟沼螺均与镉、电导率、有机碳、温度、活性磷酸盐、D50 值和亚硝酸盐呈正相关关系，均与盐度、溶解氧、砷、汞、铜、铅、锌和硝酸盐呈负相关关系。这表明硝酸盐、锌、铅、铜、汞、溶解氧、盐度和电导率对秋季底栖动物丰度影响较大。

综上所述，每个季度影响大型底栖动物分布丰度的相关因子都有差别，其中，温度和盐度均与大部分季度的大型底栖动物分布丰度有较高的正相关关系。2022 年秋季和冬季以及 2023 年秋季，重金属元素与大型底栖动物分布之间的关系较强，其他季度重金属元素及其余环境因子均与大型底栖动物分布之间的关系较之要弱。

（八）2014 年秋季至 2023 年秋季 17 个季节沉积物调查结果比较

2014 年秋季、2016 年秋季、2017 年夏季、2018 年秋季和 2019 年秋季、2020 年冬季、2021 年及 2022 年春季、夏季、秋季和冬季、2023 年春季、夏季和秋季沉积物质量各评价因子的标准指数值结果显示：在 2014 年秋季至 2023 年秋季，每个季度的所有站位中，砷、锌、铅和镉含量均符合一类质量标准，铜含量均符合二类质量标准，其中，在 2014 年秋季至 2020 年冬季和 2021 年夏季，除铜符合二类质量标准，其余重金属及有机碳含量均符合一类质量标准；在 2021 年春季、2022 年夏季和秋季，汞和有机碳在部分站位含量符合二类质量标准，在 2021 年秋、冬季，2022 春、冬季和 2023 年春季，100% 站位的有机碳含量符合一类质量标准，汞在部分站位含量符合二类质量标准；在 2023 年夏季和秋季，汞含量在 100% 站位符合一类质量标准，有机碳在部分站位含量符合二类质量标准。

①汞：2014 年秋季至 2023 年秋季沉积物重金属汞含量标准指数值比较结果，汞含量总体上符合一类质量标准，而且呈现先上升后下降的变化趋势，在 2022 年波动幅度较大。2021 年春季、2021 年秋季到 2023 年春季每个季度都偶有站位略超过一类质量标准，符合二类质量标准。②砷：2014 年秋季至

2023年秋季沉积物重金属砷含量标准指数值比较结果,砷含量均符合一类质量标准,变化波动较小。③铜:2014年秋季至2023年秋季沉积物重金属铜含量标准指数值比较结果,铜含量除2016年秋季部分站位符合一类质量标准外,其余年份均符合二类质量标准,呈现先下降后上升再下降的变化趋势。④锌:2014年秋季至2023年秋季沉积物重金属锌含量标准指数值比较结果,锌含量均符合一类质量标准,呈现先下降后上升再下降的变化趋势。⑤铅:2014年秋季至2023年秋季沉积物重金属铅含量标准指数值比较结果,铅含量均符合一类质量标准,呈现先上升后下降的变化趋势,波动幅度较小。⑥镉:2014年秋季至2023年秋季沉积物重金属铅含量标准指数值比较结果,铅含量均符合一类质量标准,呈现先上升后下降的变化趋势,波动幅度较低。⑦有机碳:2014年秋季至2023年秋季沉积物有机碳含量标准指数值比较结果,有机碳含量总体上均符合一类质量标准,在2021年春季、2022年夏季和秋季、2023秋季,有少量站位含量符合二类质量标准,在2023年夏季大部分站位含量符合二类质量标准。总体呈现逐年上升的变化。

(九) 2014年秋季至2023年秋季17个季节沉积物潜在危害指数

2014年秋季至2023秋季沉积物重金属的潜在危害指数结果:总生态风险在2014年秋季至2020年冬季、2021年夏季、2022年春季和2023年秋季都属于低等生态风险;在2021年春季、秋季和冬季、2022年夏季、2023年春季和夏季属于中低水平生态风险;在2022年秋季和冬季属于中等水平生态风险。在2021年春季之前都维持在低等生态风险水平,在2021年春季之后生态风险呈波浪形上升趋势,在2022年冬季开始呈逐季度稳步下降趋势。

三、结论

(一) 沉积物环境质量

近10年来,砷、锌、铅和镉含量总体上符合一类质量标准,铜含量总体上符合二类质量标准,汞和有机碳分别在部分季度有一定比例站位含量符合二类质量标准。这可能与沙埕化工区排放的重金属等污染物随潮流输送进沿浦湾有关,还可能与马站平原大面积种养殖业产生的污染随地表径流输送入海有关。同时,研究表明,秋茄根系发达,对重金属元素具有强大的富集能力,但是沿浦湾秋茄生长年数不长,吸收重金属元素能力有限,尚不足以完全吸收富集的铜等重金属元素等。另外,人为扰动和海浪泥沙搬运等也会泛起沉积多年的重金属元素,这也可能是所致原因。最后,沉积物中有机碳含量总体上呈现上升趋势。调查与研究结果表明，随着秋茄扩大引种和持续生长，秋茄吸收重金属元素和增加碳汇功能出现逐渐增强趋势，沉积物中重金属元素含量会出现降低态势，而有机碳含量则始终保持上升趋势。

（二）间隙水环境质量现状

间隙水各项环境指标值的季节变化特征与浙江省生态环境状况公报中报告的季节变化趋势相一致，海水主要超标指标为无机氮、活性磷酸盐。通过对2021年10月生境改造前后的间隙水的各项环境指标值季节变化特征分析可知，间隙水各项指标与沉积物各项指标之间的关系总体不显著。这表明间隙水环境质量主要受到沿岸海水环境质量影响而与沉积物的环境质量关系并不密切，间隙水环境质量受到生境改造影响不明显。

（三）生态风险评价结论

沉积物及其间隙水均未受到砷、镉和锌的污染，大部分季度都是少数站位受到铅的轻度污染，部分站位受到铜的轻度污染，多数站位受到汞的轻度污染。总生态风险总体上处于低等生态风险，很少处于中等生态风险。究其原因，其一，可能是生境改造产生的扰动尚存在一定影响；其二，也可能是附近工、农业排放的重金属污染物所致。随着秋茄扩大引种和持续生长，秋茄吸收重金属元素和增加碳汇功能出现逐渐增强趋势，沉积物中重金属元素含量会出现降低态势，沿浦湾的生态风险必将被降低直至化解。

附 录

温州两江一湾大型底栖动物名录

序号	种	门	纲	目	科	属	出现区域
1	泥生拟小尾纽虫 Paramicrura borborophila	纽形动物门 Nemertea	无针纲 Anopla	异纽目 Heteronemertea	纵沟科 Lineidae	拟小尾属 Paramicrura	C
2	中华脑纽虫 Cerebratulus sinensis	纽形动物门 Nemertea	无针纲 Anopla	异纽目 Heteronemertea	纵沟科 Lineidae	脑纽属 Cerebratulus	BC
3	日本刺沙蚕 Neanthes japonica	环节动物门 Annelida	多毛纲 Polychaeta	沙蚕目 Nereidida	沙蚕科 Nereididae	刺沙蚕属 Neanthes	ABC
4	全刺沙蚕 Nectoneanthes oxypoda	环节动物门 Annelida	多毛纲 Polychaeta	沙蚕目 Nereidida	沙蚕科 Nereididae	全刺沙蚕属 Nectomeanthes	B
5	长须沙蚕 Nereis longior	环节动物门 Annelida	多毛纲 Polychaeta	沙蚕目 Nereidida	沙蚕科 Nereididae	沙蚕属 Nereis	ABC
6	异须沙蚕 Nereis heterocirrata	环节动物门 Annelida	多毛纲 Polychaeta	沙蚕目 Nereidida	沙蚕科 Nereididae	沙蚕属 Nereis	B

(续表)

序号	种	门	纲	目	科	属	出现区域
7	光突齿沙蚕 Leonnates persica	环节动物门 Annelida	多毛纲 Polychaeta	沙蚕目 Nereidida	沙蚕科 Nereididae	突齿沙蚕属 Leonnates	A
8	双齿围沙蚕 Perinereis aibuhitensis	环节动物门 Annelida	多毛纲 Polychaeta	沙蚕目 Nereidida	沙蚕科 Nereididae	围沙蚕属 Perinereis	ABC
9	多齿围沙蚕 Perinereis nuntia	环节动物门 Annelida	多毛纲 Polychaeta	沙蚕目 Nereidida	沙蚕科 Nereididae	围沙蚕属 Perinereis	AB
10	背褶沙蚕 Tambalagamia fauveli	环节动物门 Annelida	多毛纲 Polychaeta	沙蚕目 Nereidida	沙蚕科 Nereididae	背褶沙蚕属 Tambalagamia	B
11	疣吻沙蚕 Tylorrhynchus heterochaetus	环节动物门 Annelida	多毛纲 Polychaeta	沙蚕目 Nereidida	沙蚕科 Nereididae	疣吻沙蚕属 Tylorrhynchus	ABC
12	长吻沙蚕 Glycera chirori	环节动物门 Annelida	多毛纲 Polychaeta	沙蚕目 Nereidida	吻沙蚕科 Glyceridae	吻沙蚕属 Glycera	AC
13	圆锯齿吻沙蚕 Dentinephtys glabra	环节动物门 Annelida	多毛纲 Polychaeta	沙蚕目 Nereidida	齿吻沙蚕科 Nephtyidae	圆锯齿吻沙蚕属 Dentinephtys	AC
14	日本角吻沙蚕 Goniada japonica	环节动物门 Annelida	多毛纲 Polychaeta	叶须虫目 Phyllodocida	角吻沙蚕科 Goniadidae	角吻沙蚕属 Goniada	ABC
15	异足索沙蚕 Lumbrineris heteropoda	环节动物门 Annelida	多毛纲 Polychaeta	矶沙蚕目 Eunicida	索沙蚕科 Lumbrineridae	索沙蚕属 Lumbrineris	C
16	尖锥虫 Scoloplos armiger	环节动物门 Annelida	多毛纲 Polychaeta	囊吻目 Scolecida	锥头虫科 Orbiniidae	尖锥虫属 Scoloplos	C

(续表)

序号	种	门	纲	目	科	属	出现区域
17	丝异须虫 Heteromastus filiformis	环节动物门 Annelida	多毛纲 Polychaeta	囊吻目 Scolecida	小头虫科 Capitellidae	丝异须虫属 Heteromastus	ABC
18	背蚓虫 Notomastus latericeus	环节动物门 Annelida	多毛纲 Polychaeta	囊吻目 Scolecida	小头虫科 Capitellidae	背蚓虫属 Notomastus	AB
19	背毛背蚓虫 Notomdstouos aberans	环节动物门 Annelida	多毛纲 Polychaeta	囊吻目 Scolecida	小头虫科 Capitellidae	背蚓虫属 Notomastus	A
20	弓形革囊星虫 Phascolosoma arcuatum	星虫动物门 Sipuncula	革囊星虫纲 Phascolosomatidea	革囊星虫目 Phascolosomatiformes	革囊星虫科 Phascolosomatidae	革囊星虫属 Phascolosoma	ABC
21	裸体方格星虫 Sipunculus nudus	星虫动物门 Sipuncula	方格星虫纲 Sipunculidea	方格星虫目 Sipunculiformes	管体星虫科 Sipunculidae	方格星虫属 Sipunculus	A
22	齿纹蜑螺 Nerita yoldi	软体动物门 Mollusca	腹足纲 Gastropoda	原始腹足目 Archaeogstropoda	蜑螺科 Neritidae	蜑螺属 Nerita	B
23	紫游螺 Neritina violacea	软体动物门 Mollusca	腹足纲 Gastropoda	原始腹足目 Archaeogstropoda	蜑螺科 Neritidae	游螺属 Neritina	AB
24	黑口拟滨螺 Littoraria melanostoma	软体动物门 Mollusca	腹足纲 Gastropoda	中腹足目 Mesogastropoda	滨螺科 Littorinidae	拟滨螺属 Littoraria	ABC
25	粗糙拟滨螺 Littoraria scabra	软体动物门 Mollusca	腹足纲 Gastropoda	中腹足目 Mesogastropoda	滨螺科 Littorinidae	拟滨螺属 Littoraria	ABC
26	浅黄拟滨螺 Littoraria pallescens	软体动物门 Mollusca	腹足纲 Gastropoda	中腹足目 Mesogastropoda	滨螺科 Littorinidae	拟滨螺属 Littoraria	C

(续表)

序号	种	门	纲	目	科	属	出现区域
27	斑肋拟滨螺 Littoraria ardouiniana	软体动物门 Mollusca	腹足纲 Gastropoda	中腹足目 Mesogastropoda	滨螺科 Littorinidae	拟滨螺属 Littoraria	ABC
28	波纹拟滨螺 Littoraria undulata	软体动物门 Mollusca	腹足纲 Gastropoda	中腹足目 Mesogastropoda	滨螺科 Littorinidae	拟滨螺属 Littoraria	ABC
29	平轴螺 Planaxis sulcatus	软体动物门 Mollusca	腹足纲 Gastropoda	中腹足目 Mesogastropoda	平轴螺科 Planaxidae	平轴螺属 Planaxis	C
30	绯拟沼螺 Assiminea latericea	软体动物门 Mollusca	腹足纲 Gastropoda	中腹足目 Mesogastropoda	拟沼螺科 Assimineidae	拟沼螺属 Assiminea	ABC
31	堇拟沼螺 Assiminea violacea	软体动物门 Mollusca	腹足纲 Gastropoda	中腹足目 Mesogastropoda	拟沼螺科 Assimineidae	拟沼螺属 Assiminea	C
32	短拟沼螺 Assiminea brevicula	软体动物门 Mollusca	腹足纲 Gastropoda	中腹足目 Mesogastropoda	拟沼螺科 Assimineidae	拟沼螺属 Assiminea	AB
33	尖锥拟蟹守螺 Cerithidea largillierti	软体动物门 Mollusca	腹足纲 Gastropoda	中腹足目 Mesogastropoda	汇螺科 Potamididae	拟蟹守螺属 Cerithidea	ABC
34	红树拟蟹守螺 Cerithidea rhizaphorarum	软体动物门 Mollusca	腹足纲 Gastropoda	中腹足目 Mesogastropoda	汇螺科 Potamididae	拟蟹守螺属 Cerithidea	ABC
35	中华拟蟹守螺 Cerithidea sinensis	软体动物门 Mollusca	腹足纲 Gastropoda	中腹足目 Mesogastropoda	汇螺科 Potamididae	拟蟹守螺属 Cerithidea	A
36	小翼拟蟹守螺 Cerithidea micropteria	软体动物门 Mollusca	腹足纲 Gastropoda	中腹足目 Mesogastropoda	汇螺科 Potamididae	拟蟹守螺属 Cerithidea	C

(续表)

序号	种	门	纲	目	科	属	出现区域
37	彩拟蟹守螺 Cerithidea ornata	软体动物门 Mollusca	腹足纲 Gastropoda	中腹足目 Mesogastropoda	汇螺科 Potamididae	拟蟹守螺属 Cerithidea	AB
38	珠带拟蟹守螺 Cerithidea cingulata	软体动物门 Mollusca	腹足纲 Gastropoda	中腹足目 Mesogastropoda	汇螺科 Potamididae	拟蟹守螺属 Cerithidea	ABC
39	纵带滩栖螺 Batillaria zonalis	软体动物门 Mollusca	腹足纲 Gastropoda	中腹足目 Mesogastropoda	滩栖螺科 Batillariidae	滩栖螺属 Batillaria	C
40	古氏滩栖螺 Batillaria cumingi	软体动物门 Mollusca	腹足纲 Gastropoda	中腹足目 Mesogastropoda	滩栖螺科 Batillariidae	滩栖螺属 Batillaria	C
41	微黄镰玉螺 Lunatia gilva	软体动物门 Mollusca	腹足纲 Gastropoda	中腹足目 Mesogastropoda	玉螺科 Naticidae	镰玉螺属 Lunatia	ABC
42	横山镰玉螺 Lunatia yokoyamai	软体动物门 Mollusca	腹足纲 Gastropoda	中腹足目 Mesogastropoda	玉螺科 Naticidae	镰玉螺属 Lunatia	B
43	黑田乳玉螺 Polinices kurodai	软体动物门 Mollusca	腹足纲 Gastropoda	中腹足目 Mesogastropoda	玉螺科 Naticidae	乳玉螺属 Polinices	C
44	扁玉螺 Neverita didyma	软体动物门 Mollusca	腹足纲 Gastropoda	中腹足目 Mesogastropoda	玉螺科 Naticidae	扁玉螺属 Neverita	C
45	红带织纹螺 Nassarius succinctus	软体动物门 Mollusca	腹足纲 Gastropoda	新腹足目 Neogastropoda	织纹螺科 Nassariidae	织纹螺属 Nassarius	C
46	半褶织纹螺 Nassarius semiplicatus	软体动物门 Mollusca	腹足纲 Gastropoda	新腹足目 Neogastropoda	织纹螺科 Nassariidae	织纹螺属 Nassarius	AC

(续表)

序号	种	门	纲	目	科	属	出现区域
47	秀丽织纹螺 *Nassarius festivus*	软体动物门 Mollusca	腹足纲 Gastropoda	新腹足目 Neogastropoda	织纹螺科 Nassariidae	织纹螺属 *Nassarius*	C
48	纵肋织纹螺 *Nassarius variciferus*	软体动物门 Mollusca	腹足纲 Gastropoda	新腹足目 Neogastropoda	织纹螺科 Nassariidae	织纹螺属 *Nassarius*	B
49	西格织纹螺 *Nassarius siquijorensis*	软体动物门 Mollusca	腹足纲 Gastropoda	新腹足目 Neogastropoda	织纹螺科 Nassariidae	织纹螺属 *Nassarius*	A
50	中国笔螺 *Mitra chinensis*	软体动物门 Mollusca	腹足纲 Gastropoda	新腹足目 Neogastropoda	笔螺科 Mitridae	笔螺属 *Mitra*	B
51	婆罗囊螺 *Retusa borneensis*	软体动物门 Mollusca	腹足纲 Gastropoda	头楯目 Cephalaspidea	囊螺科 Retusidae	囊螺属 *Retusa*	C
52	饰球舌螺 *Didontoglossa decoratoides*	软体动物门 Mollusca	腹足纲 Gastropoda	头楯目 Cephalaspidea	三叉螺科 Cylichnidae	球舌螺属 *Didontoglossa*	C
53	库页球舌螺 *Didontoglossa koyasensis*	软体动物门 Mollusca	腹足纲 Gastropoda	头楯目 Cephalaspidea	三叉螺科 Cylichnidae	球舌螺属 *Didontoglossa*	A
54	泥螺 *Bullacta exarata*	软体动物门 Mollusca	腹足纲 Gastropoda	头楯目 Cephalaspidea	阿地螺科 Atyidae	泥螺属 *Bullacta*	ABC
55	希氏捻螺 *Acteon siebaldii*	软体动物门 Mollusca	腹足纲 Gastropoda	头楯目 Cephalaspidea	捻螺科 Acteonidae	捻螺属 *Acteon*	A
56	米氏耳螺 *Ellobium aurismidae*	软体动物门 Mollusca	腹足纲 Gastropoda	基眼目 Basommatophora	耳螺科 Ellobiidae	耳螺属 *Ellobium*	AB

(续表)

序号	种	门	纲	目	科	属	出现区域
57	中国耳螺 Ellobium chinensis	软体动物门 Mollusca	腹足纲 Gastropoda	基眼目 Basommatophora	耳螺科 Ellobiidae	耳螺属 Ellobium	AB
58	核冠耳螺 Cassidula nucleus	软体动物门 Mollusca	腹足纲 Gastropoda	基眼目 Basommatophora	耳螺科 Ellobiidae	冠耳螺属 Cassidula	B
59	石磺 Onchidium verruculatum	软体动物门 Mollusca	腹足纲 Gastropoda	柄眼目 Stylommatophora	石磺科 Onchidiidae	石磺螺属 Onchidium	A
60	青蚶 Barbatia obliquata	软体动物门 Mollusca	双壳纲 Bivalvia	蚶目 Arcoida	蚶科 Arcidae	须蚶属 Barbatia	C
61	魁蚶 Scapharca broughtoni	软体动物门 Mollusca	双壳纲 Bivalvia	蚶目 Arcoida	蚶科 Arcidae	毛蚶属 Scapharca	C
62	泥蚶 Tegillarca granosa	软体动物门 Mollusca	双壳纲 Bivalvia	蚶目 Arcoida	蚶科 Arcidae	泥蚶属 Tegillarca	A
63	橄榄蚶 Estellarca olivacea	软体动物门 Mollusca	双壳纲 Bivalvia	蚶目 Arcoida	细纹蚶科 Noetiidae	橄榄蚶属 Estellarca	C
64	厚壳贻贝 Mytilus coruscus	软体动物门 Mollusca	双壳纲 Bivalvia	贻贝目 Mytiloida	贻贝科 Mytilidae	贻贝属 Mytilus	C
65	中国不等蛤 Anomia chinensis	软体动物门 Mollusca	双壳纲 Bivalvia	珍珠贝目 Pterioida	不等蛤科 Anomiidae	不等蛤属 Anomia	B
66	太平洋牡蛎 Crassostrea gigas	软体动物门 Mollusca	双壳纲 Bivalvia	珍珠贝目 Pterioida	牡蛎科 Ostreidae	巨蛎属 Crassostrea	C

(续表)

序号	种	门	纲	目	科	属	出现区域
67	近江牡蛎 Crassostrea ariakensis	软体动物门 Mollusca	双壳纲 Bivalvia	珍珠贝目 Pterioida	牡蛎科 Ostreidae	巨蛎属 Crassostrea	BC
68	无齿蛤 Anodontia edentula	软体动物门 Mollusca	双壳纲 Bivalvia	帘蛤目 Veneroida	满月蛤科 Lucinidae	无齿蛤属 Anodontia	C
69	平蛤蜊 Mactra mera	软体动物门 Mollusca	双壳纲 Bivalvia	帘蛤目 Veneroida	蛤蜊科 Mactridae	蛤蜊属 Mactra	A
70	彩虹明樱蛤 Moerella iridescens	软体动物门 Mollusca	双壳纲 Bivalvia	帘蛤目 Veneroida	樱蛤科 Tellinidae	明樱蛤属 Moerella	ABC
71	江户明樱蛤 Moerella jedoensis	软体动物门 Mollusca	双壳纲 Bivalvia	帘蛤目 Veneroida	樱蛤科 Tellinidae	明樱蛤属 Moerella	C
72	仿樱蛤 Tellinides timorensis	软体动物门 Mollusca	双壳纲 Bivalvia	帘蛤目 Veneroida	樱蛤科 Tellinidae	仿樱蛤属 Tellinides	B
73	衣紫蛤 Sanguinolaria togata	软体动物门 Mollusca	双壳纲 Bivalvia	帘蛤目 Veneroida	紫云蛤科 Psammobiidae	紫蛤属 Sanguinolaria	C
74	缢蛏 Sinonovacula constricta	软体动物门 Mollusca	双壳纲 Bivalvia	帘蛤目 Veneroida	截蛏科 Solecurtidae	缢蛏属 Sinonovacula	ABC
75	小刀蛏 Cultellus attenuatus	软体动物门 Mollusca	双壳纲 Bivalvia	帘蛤目 Veneroida	刀蛏科 Cultellidae	刀蛏属 Cultellus	C
76	小荚蛏 Siliqua minima	软体动物门 Mollusca	双壳纲 Bivalvia	帘蛤目 Veneroida	刀蛏科 Cultellidae	荚蛏属 Siliqua	C

（续表）

序号	种	门	纲	目	科	属	出现区域
77	青蛤 Cyclina sinensis	软体动物门 Mollusca	双壳纲 Bivalvia	帘蛤目 Veneroida	帘蛤科 Veneridae	青蛤属 Cyclina	C
78	光滑河篮蛤 Potamocorbula laevis	软体动物门 Mollusca	双壳纲 Bivalvia	海螂目 Myoida	篮蛤科 Corbulidae	河篮蛤属 Potamocorbula	AC
79	黑龙江河篮蛤 Potamocorbula amurensis	软体动物门 Mollusca	双壳纲 Bivalvia	海螂目 Myoida	篮蛤科 Corbulidae	河篮蛤属 Potamocorbula	C
80	焦河蓝蛤 Potamocorbula ustulata	软体动物门 Mollusca	双壳纲 Bivalvia	海螂目 Myoida	篮蛤科 Corbulidae	河篮蛤属 Potamocorbula	A
81	纹藤壶 Amphibalanus amphitrite	节肢动物门 Arthropoda	颚足纲 Maxillopoda	无柄目 Sessilia	藤壶科 Balanidae	纹藤壶属 Amphibalanus	C
82	口虾蛄 Oratosquilla oratoria	节肢动物门 Arthropoda	软甲纲 Malacostraca	口足目 Stomatopoda	虾蛄科 Squillidae	口虾蛄属 Oratosquilla	B
83	中华蜾蠃蜚 Corophium sinensis	节肢动物门 Arthropoda	软甲纲 Malacostraca	端足目 Amphipoda	蜾蠃蜚科 Corophiidae	蜾蠃蜚属 Corophium	A
84	日本角鼓虾 Athanas japonicus	节肢动物门 Arthropoda	软甲纲 Malacostraca	十足目 Decapoda	鼓虾科 Alpheidae	角鼓虾属 Athanas	C
85	日本鼓虾 Alpheus japonicus	节肢动物门 Arthropoda	软甲纲 Malacostraca	十足目 Decapoda	鼓虾科 Alpheidae	鼓虾属 Alpheus	AC
86	鲜明鼓虾 Alpheus distinguendus	节肢动物门 Arthropoda	软甲纲 Malacostraca	十足目 Decapoda	鼓虾科 Alpheidae	鼓虾属 Alpheus	C

(续表)

序号	种	门	纲	目	科	属	出现区域
87	日本沼虾 Macrobrachium nipponense	节肢动物门 Arthropoda	软甲纲 Malacostraca	十足目 Decapoda	长臂虾科 Palaemonidae	沼虾属 Macrobrachium	B
88	安氏白虾 Exopalaemon annandalei	节肢动物门 Arthropoda	软甲纲 Malacostraca	十足目 Decapoda	长臂虾科 Palaemonidae	白虾属 Exopalaemon	A
89	脊尾白虾 Exopalaemon carinicauda	节肢动物门 Arthropoda	软甲纲 Malacostraca	十足目 Decapoda	长臂虾科 Palaemonidae	白虾属 Exopalaemon	A
90	日本异指虾 Processa japonica	节肢动物门 Arthropoda	软甲纲 Malacostraca	十足目 Decapoda	异指虾科 Processidae	异指虾属 Processa	C
91	泥虾 Laomedia astacina	节肢动物门 Arthropoda	软甲纲 Malacostraca	十足目 Decapoda	泥虾科 Laomediidae	泥虾属 Laomedia	BC
92	豆形拳蟹 Pyrhila pisum	节肢动物门 Arthropoda	软甲纲 Malacostraca	十足目 Decapoda	玉蟹科 Leucosiidae	拳蟹属 Pyrhila	BC
93	拟穴青蟹 Scylla paramamosain	节肢动物门 Arthropoda	软甲纲 Malacostraca	十足目 Decapoda	梭子蟹科 Portunidae	青蟹属 Scylla	ABC
94	宽身闭口蟹 Cleistostoma dilatatum	节肢动物门 Arthropoda	软甲纲 Malacostraca	十足目 Decapoda	猴面蟹科 Camptandriidae	闭口蟹属 Cleistostoma	B
95	日本大眼蟹 Macrophthalmus japonicus	节肢动物门 Arthropoda	软甲纲 Malacostraca	十足目 Decapoda	大眼蟹科 Macrophthalmidae	大眼蟹属 Macrophthalmus	ABC
96	弧边招潮蟹 Uca arcuata	节肢动物门 Arthropoda	软甲纲 Malacostraca	十足目 Decapoda	沙蟹科 Ocypodidae	招潮蟹属 Uca	ABC

(续表)

序号	种	门	纲	目	科	属	出现区域
97	四齿大额蟹 Metopograpsus quadridentatus	节肢动物门 Arthropoda	软甲纲 Malacostraca	十足目 Decapoda	方蟹科 Grapsidae	大额蟹属 Metopograpsus	B
98	粗腿厚纹蟹 Pachygrapsus crassipes	节肢动物门 Arthropoda	软甲纲 Malacostraca	十足目 Decapoda	方蟹科 Grapsidae	厚纹蟹属 Pachygrapsus	A
99	平分大额蟹 Metopograpsus messor	节肢动物门 Arthropoda	软甲纲 Malacostraca	十足目 Decapoda	方蟹科 Grapsidae	大额蟹属 Metopograpsus	B
100	伍氏拟厚蟹 Helicana wuana	节肢动物门 Arthropoda	软甲纲 Malacostraca	十足目 Decapoda	弓蟹科 Varunidae	拟厚蟹属 Helicana	ABC
101	天津厚蟹 Helice tientsinensis	节肢动物门 Arthropoda	软甲纲 Malacostraca	十足目 Decapoda	弓蟹科 Varunidae	厚蟹属 Helice	ABC
102	长足长方蟹 Metaplax longipes	节肢动物门 Arthropoda	软甲纲 Malacostraca	十足目 Decapoda	弓蟹科 Varunidae	长方蟹属 Metaplax	ABC
103	肉球近方蟹 Hemigrapsus sanguineus	节肢动物门 Arthropoda	软甲纲 Malacostraca	十足目 Decapoda	弓蟹科 Varunidae	近方蟹属 Hemigrapsus	A
104	隆背张口蟹 Chasmagnathus convexus	节肢动物门 Arthropoda	软甲纲 Malacostraca	十足目 Decapoda	弓蟹科 Varunidae	张口蟹属 Chasmagnathus	AB
105	狭颚新绒螯蟹 Neoeriocheir leptognathus	节肢动物门 Arthropoda	软甲纲 Malacostraca	十足目 Decapoda	相手蟹科 Sesarmidae	新绒螯蟹属 Neoeriocheir	B
106	红螯螳臂相手蟹 Chiromantes haematocheir	节肢动物门 Arthropoda	软甲纲 Malacostraca	十足目 Decapoda	相手蟹科 Sesarmidae	螳臂相手蟹属 Chiromantes	ABC

(续表)

序号	种	门	纲	目	科	属	出现区域
107	无齿螳臂相手蟹 Chiromantes dehaani	节肢动物门 Arthropoda	软甲纲 Malacostraca	十足目 Decapoda	相手蟹科 Sesarmidae	螳臂相手蟹属 Chiromantes	B
108	米埔近相手蟹 Perisesarma maipoensis	节肢动物门 Arthropoda	软甲纲 Malacostraca	十足目 Decapoda	相手蟹科 Sesarmidae	近相手蟹属 Perisesarma	B
109	宁波泥蟹 Ilyoplax ningpoensis	节肢动物门 Arthropoda	软甲纲 Malacostraca	十足目 Decapoda	毛带蟹科 Dotillidae	泥蟹属 Ilyoplax	AB
110	台湾泥蟹 Ilyoplax formosensis	节肢动物门 Arthropoda	软甲纲 Malacostraca	十足目 Decapoda	毛带蟹科 Dotillidae	泥蟹属 Ilyoplax	A
111	青弹涂鱼 Scartelaos histophorus	脊索动物门 Chordata	硬骨鱼纲 Osteichthyes	鲈形目 Perciformes	虾虎鱼科 Gobiidae	青弹涂鱼属 Scartelaos	ABC
112	大青弹涂鱼 Scartelaos gigas	脊索动物门 Chordata	硬骨鱼纲 Osteichthyes	鲈形目 Perciformes	虾虎鱼科 Gobiidae	青弹涂鱼属 Scartelaos	AC
113	大弹涂鱼 Boleophthalmus pectinirostris	脊索动物门 Chordata	硬骨鱼纲 Osteichthyes	鲈形目 Perciformes	虾虎鱼科 Gobiidae	大弹涂鱼属 Boleophthalmus	ABC
114	大鳍弹涂鱼 Periophthalmus magnuspinnatus	脊索动物门 Chordata	硬骨鱼纲 Osteichthyes	鲈形目 Perciformes	虾虎鱼科 Gobiidae	弹涂鱼属 Periophthalmus	ABC
115	弹涂鱼 Periophthalmus modestus	脊索动物门 Chordata	硬骨鱼纲 Osteichthyes	鲈形目 Perciformes	虾虎鱼科 Gobiidae	弹涂鱼属 Periophthalmus	ABC
116	孔虾虎鱼 Trypauchen vagina	脊索动物门 Chordata	硬骨鱼纲 Osteichthyes	鲈形目 Perciformes	虾虎鱼科 Gobiidae	孔虾虎鱼属 Trypauchen	C

(续表)

序号	种	门	纲	目	科	属	出现区域
117	拉氏狼牙虾虎鱼 *Odontamblyopus lacepedii*	脊索动物门 Chordata	硬骨鱼纲 Osteichthyes	鲈形目 Perciformes	虾虎鱼科 Gobiidae	狼牙虾虎鱼属 *Odontamblyopus*	B
118	中华乌塘鳢 *Bostrychus sinensis*	脊索动物门 Chordata	硬骨鱼纲 Osteichthyes	鲈形目 Perciformes	塘鳢科 Eleotridae	乌塘鳢属 *Bostrychus*	C

参考文献

[1] 全国人民代表大会常务委员会. 中华人民共和国海洋环境保护法[S/OL]. (2023-10-24)[2024-11-15]. https://www.mee.gov.cn/ywgz/fgbz/fl/202310/t20231025_1043942.shtml.

[2] 全国人民代表大会常务委员会. 中华人民共和国渔业法[S/OL]. (2013-12-18)[2024-11-15]. https://www.mee.gov.cn/ywgz/fgbz/fl/200802/t20080201_117912.shtml.

[3] 浙江省人民代表大会常务委员会. 浙江省海洋环境保护条例[Z/OL]. (2017-9-30)[2024-11-15]. https://sthjt.zj.gov.cn/art/2019/9/26/art_1229562843_1218377.html.

[4] 浙江省人民代表大会常务委员会. 浙江省湿地保护条例[Z/OL]. (2012-5-30)[2024-11-15]. http://lyj.zj.gov.cn/art/2019/9/16/art_1275958_38146541.html.

[5] 中共中央,国务院. 关于加快推进生态文明建设的意见[Z/OL]. (2015-5-5)[2024-11-15]. https://www.gov.cn/guowuyuan/2015-05/05/content_2857363.htm.

[6] 浙江省人民政府. 浙江省湿地保护规划(2023-2030年)[Z/OL]. (2025-4-28)[2025-5-1]. http://lyj.zj.gov.cn/art/2025/4/28/art_1276365_59097756.html.

[7] 温州市人民政府. 温州市海洋生态环境保护"十四五"规划[Z/OL]. (2021-12-29)[2024-11-15]. https://wzfgw.wenzhou.gov.cn/art/2021/12/29/art_1229565419_4005674.html.

[8] 中华人民共和国国家质量监督检验检疫总局,中国国家标准化管理委员会. 海洋调查规范:GB/T 12763—2007[S]. 北京:中国标准出版社,2007.

[9] 中华人民共和国国家质量监督检验检疫总局,中国国家标准化管理委员会. 海洋监测规范:GB 17378—2007[S]. 北京:中国标准出版社,2007.

[10] 国家环境保护局科技标准司.海水水质标准:GB 3097—1997[S].北京:中国标准出版社,1997.

[11] 国家环境保护局科技标准司.海洋生物质量:GB 18421—2001[S].北京:中国标准出版社,2001.

[12] 国家环境保护局科技标准司.海洋沉积物质量标准:GB 18668—2002[S].北京:中国标准出版社,2002.

[13] 国家海洋局.红树林生态监测技术规程:HY/T 081—2005[S].北京:中国标准出版社,2005.

[14] 国家海洋局.海岸带生态系统现状调查与评估技术导则:T/CAOE 0.1—00[S].北京:中国标准出版社.

[15] 陈大刚,张美昭.中国海洋鱼类[M].青岛:中国海洋大学出版社,2016.

[16] 温州市"蓝色海湾"综合整治行动实施方案[R].2021.8.

[17] 浙江省生态环境厅.2020年浙江省生态环境状况公报[R].2021.6.

[18] 浙江省生态环境厅.2021年浙江省生态环境状况公报[R].2022.6.

[19] 浙江苍南沿浦湾省级海洋特别保护区(海洋公园)总体规划编制[R].2018.9.

[20] 浙江苍南沿浦湾省级海洋特别保护区(海洋公园)选划报告[R].2018.9.

[21] 沿浦湾海洋特别保护区大型底栖动物、沉积物以及红树林样地监测与研究报告[R].2020.12.

[22] 苍南县沿浦水闸工程海域水动力、冲淤与悬浮泥沙扩散影响专题研究报告[R].2014.6.

[23] 苍南海洋生态公园大型底栖动物调查与评价报告[R].2015.4.

[24] 覃胡林.苍南县沿浦湾大型底栖动物群落结构及多样性研究[D].舟山:浙江海洋大学,2016.

[25] 田嘉琦.秋茄种植后沿浦湾潮间带大型底栖动物群落特征[D].舟山:浙江海洋大学,2018.

[26] 张苗苗.苍南沿浦湾秋茄种植前、后大型底栖动物群落结构及次级生产力变化研究[D].舟山:浙江海洋大学,2019.

[27] 俞松立.沿浦湾大型底栖动物群落、秋茄生长和沉积物质量及其关系研究[D].舟山:浙江海洋大学,2020.

[28] 韩晓凤.温台渔场产卵场保护区及附近海域游泳动物群落结构及多样性研究[D].舟山:浙江海洋大学,2020.

[29] 蔡丽萍,金敬林,水柏年.舟山六横岛附近海域沉积物重金属污染及潜在生态风险评价[J].海洋环境科学,2012,31(4):496-499.

[30] 李蕙,袁琳,张利权,等.长江口滨海湿地潮间带生态系统的多稳态特征[J].应用生态学报,2017,28(1):327-336.

[31] 宋南,翁林捷,关煜航,等.红树林生态系统对重金属污染的净化作用研究[J].中国农学通报,2009,25(21):305-309.

[32] 赵庆令,李清彩,谢江坤,等.应用富集系数法和地累积指数法研究济宁南部区域土壤重金属污染特征及生态风险评价[J].岩矿测试,2015,34(1):129-137.

[33] 邢孔敏,陈石泉,蔡泽富,等.海南东寨港表层沉积物重金属分布特征及污染评价[J].海洋科学进展,2018,36(3):478-488.

[34] 邓俊.晋江河口红树林恢复工程对土壤重金属和微塑料的影响[D].泉州:华侨大学,2019.

[35] 程荣进,张思冲,周晓聪,等.大庆城郊湿地沉积物重金属污染及聚类分析[J].中国农学通报,2009,25(2):240-245.

[36] 耿俊杰,黄亮亮,吴志强,等.茅尾海红树林表层沉积物重金属含量分布特征及评价[J].生态科学,2015,34(1):38-43.

[37] 胡杰龙,辛琨,李真,等.海南东寨港红树林保护区碳储量及固碳功能价值评估[J].湿地科学,2015,13(3):338-343.

[38] 郑娜,王起超,郑冬梅,等.不同污染类型河流沉积物的汞、铅、锌污染特征研究[J].水土保持学报,2007(2):155-158.

[39] 张丽玲,于瑞莲,胡恭任,等.泉州湾红树植物中重金属元素的分布与储量[J].环境科学与技术,2013,36(6):183-190.

[40] 邹烨燔,李勇,赵志忠,等.东寨港红树林沉积物重金属的垂向分异及污染评价[J].江苏农业科学,2014,42(83):27-330.

[41] 李振良,谢群,曾珍,等.湛江观海长廊红树林土壤-植物体系重金属富集与迁移规律[J].热带地理,2021,41(2):398-409.

[42] 赵志远,袁琳,李伟,等.生境异质性及源株丰度对互花米草入侵力的影响[J].生态学报,2018,38(18):6632-6641.

[43] 来洪运,等.浙江苍南沿浦湾秋茄人工林早期生长特征研究[J].林业科学研究,2021,34(4):156-165.

[44] 张丽源,胡成业,俞松立,等.苍南沿浦湾秋茄生长与沉积物若干因子关系研究[J].浙江海洋大学学报(自然科学版),2022,41(2):163-170.

[45] 吕聪聪,马亚东,水柏年,等.瓯江口红树林沉积物有机碳埋藏及来源特征和影响因素[J].应用生态学报,2024,35(10):2688-2696.

[46] 于洋,水柏年,吕聪聪,等.茅埏岛红树林沉积物有机碳埋藏特征解析

[J].中国环境科学,2024,44(8):4539-4546.

[47] 方学河,陈威,胡成业,等.稀有种和常见种对鳌江口红树林大型底栖动物群落多样性的贡献[J].水产学报,2024,48(8):139-150.

[48] 周泽宇,王晶,水柏年,等.沿浦湾红树林大型底栖动物稀有种与常见种对物种多度分布格局及物种多样性的影响[J].浙江海洋大学学报(自然科学版),2024,43(1):41-50.

[49] 周鑫,张丽源,何晨翔,等.基于栖息地适宜性指数模型及最大熵模型的弧边招潮蟹生境适宜性比较[J].大连海洋大学学报,2023,38(5):819-827.

[50] 张丽源,水柏年,胡成业,等.沿浦湾红树林尖锥拟蟹守螺的生境适宜性[J].中国水产科学,2023,30(1):86-95.

[51] 张苗苗,王咏雪,田阔,等.沿浦湾秋茄种植前后大型底栖动物生态位和功能群变化[J].中国水产科学,2019,26(5):949-958.

[52] 田嘉琦,王咏雪,田阔,等.秋茄种植前后沿浦湾潮间带大型底栖动物群落特征变化研究[J].浙江海洋大学学报(自然科学版),2018,37(2):114-122.

[53] 刘笑,寿露君,潘玉英,等.苍南沿浦湾滩涂重金属污染现状评价[J].土壤通报.2016,47(1):213-218.

[54] 胡成业,水玉跃,田阔,等.瓯江口树排沙湿地不同生境大型底栖动物群落多样性研究[J].海洋与湖沼,2016,47(2):422-428.

[55] 李娜,陈丕茂,秦传新.广东省常见红树植物生长因子之间的关系及生物量研究[J].广东农业科学,2014,41(9):63-68.

[56] 郭欣,潘伟生,陈粤超,等.广东湛江红树林自然保护区及附近海岸互花米草入侵与红树林保护[J].林业与环境科学,2018,34(4):58-63.

[57] 成家隆,吕瑜良,陈玉军,等.水东湾红树林不同生长位置生长差异性研究[J].生态科学,2015,34(6):30-35.

[58] Wu J R, CHEN Z Q, PENG S L. Allelopathic potential of invasive weeds: Alternanthera philoxeroide, Ipomoea cairica and Spartina alterniflora[J]. Allelopathy Journal, 2006, 17(2): 279-286.

[59] 苍南县海洋与渔业局.苍南县海洋与渔业志[M].北京:海洋出版社,2007.

[60] 来洪运,王咏雪,章翊涵,等.浙江苍南沿浦湾秋茄人工林早期生长特征研究[J].林业科学研究,2021,34(4):156-165.

致 谢

在温州市自然资源和规划局(原温州市海洋与渔业局)、温州市自然资源和规划局龙湾区分局(原温州市海洋与渔业局龙湾区海洋与渔业局)、平阳县自然资源和规划局(原平阳县海洋与渔业局)、龙港市自然资源与规划建设局、苍南县自然资源和规划局(原苍南县海洋与渔业局)等部门长期关怀与资助下,浙江海洋大学红树林生态团队才得以开展温州"两江一湾"红树林的生态调查与研究。经过专家评审与鉴定,团队形成了研究成果,并进一步凝练成果,完成了本书的编写。为此,作者对相关单位与领导表示由衷感谢!

本书的编写得到了浙江海洋大学党委书记严小军教授的悉心指导,并承蒙其亲自作序。同时,中国海洋大学曾晓起教授也对本书进行了精心指导,作者对此深表感谢。浙江海洋大学水柏年教授、胡成业副教授、田阔老师等带领红树林生态团队开展了相关项目的调查与研究。平阳县自然资源与规划局许明海高级工程师参加了本著作谋划与撰写。参与温州"两江一湾"红树林生态调查与研究的研究生包括邹莉、王旭、杜肖、李良、王凤丽、张春草、覃胡林、聂振林、求锦津、田嘉琪、张苗苗、孙鹏、俞松立、李超男、董静瑞、韩晓凤、梁海、章翊涵、来洪运、张丽源、章凯、方学河、周鑫、周泽宇、刘永钿、李艺、吕聪聪、于洋、李滨、李雪丽、上官明珠、曲昱玮、朱大千、张娜、马亚东、刘子敬、蒋颖俊、张勇、冯家宇等。他们前赴后继,精诚合作,在野外调查、室内实验、数据处理、项目研究、报告撰写、成果验收等全过程和各环节中付出了大量劳动与智慧,为本书的撰写奠定了坚实基础。为此,作者对同学们付出的心血和汗水表示由衷感谢!